北大社·"十四五"普通高等教育本科规划教材
高等院校机械类专业"互联网+"创新规划教材

机械制图

（第3版）

主　编　孙晓娟　鲍春平
副主编　张　波
参　编　李荣丽

内 容 简 介

根据国家教材委员会办公室《关于做好党的二十大精神进教材工作的通知》，本书以党的二十大精神为引领，深化课程思政教学改革，根据课时要求，强化应用性、实用性技能训练。全书共 11 章，主要内容包括机械制图的基本知识和技能，点、直线、平面的投影，立体的投影，组合体，轴测图，机件图样的表达方法，标准件与常用件，零件图，装配图，AutoCAD 二维绘图基础，SolidWorks 三维软件入门。每章重点内容都配有例题讲解视频，扫描书中对应二维码即可在线学习。

本书配有《机械制图习题集》（第 3 版），可配套使用。

本书适合高等院校机械类、近机类专业使用，参考教学学时为 72～120 学时。

图书在版编目（CIP）数据

机械制图 / 孙晓娟，鲍春平主编 . —3 版 . —北京：北京大学出版社，2024.5
高等院校机械类专业"互联网+"创新规划教材
ISBN 978 - 7 - 301 - 35053 - 9

Ⅰ．①机⋯　Ⅱ．①孙⋯ ②鲍⋯　Ⅲ．①机械制图—高等学校—教材　Ⅳ．①TH126

中国国家版本馆 CIP 数据核字（2024）第 095287 号

书　　　名	机械制图（第 3 版） JIXIE ZHITU（DI - SAN BAN）
著作责任者	孙晓娟　鲍春平　主编
策 划 编 辑	童君鑫
责 任 编 辑	孙　丹　童君鑫
数 字 编 辑	蒙俞材
标 准 书 号	ISBN 978 - 7 - 301 - 35053 - 9
出 版 发 行	北京大学出版社
地　　　址	北京市海淀区成府路 205 号　100871
网　　　址	http://www.pup.cn　新浪微博：@北京大学出版社
电 子 邮 箱	编辑部 pup6@pup.cn　总编室 zpup@pup.cn
电　　　话	邮购部 010 - 62752015　发行部 010 - 62750672　编辑部 010 - 62750667
印 刷 者	三河市北燕印装有限公司
经 销 者	新华书店
	787 毫米×1092 毫米　16 开本　21.75 印张　530 千字 2007 年 8 月第 1 版　2011 年 8 月第 2 版 2024 年 5 月第 3 版　2025 年 6 月第 2 次印刷
定　　　价	59.80 元

未经许可，不得以任何方式复制或抄袭本书之部分或全部内容。

版权所有，侵权必究

举报电话：010 - 62752024　电子邮箱：fd@pup.cn

图书如有印装质量问题，请与出版部联系，电话：010 - 62756370

前　言

本书依据教育部《普通高等院校工程图学课程教学基本要求》，结合应用型本科人才培养目标，以国家一流专业建设为依托，落实教育部关于高等学校课程思政建设的要求，全面推进课程思政建设，深化课程思政教学改革；以党的二十大精神为引领，落实立德树人根本任务。本书严格贯彻国家制图规范并采用最新国家标准，理论联系实际，培养学生严谨求实、一丝不苟的工作态度与工作作风，以及创新思维和开拓进取的精神。编者在认真总结近几年教学与教改成功经验和教学发展要求的基础上，对本书第2版进行了修订。

本书主要具有以下特点。

（1）重视基础理论。本书在现有的学时下较全面、系统、准确地论述了基本投影理论，并对这些理论进行了总结和提炼；立足于培养学生形象思维能力、空间想象力和表达创新设计思想的能力。

（2）贯彻"少且精"原则，加强基础，突出重点，注重实用性。编者在编写本书的过程中按照培养本科应用型人才的特点，特别注重实用性。书中的例子、例图多数来自生产实践，实用性较强。

（3）在便于学生自学的前提下，本书力求表述简练。精心设计和选用图例，将文字说明和图例紧密结合，使描述重点突出、条理分明、难度适中。

（4）编写严谨、规范。全书内容科学准确、逻辑性强，图例丰富、插图清晰。本书内容全部采用我国最新颁布的《技术制图》和《机械制图》国家标准及与制图相关的其他标准。

本书共11章，并且配有《机械制图习题集》（第3版）。

本书由孙晓娟、鲍春平任主编，由孙晓娟进行全书的统稿工作；张波任副主编；李荣丽参与编写。本书具体编写分工如下：孙晓娟编写了内容简介，前言，绪论，第1、2、8章，附录C，参考文献；鲍春平编写了第3、4、5、9章；张波编写了第6、7、11章，附录A、附录B；李荣丽编写了第10章。

编者在编写本书的过程中参考了一些文献，在此向其作者表示衷心的感谢。

由于编者水平有限，书中难免有疏漏之处，恳请广大读者批评指正。

编　者
2024年1月

资源索引

目 录

绪论 …………………………………… 1

第1章 机械制图的基本知识和技能 … 4
1.1 机械制图国家标准的基本规定 …… 4
1.2 绘图及其工具、仪器的使用方法 …………………………… 14
1.3 常用的几何作图方法 …………… 18
1.4 平面图形的作图 ………………… 22

第2章 点、直线、平面的投影 ……… 25
2.1 投影法概述 ……………………… 25
2.2 点的投影 ………………………… 28
2.3 直线的投影 ……………………… 32
2.4 平面的投影 ……………………… 39

第3章 立体的投影 …………………… 46
3.1 基本体的三视图 ………………… 46
3.2 平面与立体相交 ………………… 59
3.3 立体与立体相交 ………………… 71

第4章 组合体 ………………………… 83
4.1 组合体的构成形式及分析方法 … 83
4.2 组合体视图的画法 ……………… 86
4.3 组合体的尺寸标注 ……………… 90
4.4 读组合体视图 …………………… 96

第5章 轴测图 ………………………… 106
5.1 轴测图的基本知识 ……………… 106
5.2 正等轴测图 ……………………… 108
5.3 斜二等轴测图 …………………… 121
5.4 轴测图的徒手绘制 ……………… 124

第6章 机件图样的表达方法 ……… 126
6.1 视图 ……………………………… 126
6.2 剖视图 …………………………… 129
6.3 断面图 …………………………… 140
6.4 局部放大图及其简化画法 ……… 142
6.5 表达方法综合举例 ……………… 147

第7章 标准件与常用件 …………… 150
7.1 螺纹 ……………………………… 150
7.2 螺纹紧固件 ……………………… 158
7.3 齿轮 ……………………………… 164
7.4 键与销 …………………………… 172
7.5 滚动轴承 ………………………… 176
7.6 弹簧 ……………………………… 180

第8章 零件图 ………………………… 184
8.1 零件图的作用和内容 …………… 184
8.2 零件的结构表达和分析 ………… 186
8.3 典型零件的视图选择 …………… 190
8.4 零件图的尺寸标注 ……………… 194
8.5 零件图的技术要求 ……………… 200
8.6 读零件图 ………………………… 217
8.7 零件测绘 ………………………… 222

第9章 装配图 ………………………… 232
9.1 装配图的作用和内容 …………… 232
9.2 装配图的表达方法 ……………… 234
9.3 装配图的尺寸标注和技术要求 … 239
9.4 装配图中的零件序号、标题栏和明细栏 …………………… 240
9.5 装配结构的合理性 ……………… 242
9.6 部件测绘和装配图的画法 ……… 248
9.7 读装配图和由装配图拆画零件图 ………………………… 252

第 10 章　AutoCAD 二维绘图基础 …… 261

10.1　AutoCAD 2023 操作界面及
基础知识 …………………… 261
10.2　二维绘图命令 …………… 271
10.3　图形编辑 ………………… 273
10.4　尺寸标注 ………………… 274
10.5　综合应用 ………………… 279

第 11 章　SolidWorks 三维软件入门 …… 282

11.1　SolidWorks 基本操作 …… 282
11.2　草图绘制 ………………… 286
11.3　创建零件 ………………… 293
11.4　生成装配体 ……………… 297
11.5　创建工程图 ……………… 298

参考文献 ……………………………… 306

附录 …………………………………… 307

附录 A　螺纹 ………………… 307
附录 B　标准件 ……………… 310
附录 C　极限与配合 ………… 329
附录 D　AI 伴学内容及提示词 …… 340

绪 论

1. 课程的研究对象

在机械制造业中，机械设备是根据图样加工制造的。如果要生产一部机器，首先画出表达该机器的装配图和零件图，然后根据零件图制造出全部零件，最后按照装配图装配成机器。所谓工程图样就是指根据投影原理、国家标准或有关规定表示工程对象，并有必要的技术说明的图，如机械图、建筑图、化工图、电子图等。

研究工程图样的学科就是工程图学，它以几何学为基础，以投影理论为方法，是研究几何形体构成、表达及工程图样绘制、阅读的专业基础课。将工程图学应用于不同的工程领域就产生了不同的课程，如机械制图、建筑制图、化工制图、电子制图等。"机械制图"课程的研究对象就是机械工程图样。

图样与我们的生活密切关联，没有图样，就没有与我们生活息息相关的工业产品。在日常的生产和生活中，小到一个零件，大到一个产品，一般都会经历开发设计、生产、检验等阶段。因为设计者要通过工程图样表达设计思想，所以先有工程图样，再进入生产阶段，生产部门依据工程设计部门提供的工程图样进行生产，结构形状、尺寸、材料等都要满足图样的要求，通过图样了解设计要求，并依据图样制造产品。在检验阶段，以图样提供的信息为依据检验产品是否满足设计要求，只有检验合格后才能真正投入使用。因此，工程图样是联系设计、生产和检验的纽带，又称"工程界的语言"。图样是工程技术人员交流技术思想的重要文件。

"机械制图"课程是工科院校普遍开设的一门重要技术基础课，后续还要学习"机械原理""金属工艺学""机械设计"等课程，这些课程都与图样有密切的联系。

学习"机械制图"课程的主要任务如下。

（1）培养学生使用投影的方法及将二维平面图形转换为三维立体图形的能力。

（2）培养学生空间图形的想象力、空间图形的分析能力及二维绘图能力、三维绘图能力。

（3）培养学生创造性构型设计能力。

（4）培养学生正确使用绘图仪器和工具、徒手绘图的能力，以及查阅标准件与常用件、标准结构及技术要求等国家标准的能力，并掌握读图和画图技巧。

（5）培养学生严格遵守国家标准的意识，以及认真细致、吃苦耐劳的工作态度和严谨踏实的工作作风。

（6）培养学生的合作意识、团队合作能力。

(7) 培养学生的爱国主义情怀和社会主义核心价值观。

2. 课程的性质、内容及课程目标

"机械制图"课程是一门理论严谨、实践性强、与工程实践有着密切联系的基础课，对培养学生掌握科学思维方法、增强创新意识有重要作用。它研究的是绘制和阅读工程图样的原理与方法，同时培养学生空间想象力和形象思维能力。

"机械制图"课程的内容分为两大部分：工程图学基础和工程图样绘制与阅读，具体内容可分为如下三个方面。

(1) 学习国家标准的有关规定及制图的基本知识和技能。

(2) 研究用正投影法表示空间形体和图解空间几何问题的基本理论与方法。

(3) 学习标准件与常用件的规定画法、代号及标记方法等；学习典型零件的视图选择、尺寸标注、技术要求等；学习装配图的表达方法、装配工艺结构、机器或部件的测绘等。

3. 课程的学习方法

学好"机械制图"课程一般应做到以下几点。

(1) 牢固掌握投影理论和投影方法，提高空间思维能力，并在理解的基础上反复训练根据物体画图和根据图样想象物体形状，从而掌握一定的绘图和读图能力。

(2) 认真完成每章习题（习题集），养成正确使用绘图工具和仪器的习惯，掌握机械制图的基本理论和基本方法，严格遵守国家标准的规定，切忌死记硬背、只翻书不动手的不良习惯。

(3) 克服急躁情绪，动脑、动手、动口结合，逐步养成勤于思考、勇于拼搏、认真负责、精益求精的良好作风。

(4) 课程学习与自学结合，学会使用教材和参考书，培养发现问题、提出问题和解决问题的能力。

4. 我国工程图学的发展概况

我国工程图学的发展大致分为如下三个阶段。

(1) 古代积累了许多经验，留下了丰富的历史遗产。我国在工程图学方面有着悠久的历史，从出土的陶器、骨板和铜器等文物上的花纹考证，早在殷商时期，我们的祖先就掌握了简单的绘图能力及绘制几何图形的技能。春秋时期，我国劳动人民创造了"规、矩、绳、墨、悬、水"等绘图工具。宋代是我国古代工程图学发展的全盛时期，建筑制图以李诫的《营造法式》（公元1103年刊行）为代表，共34卷，其中图样为6卷，对建筑制图的规格、营造技术、工料等阐述详尽，具有很高的水平。机械制图以曾公亮和丁度的《武经总要》为代表，书中讲解了用透视投影、平行投影等投影法绘制物体形状，其中图样绘制、线型采用及文字技术说明等都明显反映了制图的规范化和标准化情况。明代宋应星所著《天工开物》中的大量图例正确运用了轴测图表示工程结构。程大位所著《新编直指算法统宗》中有丈量步车的装配图和零件图。

(2) 中华人民共和国成立以后，制图技术重新得到快速发展。由于我国原来长期处于封建制度统治下，工、农业生产发展迟缓，近代又经历了鸦片战争、抗日战争等，因此制图技术的发展受到阻碍。中华人民共和国成立以后,党和政府及时把工作中心调整到经济建设上来,各行各业都得到了快速发展,工程图学也有了较快的发展,在理论图学、应用图学、计算机图学、制图技术、制图标准、图学教学等方面都有了相应的发展。《机械制图》教科书建立在投影理论的基础上,很大程度上依附于国家机械制图标准。1956年原第一机械工业部发布了第一个部颁标准《机械制图》,共21项;1959年国家科学技术委员会发布了第一套《机械制图》国家标准,共19项。1970年及1974年,我国对《机械制图》进行了修订。但上述标准均属苏联标准体系。为适应改革开放的需要,1983—1984年,原国家标准计量局批准发布了跟踪国际标准(ISO)的17项《机械制图》国家标准,并于1985年开始实施,这套标准当时达到了国际先进水平,其中部分标准一直沿用至今。17项国家制图标准中有14项先后被修订,仅3项(剖面符号、轴测图和机构运动简图符号)待修订。

(3)电子技术时代,制图技术产生了革命性飞跃。随着科学技术的突飞猛进,制图理论与技术等得到了很大的发展。尤其是在电子技术迅速发展的今天,人们把数控技术应用于制图领域,于是在20世纪中叶产生了第一台绘图机,它的诞生使制图技术产生了革命性飞跃。原来的徒手绘图逐步走向半自动化制图乃至自动化制图。现在的企业、设计院中制图使用的是计算机、打印机和绘图机。随着CAD、CG等技术的发展,计算机绘图在工业生产的各个领域得到了广泛应用。人们设计产品时越来越多地使用三维软件,在得到直观形象的同时,还可将计算机内部自动生成的数据文件传输给数控机床,从而加工出合格的零件。可见,随着各种先进的绘图软件的推出,工程制图技术在我国现代化建设中发挥越来越重要的作用。

素养提升

近几年,我国自主研发了很多世界领先的大国重器,如盾构机、高铁、航空母舰、大吨位模锻压力机等,标志着中国制造的崛起。

"纸上得来终觉浅,绝知此事要躬行。"学到的知识不能只停留在书本上,还应该落实到行动上,做到知行合一、以知促行、以行求知,正所谓"知者行之始,行者知之成"。通过学习"机械制图"课程,学生可掌握理论知识、勇于创新,以更好地适应新时代社会发展的需要。

建议学生课后搜索观看《大国工匠》《大国重器》节目。

第1章
机械制图的基本知识和技能

工程图样是表达技术人员设计思想、交流技术经验的重要文件。工程图样是联系设计、生产和检验的纽带，又称"工程界的语言"。中华人民共和国国家标准《技术制图》和《机械制图》是统一我国制图实践标准的最具权威的文件，每位工程技术人员在绘制图样时，都应严格遵守和贯彻执行。

要求学生掌握国家标准中图纸幅面、图框格式、标题栏、比例、字体、图线、尺寸注法等基本规定，了解绘图工具和仪器的使用方法，严格遵守《机械制图》国家标准的有关规定，熟练掌握机械制图中的基本几何作图原理，为正确、合理、灵活地运用这些原理绘制工程图样打好基础。

1.1 机械制图国家标准的基本规定

机械制图的基本知识和技能

标准是指对重复性事物和概念所做的统一规定。它以科学、技术和实践经验的综合成果为基础，经有关方面协商一致，由主管机构批准，以特定形式发布，作为共同遵守的准则和依据。我国标准体制分为四级，即国家标准、行业标准、地方标准、企业标准。国家标准由国务院标准化行政主管部门（国家市场监督管理总局和国家标准化管理委员会）发布实施。

机械制图的国际标准是由国际标准化组织（ISO）颁布的，它是世界各国广泛认可并参照执行的标准。我国制定的国家标准是中华人民共和国国家标准，简称国标（GB）。例如 GB/T 4656—2008，其中，GB/T 表示推荐性国家标准（GB 表示强制性国家标准），4656 表示标准编号，2008 表示发布年份。

机械制图的基本知识和技能 **第 1 章**

1959 年，我国首次颁布了《机械制图》国家标准。机械图样是机械产品设计、加工、安装和检验的依据，《机械制图》国家标准是绘制和阅读工程图样的依据。工程技术人员必须掌握有关标准和规定。

下面介绍图纸幅面、图框格式、标题栏、比例、字体、图线、尺寸注法等。

1.1.1 图纸幅面、图框格式和标题栏

1. 图纸幅面（GB/T 14689—2008）

图纸幅面是指图纸宽度和长度组成的图纸的图面。图纸幅面有基本幅面和加长幅面两类。绘制技术图样时应优先选用表 1-1 中的基本幅面，必要时允许选用将基本幅面的短边成整数倍增大后得到的加长幅面。

表 1-1 图纸幅面尺寸和图框尺寸　　　　　　　　　　　　　　单位：mm

幅面代号	A0	A1	A2	A3	A4
$B\times L$	841×1189	594×841	420×594	297×420	210×297
e	20	20	10	10	10
c	10	10	10	5	5
a	25	25	25	25	25

2. 图框格式（GB/T 14689—2008）

图框是图纸上限定绘图区域的线框，在图纸上必须用粗实线画出图框。图框格式分为留有装订边的图框格式和不留装订边的图框格式两种，分别如图 1.1 和图 1.2 所示，优先采用不留装订边的格式，尺寸按表 1-1 中的规定绘制。同一产品的图样只能采用一种图框格式。加长幅面的图框尺寸按所选基本幅面大一号的图框尺寸确定。

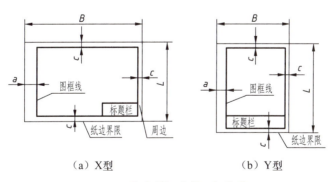

（a）X型　　　　　　　　　　（b）Y型

图 1.1 留有装订边的图框格式

3. 标题栏（GB/T 10609.1—2008）

每张图纸上都必须有标题栏。标题栏用来提供图样所表达的产品信息，是图样不可缺少的内容。标题栏的基本要求、内容、尺寸与格式在 GB/T 10609.1—2008《技术制图　标题栏》中有详细规定。标题栏一般位于图纸右下角，底边与下图框线重合，右边与右图框线

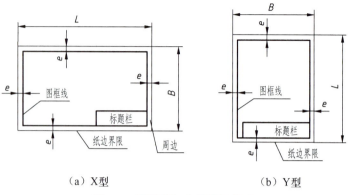

(a) X型　　　　　　　　　　(b) Y型

图 1.2　不留装订边的图框格式

重合。学校的制图作业中的标题栏可以简化，图名一般用 10 号字书写，图号、校名用 7 号字书写，其余都用 5 号字书写。

零件图标题栏的格式及尺寸如图 1.3 所示，装配图标题栏的格式及尺寸如图 1.4 所示。

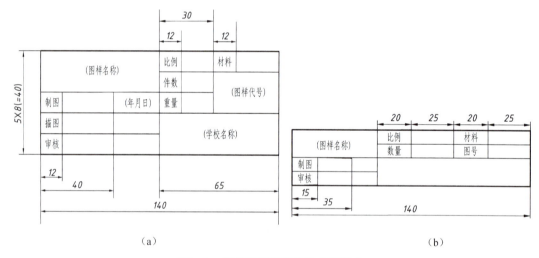

(a)　　　　　　　　　　　　　　　(b)

图 1.3　零件图标题栏的格式及尺寸

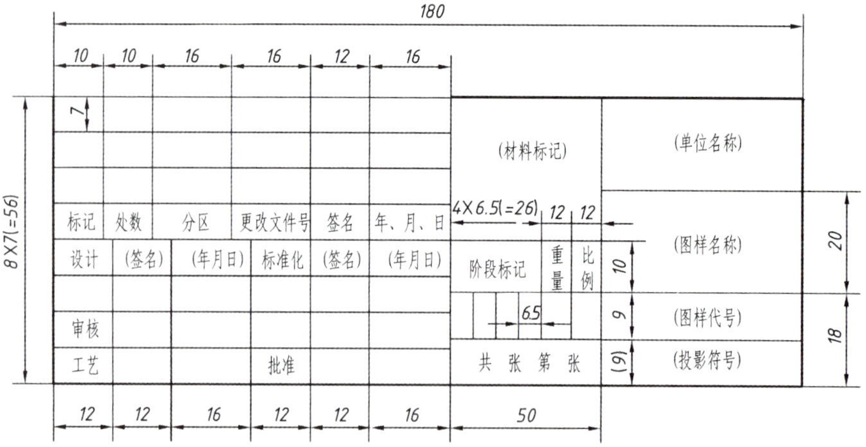

图 1.4　装配图标题栏的格式及尺寸

根据视图布置的需要，图纸可以横放（长边位于水平方向）或竖放（短边位于水平方向），标题栏都位于图框右下角，此时看图方向与看标题栏方向一致。但有时为了利用预先印刷好图框和标题栏的图纸，允许将图纸逆时针旋转 90°，标题栏位于图框右上角，此时看图方向与看标题栏方向不一致。为了明确绘图与看图时的图纸方向，应在图框下边的中间位置画一个方向符号——细实线的等边三角形，为了使图样复制和缩微摄影时定位方便，应在图纸各边的中点处分别画出对中符号，如图 1.5 所示。

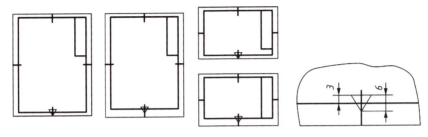

图 1.5　有对中符号的图框格式

1.1.2　比例（GB/T 14690—1993）

比例是指图样中图形与实际机件相应要素的线性尺寸之比。比值等于 1 的称为原值比例，如 1∶1；比值小于 1 的称为缩小比例，如 1∶3；比值大于 1 的称为放大比例，如 4∶1。

绘制图样时，应根据实际需要优先选用表 1-2 中规定的比例，必要时允许选用表 1-3 中规定的比例。

表 1-2　优先选用的比例

种类	优先选用的比例		
原值比例	1∶1		
放大比例	2∶1	5∶1	
	$1\times 10^n\colon 1$	$2\times 10^n\colon 1$	$5\times 10^n\colon 1$
缩小比例	1∶2	1∶5	1∶10
	$1\colon 2\times 10^n$	$1\colon 5\times 10^n$	$1\colon 1\times 10^n$

表 1-3　允许选用的比例

种类	允许选用的比例				
放大比例	2.5∶1	4∶1			
	$2.5\times 10^n\colon 1$	$4\times 10^n\colon 1$			
缩小比例	1∶1.5	1∶2.5	1∶3	1∶4	1∶6
	$1\colon 1.5\times 10^n$	$1\colon 2.5\times 10^n$	$1\colon 3\times 10^n$	$1\colon 4\times 10^n$	$1\colon 6\times 10^n$

绘制同一机件的各视图应尽可能采用相同比例，并在标题栏的"比例"栏内填写。当某个图形需要不同的比例时，必须按规定另行标注。

无论采用何种比例,图形中标注的尺寸都按机件的实际尺寸标出,与绘图比例无关,如图 1.6 所示。

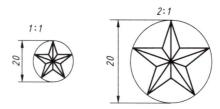

图 1.6 用不同比例画出的图形

1.1.3 字体（GB/T 14691—1993）

1. 技术图样及有关技术文件中字体的基本要求

字体指的是技术图样及有关技术文件中文字、字母、数字的书写形式。图样及有关技术文件上所注写的汉字、数字、字母必须做到如下几点。

（1）字体工整、笔画清楚、间隔均匀、排列整齐。

（2）字体的高度即字号（用 h 表示），其公称尺寸系列为 1.8mm、2.5mm、3.5mm、5mm、7mm、10mm、14mm、20mm。字体高度代表字体号数。

（3）汉字应写成长仿宋体字,并采用简化字。汉字的高度 h 不应小于 3.5mm,其字宽一般为 $h/\sqrt{2}$,约 $0.7h$。汉字书写要领是横平竖直、注意起落、结构均匀、填满方格。汉字在输出时一般采用正体。

（4）字母和数字分为 A 型和 B 型。A 型字体的笔画宽度（d）为字高（h）的 1/14, B 型字体的笔画宽度为字高的 1/10。在同一图样上,只允许选用一种型式的字体。数字和字母可写成直体或斜体。斜体的字头向右倾斜,与水平基准线成 75°。在计量单位符号（安培 A、牛 N、米 m）、单位字头（千 k、毫 m、兆 M）、化学符号（碳 C、氮 N、铁 Fe）、数学符号（sin、cos、ln）等场合应采用直体。用作指数、分数、极限偏差、注角等的数字及字母,一般应采用小一号字体。

2. 示例

字体工整笔画清楚间隔均匀排列整齐

1234567890

ABCDEFGHIJKLMNOPQRSTUVWXYZ

R3   2×45°   M24-6H   Φ60H7   Φ30g6

$\Phi 20^{+0.021}_{\ 0}$ $\Phi 25^{-0.007}_{-0.020}$ Q235   HT200

1.1.4 图线

1. 图线线型及应用

图中采用各种型式的线称为图线。GB/T 17450—1998《技术制图 图线》和 GB/T

4457.4—2002《机械制图 图样画法 图线》规定了图线的基本线型有15种。机械制图中的常用图线有9种，见表1-4。

表1-4 机械制图中常用的图线

图线名称	线型	线宽	一般应用
细实线		$d/2$	过渡线、尺寸线、尺寸界线、指引线和基准线、剖面线、重合断面的轮廓线、短中心线、螺纹牙底线、尺寸线的起止线、表示平面的对角线、辅助线、投射线等
波浪线		$d/2$	断裂处边界线、视图与剖视图的分界线等
双折线	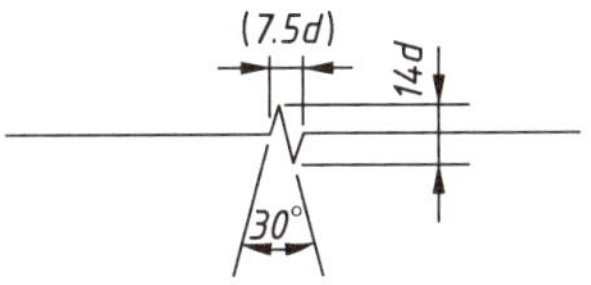	$d/2$	
粗实线		d	可见棱边线、可见轮廓线、相贯线、螺纹牙顶线、螺纹长度终止线、齿顶圆（线）、表格图和流程图中的主要表示线、系统结构线、模样分型线、剖切符号用线
细虚线	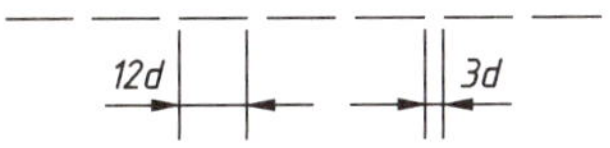	$d/2$	不可见轮廓线、不可见棱边线
粗虚线		d	允许表面处理的表示线
细点画线	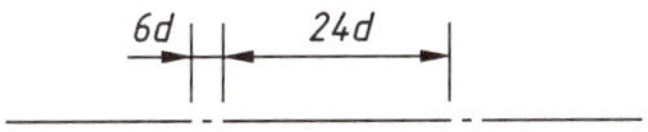	$d/2$	轴线、对称中心线、分度圆（线）、孔系分布的中心线、剖切线
粗点画线		d	限定范围表示线
细双点画线	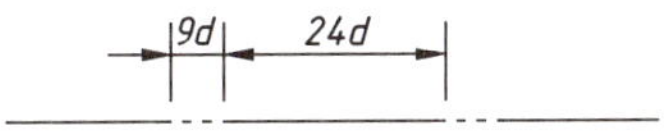	$d/2$	相邻辅助零件的轮廓线、可动零件的极限位置的轮廓线、重心线、成形前轮廓线、剖切面前的结构轮廓线、轨迹线、毛坯图中制成品的轮廓线、特定区域线、延伸公差带表示线、工艺用结构的轮廓线、中断线

2. 图线宽度

图线宽度 d 根据图形的尺寸和复杂程度有0.13mm、0.18mm、0.25mm、0.35mm、0.5mm、0.7mm、1mm、1.4mm、2mm九种。

在机械图样上，图线按线宽分为粗、细两种，它们的宽度之比为2∶1。在通常情况下，粗线宽度优先选用0.5mm和0.7mm两组。在同一图样上，同类图线的线宽应保持一致。

3. 图线应用

图 1.7 所示为图线的应用举例。在图 1.7 中，粗实线表达零件的可见轮廓线；细虚线表达不可见轮廓线；细实线表达尺寸线、尺寸界线及剖面线；双折线表达断裂处的边界线；波浪线表达视图与剖视图的分界线；细点画线表达对称中心线及轴线；细双点画线表达相邻辅助零件的轮廓线及极限位置轮廓线。

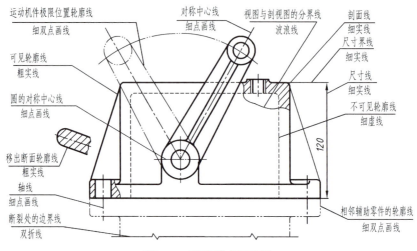

图 1.7 图线的应用举例

4. 图线画法

（1）在同一图样中，同类图线的宽度应基本一致。细虚线、细点画线及细双点画线的长度和间隔应各自大致相等，其长度可根据图形大小决定。

（2）两条平行线之间的最小间距不小于 0.7mm。

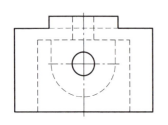

图 1.8 细虚线与细点画线的画法

（3）绘制圆的对称中心线时，圆心应为线段的交点。细点画线两端应超出圆的轮廓线 2～5mm。在较小的图形上绘制细点画线有困难时，可用细实线代替。

（4）细虚线、细点画线或细双点画线与实线相交或它们自身相交时，应是线段相交。当细虚线、细点画线或细双点画线为实线的延长线时，不得与实线相连，如图 1.8 所示。

（5）当图线与文字、数字或符号重叠时，应断开图线，以保证文字、数字或符号清晰。

（6）当图线重合时，重合部分的线型优先按粗实线、细虚线、细点画线的顺序画出。

1.1.5 尺寸注法（GB/T 4458.4—2003）

图样中的视图只能表达物体的形状，物体各部分的真实大小及相对位置要根据标注尺寸确定。

1. 基本规则

（1）机件的真实大小应以图样上所注尺寸数值为依据，与图形的大小及绘图的准确度无关。

（2）图样中（包括技术要求和其他说明）的尺寸以毫米（mm）为单位时，不需要标注单位符号（或名称），如采用其他单位，则应注明相应的单位符号。

（3）图样中所标注的尺寸为该图样所示机件的最后完工尺寸，否则应另加说明。

（4）机件的每个尺寸，一般只标注一次，并应标注在反映该结构最清晰的图形上。

2. 尺寸的组成

尺寸由尺寸界线、尺寸线、尺寸数字和尺寸终端（箭头或斜线）组成，如图1.9所示。

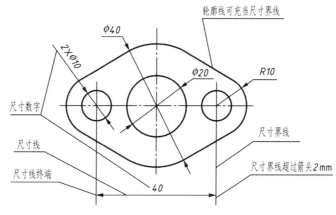

图1.9 尺寸的组成

（1）尺寸界线。

尺寸界线表明尺寸标注的范围，用细实线绘制，一般由图形的轮廓线、轴线或对称中心线引出，也可利用轮廓线、轴线或对称中心线本身作尺寸界线。尺寸界线超出尺寸线2~3mm，一般应与尺寸线垂直，必要时允许倾斜，如图1.10所示。

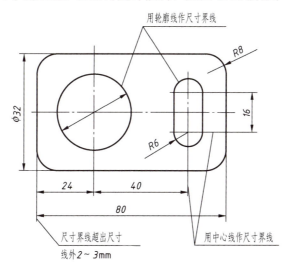

图1.10 尺寸界线

(2) 尺寸线。

① 尺寸线表明尺寸度量的方向，用细实线绘制，不得用其他任何图线代替，也不得与其他图线重合或画在其他图线的延长线上，并应避免尺寸线之间相交，如图 1.11 所示。

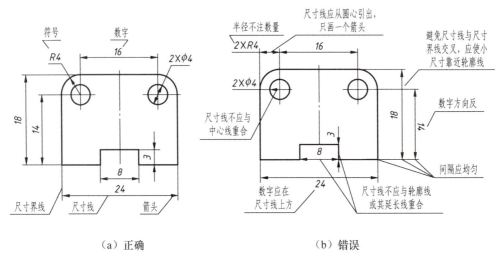

（a）正确　　　　　　　　　　　　（b）错误

图 1.11　尺寸线

② 标注线性尺寸时，尺寸线应与所标注的线段平行。相互平行的尺寸线，大尺寸在外，小尺寸在内，尽量避免尺寸界线与尺寸线相交，尺寸线与轮廓线以及尺寸线与尺寸线间的距离尽量保持一致，一般不小于 5mm。

(3) 尺寸线终端。

尺寸线终端有两种形式：箭头和斜线，在同一张图样中只能采用一种尺寸线终端。机械图样一般采用箭头形式，箭头尖端与尺寸界线接触，如图 1.12 所示。其中 d 表示粗实线的宽度，h 表示字体高度。

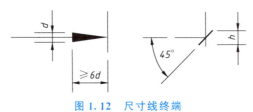

图 1.12　尺寸线终端

(4) 尺寸数字。

① 尺寸数字按标准字体书写，且同一张图样上的字高要一致。

② 线性尺寸数字一般注写在尺寸线的上方，也允许注写在尺寸线的中断处，水平方向字头朝上；垂直方向的尺寸数值应注写在尺寸线的左侧，字头朝左。

③ 倾斜方向的尺寸数字，应保持字头向上的趋势。尺寸数字不能被任何图线通过，否则应将该图线断开，如图 1.13 所示。

线性尺寸数字方向按图 1.14（a）所示方向填写，并尽可能避免在图示 30°范围内标注尺寸，无法避免时，按图 1.14（b）标注。

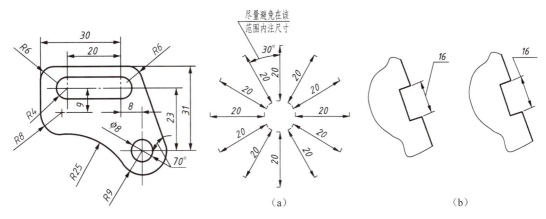

图 1.13 尺寸数字　　　　图 1.14 线性尺寸数字的注写方向

3. 尺寸标注示例

尺寸标注示例见表 1-5。

表 1-5 尺寸标注示例

尺寸注法	图例	说明
直线尺寸的注法		同一方向的连续尺寸，尺寸线必须保证在一条线上
直线尺寸的注法		同一方向的不同尺寸，遵循小尺寸在里、大尺寸在外的原则，避免尺寸线与尺寸界线相交
直径尺寸的注法		（1）标注直径尺寸时，应在尺寸数字前加注符号"ϕ"。 （2）直径尺寸线应通过圆心或平行直径。 （3）直径尺寸线圆周或尺寸界线接触处画箭头终端。 （4）不完整圆的尺寸线应超过半径。 （5）标注球面的直径或半径时，在符号"R"或"ϕ"前加注符号"S"

续表

尺寸注法	图例	说明
位置狭小的尺寸注法	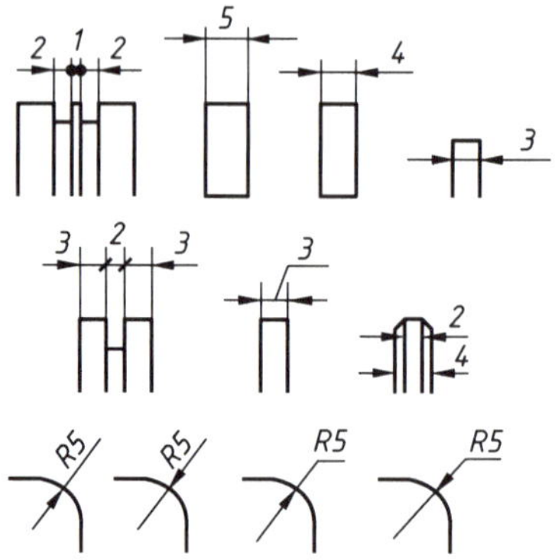	(1) 在没有足够位置画箭头或注写尺寸数字时，箭头可放在尺寸线外面，尺寸数字可注写在尺寸界线外面或引出标注，也允许用圆点或斜线代替箭头。 (2) 标注小直径或小半径尺寸时，箭头和数字都可布置在尺寸界线外面，但尺寸线一定要过圆或圆弧的中心，或箭头指向圆心
角度尺寸的注法	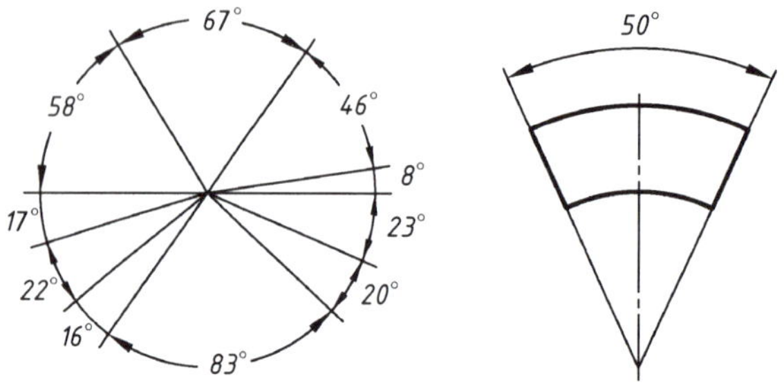	(1) 角度的数字一律水平书写。 (2) 角度的数字一般注写在尺寸线的中断处，也可注写在上方或引出标注。 (3) 当角度的尺寸线为圆弧时，尺寸界线沿径向引出
其他结构尺寸的注法	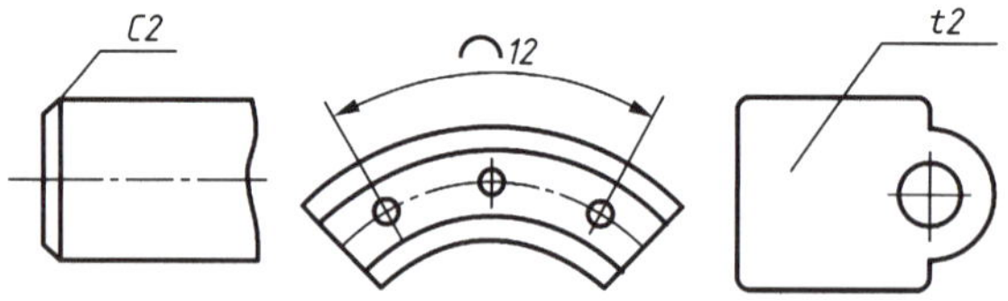 倒角　弧长　板厚	(1) 倒角。 (2) 弧长的尺寸线是该圆弧的同心圆，尺寸界线平行于弦长的垂直平行线。 (3) 对于板状零件的厚度，在尺寸数字前加符号"t"

1.2　绘图及其工具、仪器的使用方法

尺规绘图是指利用铅笔、三角板、圆规等绘图工具手工绘制机械图样。必须正确地掌握和使用各种绘图工具。常用的绘图工具有图板、丁字尺、三角板、圆规、分规、比例尺、曲线板等。

1.2.1　常用绘图工具及其使用方法

1. 图板、丁字尺和三角板

图板、丁字尺和三角板是手工绘图时常用的三种工具，使用时相互配合，可快速、准

确地绘制各种位置的水平线、垂直线和倾斜线。

（1）图板是用来铺放和固定图纸的。图板一般分 0 号、1 号、2 号和 3 号四种型号。图板左侧短边为导边，与丁字尺内侧边紧密接触。

（2）丁字尺由尺头和尺身组成，其中尺身为工作边。画图时，需将尺头紧靠图板导边处，上下移动丁字尺可画水平线，其画线方向为由左至右。

（3）三角板有 45°和 30°、60°两块，与丁字尺配合可以画垂直线和与水平线成 15°、30°、45°、60°、75°的斜线。两块三角板配合可画任意角度水平线。

图板和丁字尺的使用方法如图 1.15 所示。

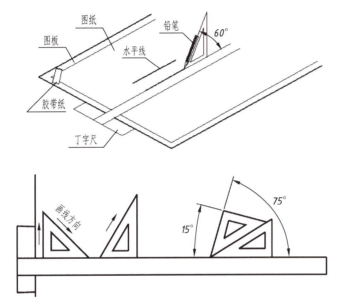

图 1.15 图板和丁字尺的使用方法

2．圆规和分规

圆规用来画圆和圆弧。画圆或圆弧前，调整针脚，使针尖略长于铅芯。画图时，向前方稍微倾斜并按顺时针方向画。加深粗实线时铅芯磨成矩形，画细实线时铅芯磨成铲形，如图 1.16 所示。

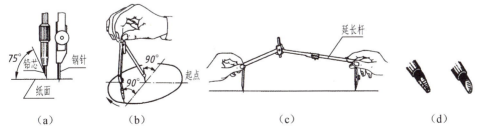

图 1.16 圆规及铅芯的使用方法

分规用来量取和等分线段。为了准确地度量尺寸，分规两脚端部的针尖应平齐。等分线段时，将分规的两针尖调整到所需距离，然后用拇指、食指捏住分规手柄，使分规两个针尖沿线段交替做圆心旋转前进，如图 1.17 所示。

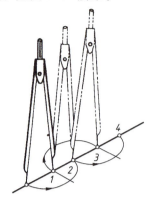

图 1.17 分规的使用方法

3．比例尺

常见比例尺为三棱柱体，如图 1.18 所示，它的三面刻有六种比例刻度。绘图时，应根据所绘图形的比例，选用相应的刻度，直接用比例尺度量，无须换算。比例尺除用来直接在图上度量尺寸外，还可用分规从比例尺上量取尺寸。

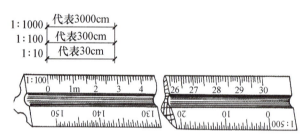

图 1.18 比例尺的使用方法

4．曲线板

曲线板是用来描绘非圆曲线的工具。曲线板轮廓线上各点具有不同的曲率半径，作图时，应先求出曲线上的若干点，并徒手将各点依次连成光滑曲线，再在曲线板上选取曲率相当的部分，分几段逐次将各点连成曲线，但每段都不要全部描完，至少留出后两点间的一小段，以与下段吻合，这样所画的曲线过渡光滑，如图 1.19 所示。

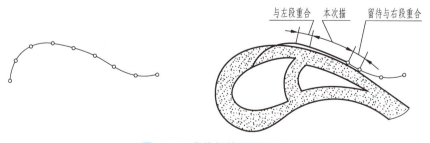

图 1.19 曲线板的使用方法

5. 铅笔

绘图要选用专用的绘图铅笔。铅芯的硬度用 B 和 H 表示。

绘图时，用 H 或 2H 铅笔画细实线，用来打底稿；用 HB 铅笔写字、画细实线、标注尺寸；用 B 或 2B 铅笔加深图线。

将画粗实线的铅芯削成四棱柱或扁铲形，画细实线或写字的铅芯削成圆锥形，如图 1.20 所示。

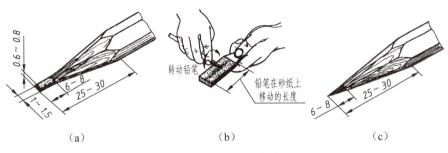

图 1.20　铅笔的削法

6. 其他工具

除上述绘图工具外，还有绘图模板、橡皮、小刀、量角器、胶带纸、擦图片和修磨铅芯的细砂纸等。胶带纸用于把图纸固定在图板上，擦图片用于修改图线时遮盖不需要擦掉的图线。绘图模板及擦图片如图 1.21 所示。

图 1.21　绘图模板及擦图片

1.2.2　尺规绘图的方法与步骤

（1）将圆规和铅笔的铅芯按所绘制的线型削好，然后将图板、丁字尺、三角板和擦图片等擦干净。选取比例，确定合适的图纸幅面。将图纸的反面铺在图板左下方，用丁字尺校正后用胶带纸固定。

（2）画底稿。

用削尖的 H 或 2H 铅笔画底稿。画底稿的步骤是先画图框及标题栏，再画图形。

首先画作图基准线、轴线、对称中心线，注意图形与图形、图形与图框之间留有标注尺寸的位置；然后画图形的主要轮廓线；最后画细节部分。

（3）标注尺寸。

检查无误后，用 HB 铅笔一次性画出尺寸线、尺寸界限及箭头，填写尺寸数字和标题栏，书写技术要求，等等。

（4）加深。

首先用 HB 铅笔加深细线；然后用 B 或 2B 铅笔加深图线，加深时，先实后虚、先小后大、先圆后直、先上后下、先左后右、先水平后垂直；最后描斜线。

1.3　常用的几何作图方法

绘制机件图样时，经常遇到正多边形、圆弧连接、非圆曲线以及锥度和斜度等几何作图的问题。

1.3.1　等分直线段

图 1.22 所示为平行法等分线段。其作图步骤如下：过任一端点（如 A 点）作直线 AC，用分规取任意单位长度，在 AC 上连续量得 1、2、3、4、5 等分点。连接 5B，过各等分点作 5B 的平行线即可。

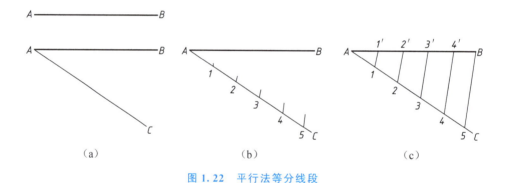

图 1.22　平行法等分线段

1.3.2　等分圆周与正多边形

三等分、六等分及五等分圆周画正多边形，以及三角板和丁字尺配合画正多边形如图 1.23 至图 1.25 所示。

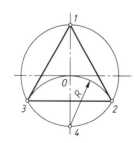 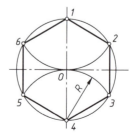

(a) 以 4 为圆心，R 为半径画圆弧并交圆于 2、3 点，连接 12、23、31，即得正三角形

(b) 分别以 1 点和 4 点为圆心，R 为半径画圆弧，交圆于 2、6 点和 3、5 点，依次连接，即得正六边形

图 1.23　三等分、六等分圆周画正多边形

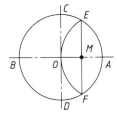

(a)以A为圆心、OA为半径画圆弧并交圆于E、F点,连接EF得中心M

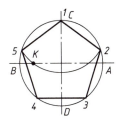

(b)以M为圆心、CM为半径画圆弧并交OB于K,CK为正五边形边长

(c)以CK为长,自C截圆周得1、2、3、4、5点,依次连接即得正五边形

图1.24 五等分圆周画正五边形

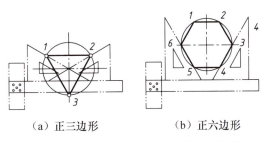

(a)正三边形　　　　　(b)正六边形

图1.25 三角板和丁字尺配合画正六边形

1.3.3 斜度与锥度

1. 斜度

斜度是指一直线或平面对另一直线或平面的倾斜程度,其值用两直线或平面的正切值表示。

$$斜度 = \tan\alpha = \frac{H}{L}$$

在图样上,最终将斜度转化为 $1:n$ 的形式标注。在 $1:n$ 前加注斜度符号∠,符号倾斜方向与斜度方向一致,符号中的 h 为字体高度,线宽为 $1/10h$,作图如图1.26所示。

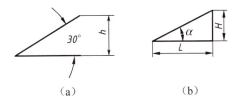

图1.26 斜度符号及斜度的画法

2. 锥度

锥度是指正圆锥的底圆直径与高度之比或正圆锥台上下底圆直径之差与锥台高度之比,即

$$锥度 = 2\tan\frac{\alpha}{2} = \frac{D}{L} = \frac{D-d}{L}$$

在图样上,一般将锥度转化为 $1:n$ 的形式标注。在 $1:n$ 前加注锥度符号◁,符号倾斜方向与锥度方向一致,如图 1.27 所示,符号的线宽为 $1/10h$。

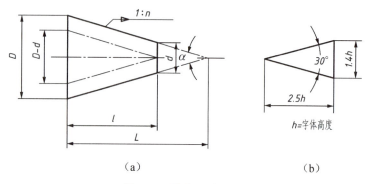

图 1.27　锥度及其符号

锥度画法如图 1.28 所示。

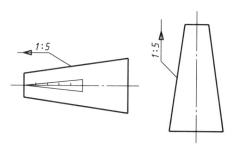

图 1.28　锥度画法

1.3.4　圆弧连接

圆弧连接

绘制机件图样时,经常遇到用直线与圆弧或圆弧与圆弧光滑连接的情况,称为圆弧连接。光滑连接的实质是圆弧与圆弧或圆弧与直线相切,连接点就是切点。其中起连接作用的圆弧称为连接圆弧。作图关键是准确定出连接圆弧的圆心和切点。

圆弧连接的三种情况见表 1-6。

表 1-6　圆弧连接的三种情况

类型	图例	作图步骤
圆弧与直线连接		① 作与已知两条直线分别相距为 R 的平行线,交点 O 即连接弧圆心;② 过点 O 分别作已知两条直线的垂线,垂足 1、2 即切点;③ 以 O 为圆心、R 为半径,在两切点 1、2 之间画连接圆弧

续表

类型	图例	作图步骤
两圆弧连接（内切）		① 分别以 O_1、O_2 为圆心，$R_内-R_1$ 和 $R_内-R_2$ 为半径作圆弧，两圆弧交点 O_3 即连接圆弧的圆心；② 分别作连心线 O_3O_1 和 O_3O_2 并延长，得切点 n_1、n_2；③ 以 O_3 为圆心，$R_内$ 为半径作连接圆弧，从 n_1 画至 n_2 即所求
两圆弧连接（外切）		① 分别以 O_1、O_2 为圆心，$R_1+R_外$、$R_2+R_外$ 为半径作圆弧，两圆弧交点 O_3 即连接圆弧的圆心；② 分别连接 O_1O_3 和 O_2O_3，得切点 m_1、m_2；③ 以 O_3 为圆心、$R_外$ 为半径作圆弧，连接 m_1、m_2 即所求

1.3.5 椭圆的画法

图 1.29 所示为四心圆弧法画椭圆。根据已知椭圆的长轴和短轴，用四心圆弧法绘制椭圆的步骤如下：① 连接 AC，以 O 为圆心、OA 为半径画圆弧，与 DC 的延长线交于 E 点；② 以 C 为圆心、CE 为半径画圆弧，交 AC 于 F 点；③ 作 AF 的垂直平分线，分别交长轴、短轴于 1、2 两点；④ 定出 1、2 两点对圆心 O 的对称点 3、4；⑤ 连接 23、43、41 并延长；⑥ 分别以 1、3 点和 2、4 点为圆心，以 $1A$ 和 $2C$ 为半径画圆弧至连心线，得椭圆。

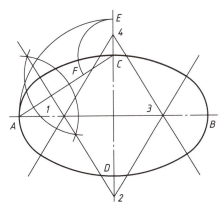

图 1.29 四心圆弧法画椭圆

1.4 平面图形的作图

要正确绘制平面图形和标注它的尺寸,必须掌握平面图形的尺寸分析和线段分析。画图时,应根据图中尺寸对线段进行分类,以便确定作图步骤。

1.4.1 平面图形的尺寸分析

尺寸按在平面图形中的作用分为定形尺寸和定位尺寸两类。

1. 定形尺寸

确定平面图形中各封闭图形的大小和形状的尺寸称为定形尺寸,如圆的直径、直线段的长度、圆弧的半径及角度等。图 1.30 所示的 $\phi 20$、$\phi 27$、$R3$、$R40$、$R32$、$R27$ 等为定形尺寸。

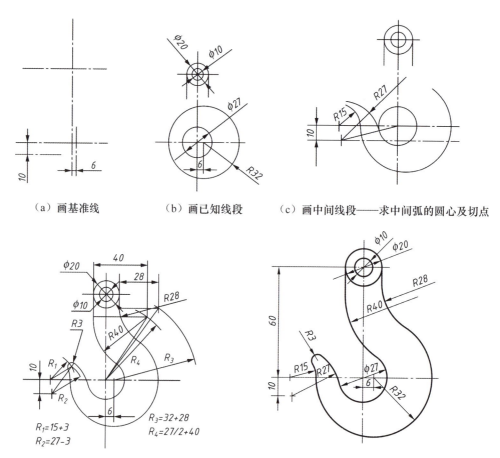

(a) 画基准线　　(b) 画已知线段　　(c) 画中间线段——求中间弧的圆心及切点

(d) 画连接线段——求连接弧的圆心及切点　　(e) 检查图形,画尺寸线和尺寸界线,加深图形

图 1.30　吊钩平面图的画法

2. 定位尺寸

确定平面图形中各个线段或线框相对位置的尺寸称为定位尺寸。一般来说，平面图形有两个方向的定位尺寸。如图 1.30 所示，尺寸 60 和 6 确定 $\phi 20$ 和 $R32$ 的圆心位置；10 确定 $R27$ 圆心的垂直方向位置。

3. 尺寸基准

标注定位尺寸起点的点和直线称为尺寸基准。平面图形中常用的基准有较大圆的中心线和对称图形的对称中心线或重要直线等。平面图形有垂直方向和水平方向的尺寸基准。

1.4.2 平面图形的线段分析

根据平面图形中标注的尺寸和线段的连接关系，图形中的线段分为已知线段、中间线段、连接线段。

1. 已知线段

定形尺寸及定位尺寸齐全，可以直接画出的圆、圆弧或直线称为已知线段，如图 1.30 中的 $\phi 20$、$\phi 27$ 和 $R32$。

2. 中间线段

仅有定形尺寸和一个方向的定位尺寸，需要通过与已知线段的连接关系确定的圆、圆弧或直线称为中间线段。如图 1.30 中的 $R27$，$R27$ 是定形尺寸，10 是垂直方向的定位尺寸，可通过与圆弧 $R32$ 的外切关系定出圆心、连接点（切点），从而画出该圆弧。

3. 连接线段

仅有定形尺寸且没标出定位尺寸，一般要根据它与相邻两个线段的连接关系，用几何作图的方法将它们求出的线段称连接线段。如图 1.30 中的 $R28$ 和 $R40$ 是定形尺寸，无定位尺寸。$R28$ 可通过与直线连接及与圆弧 $R32$ 的外切关系定出圆心、连接点（切点）；$R40$ 可通过与直线连接及与圆弧 $\phi 27$ 的外切关系定出圆心、连接点（切点），从而画出两段圆弧。

画平面图形时，先画已知线段，再画中间线段。

通过对平面图形进行线段分析，平面图形的作图步骤如下。

（1）合理布置平面图形的位置，画基准线，用 H 或 2H 铅笔打底稿，如图 1.30（a）所示。

（2）画已知线段。画已知圆 $\phi 10$、$\phi 27$、$\phi 20$，已知圆弧 $R32$ 及两条直线，如图 1.30（b）所示。

（3）画中间线段。求中间弧 $R15$、$R27$ 的圆心及切点，如图 1.30（c）所示。

（4）画连接线段。求连接弧 $R3$、$R28$、$R40$ 的圆心及切点，如图 1.30（d）所示。

（5）擦去多余作图线，整理图形，用 HB 铅笔加深点画线及标注尺寸；用 B 或 2B 铅笔依次加深轮廓线，按照先曲后直、先上后下、先左后右的顺序加深图形，如图 1.30（e）所示。

素养提升

工程图样是工程界共同的技术语言,是现代工业生产中的重要技术文件。技术人员必须遵守国家制图标准规定。国有国法,家有家规,学校有学校的规章制度,所有学生必须具有遵纪守法的意识和职业道德,在课程学习和实践过程中具有科学严谨的工作态度,养成严格遵守国家制图标准规定和生产规范的习惯,明确行业规范的严肃性和必要性,了解科学是无国界的,而科学家是有国家的,强化学生对工程图样的保密意识,所有学生都要做实现中华民族伟大复兴的践行者。

建议学生课后搜索观看《大国工匠》《超级工程》等节目。

第1章习题集部分讲解

第 2 章
点、直线、平面的投影

教学提示

点、直线、平面是构成物体的基本几何元素,为了正确绘制物体的投影图,除了掌握投影法的原理,还必须研究点、直线、平面的投影规律与投影特性。本章重点介绍点、直线、平面的投影规律与投影特性。

教学要求

掌握点在两投影面体系、三投影面体系中的投影特点;熟练掌握点的投影规律和求解第三投影;掌握直线及平面的分类和投影特点;掌握直线上点的投影规律;掌握两条直线在各种相对位置的投影特性;熟练掌握在平面上取点、取线的方法。

2.1 投影法概述

1. 投影法的基本知识

投影法如图 2.1 所示。已知空间点 S、点 A 及平面 H,过点 S 和点 A 连一条直线并延长,与平面 H 交于点 a,交点 a 称为点 A 在平面 H 上的投影。点 S 称为投射中心,平面 H 称为投影面,直线 SAa 称为投射线。投射线通过物体向选定的面投射,并在该面上得到图形的方法,称为投影法(GB/T 14692—2008)。它是画法几何及工程制图的基础。

2. 投影法的分类

工程上常用的投影法有中心投影法(图 2.2)和平行投影法(图 2.3)。其中,平行投影法分为正投影法和斜投影法。

(1) 中心投影法。

投射线从一点发出的投影法称为中心投影法。中心投影法的投射中心位于有限远处,

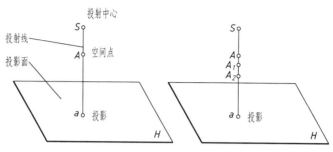

图 2.1 投影法

投射线汇交于一点。用中心投影法所得的投影称为中心投影。中心投影立体感强,通常用来绘制建筑物或产品富有逼真感的立体图,也称透视图。

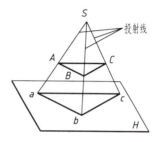

图 2.2 中心投影法

(2) 平行投影法。

当投射中心与投影面的距离无限长时,可以认为其发出的光束是相互平行的。投射线相互平行的投影法称为平行投影法。投射线垂直于投影面时的平行投影法称为正投影法,如图 2.3(a)所示;投射线倾斜于投影面的平行投影法称为斜投影法,如图 2.3(b)所示。分别用正投影法和斜投影法得到的投影称为正投影和斜投影。由于正投影法能直接、方便地表达空间物体的真实形状、尺寸和空间位置,得到的图形广泛用于工程图样,因此常将正投影简称为投影。

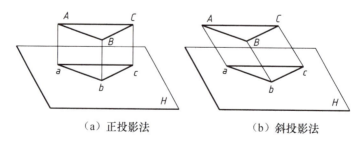

(a) 正投影法 (b) 斜投影法

图 2.3 平行投影法

3. 投影的基本性质

(1) 实形性。

当线段或平面图形平行于投影面时,投影反映实长或实形。如图 2.4 所示,直线 AB 平行于平面 H,其在平面 H 上的投影反映实长。平面 ABC 平行于平面 H,其在平面 H

上的投影反映实形。

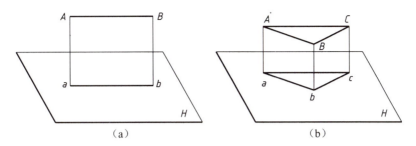

图 2.4　直线及平面图形平行于投影面时的投影

（2）积聚性。

当直线或平面垂直于投影面时，投影积聚成点或直线，如图 2.5 所示。

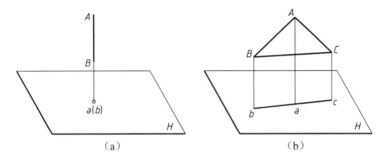

图 2.5　直线及平面图形垂直于投影面时的投影

（3）类似性。

当直线或平面既不平行于投影面又不垂直于投影面时，直线的投影仍然是直线，平面的投影仍然是平面，但直线或平面的投影小于实长或实形，如图 2.6 所示。

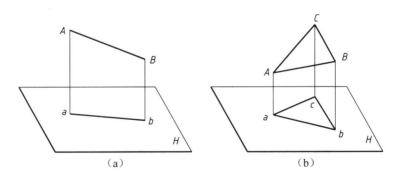

图 2.6　直线及平面图形倾斜于投影面时的投影

（4）平行性。

平行性是指空间相互平行线段的投影仍然相互平行，如图 2.7（a）所示。

（5）从属性。

从属性是指几何元素的从属关系在投影中不会发生改变，如属于直线的点的投影必属于直线的投影、属于平面的点和线的投影必属于平面的投影等，如图 2.7（b）所示。

(6) 定比性。

定比性是指空间平行线段的长度比在投影中保持不变，如图 2.7（b）所示。

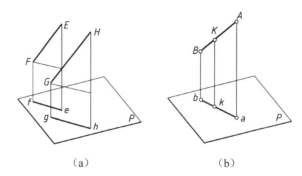

（a） （b）

图 2.7　平行投影的性质

2.2　点的投影

2.2.1　点在两投影面体系中的投影

根据正投影法的原理可知，一个投影面上的投影不能唯一确定空间点的位置，所以确定一个空间点至少需要两个投影面上的投影。在工程制图中，通常选取相互垂直的两个或两个以上平面作为投影面，向这些投影面作投影，形成多面正投影。

1. 两投影面体系的组成

图 2.8 所示为空间两个相互垂直的投影面，处于正面直立位置的投影面 V 称为正立投影面，处于水平位置的投影面 H 称为水平投影面，V 面与 H 面的交线称为投影轴（OX 轴）。

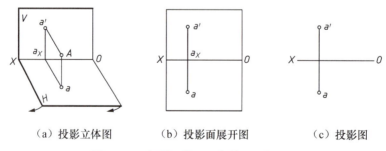

（a）投影立体图　　（b）投影面展开图　　（c）投影图

图 2.8　两投影面体系及点的两面投影图

如图 2.8（a）所示，在两投影面体系中有一空间点 A，过点 A 分别作垂直于 V 面、H 面的投射线 Aa'、Aa，并分别与 V 面、H 面相交，得点 A 的正面（V 面）投影 a' 和水平（H 面）投影 a，称为点的投影立体图。

V 面不动，将 H 面绕 OX 轴向下旋转 $90°$，与 V 面位于同一平面，如图 2.8（b）所示，得到点 A 的投影面展开图。实际作图时，不必画出投影面的边框，于是得到点 A 的投影图，如图 2.8（c）所示。反之，已知点 A 的两面投影，可以确定点的空间位置。

2. 点的两面投影特性

点 A 在 V 面和 H 面的投影 a' 和 a 在投影面展开后，图 2.8（b）中的连线 aa' 称为投影连线。在图 2.8（a）中，由于 $Aa \perp H$，$Aa' \perp V$，因此由 Aa 和 Aa' 决定的平面同时垂直于 H 面和 V 面，也必定垂直于 V 面、H 面的交线 OX。a_X 是 OX 与平面 Aaa_Xa' 的交点。因为 $a'a_X$ 和 aa_X 都是过 a_X 且在平面 Aaa_Xa' 上的直线，所以 $a'a_X \perp OX$，$aa_X \perp OX$。当展开投影面时，aa_X 在平面 Aaa_Xa' 内旋转，展开后的 $a'a_X$ 和 aa_X 必垂直于 OX，所以 $a'a \perp OX$，即点的投影连线垂直于投影轴。

由上面讨论可概括出点在两面投影体系中的投影特性。

（1）点的投影连线垂直于投影轴，即 $a'a \perp OX$。

（2）点的投影与投影轴的距离反映该点与相邻投影面的距离，即 $a_Xa' = aA$，$a_Xa = a'A$。

2.2.2 点在三投影面体系中的投影

1. 三投影面体系的组成

为了反映物体的完整形状，在两投影面体系的基础上加一个与 V 面、H 面均垂直的侧立投影面 W，三个相互垂直的投影面形成了一个三投影面体系，如图 2.9 所示。三投影面体系的组成如下：V 面与 H 面的交线称为 OX 投影轴，简称 OX 轴；H 面与 W 面的交线称为 OY 投影轴，简称 OY 轴；W 面与 V 面的交线称为 OZ 投影轴，简称 OZ 轴；X 轴、Y 轴、Z 轴的交点 O 称为原点。

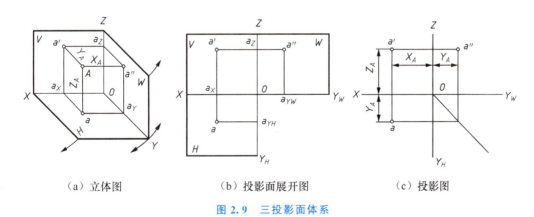

（a）立体图　　　　　　　（b）投影面展开图　　　　　　　（c）投影图

图 2.9　三投影面体系

2. 点的三面投影特性

如图 2.9（a）所示，已知一空间点 A，分别作其垂直于 V 面、H 面、W 面的投射线，得到点 A 的正面投影 a'、水平投影 a、侧面投影 a''。空间点用大写字母表示，投影用相应小写字母表示，水平投影、正面投影、侧面投影分别用 a、a'、a'' 表示。

如图 2.9（a）所示，沿 OY 轴分开 H 面和 W 面，V 面保持正立位置，将 H 面向下转 90°，W 面向右转 90°，使 H 面、W 面、V 面位于一个平面，得到图 2.9（b）所示投影面展开图。如图 2.9（c）所示，去掉投影面的边框，得到点在三投影面体系中的投影图，其

中 OY 轴随着 H 面旋转后用 Y_H 表示，随着 W 面旋转后用 Y_W 表示。

由图 2.9（b）可见，点 A 的 V 面投影和 H 面投影的连线垂直于 OX 轴，即 $a'a \perp OX$；点 A 的 V 面投影和 W 面投影的连线垂直于 OZ 轴，即 $a'a'' \perp OZ$。

点 A 可用坐标表示为 $A(x_A, y_A, z_A)$，点 $A(x_A, y_A, z_A)$ 的投影与坐标有下述关系。

x 坐标：$x_A(Oa_X) = a_Z a' = aa_{Y_H}$，且等于点 A 到 W 面的距离 $a''A$；

y 坐标：$y_A(Oa_{Y_H} = oa_{Y_W}) = a_X a = a_Z a''$，且等于点 A 到 V 面的距离 $a'A$；

z 坐标：$z_A(Oa_Z) = a_X a' = a_{Y_W} a''$，且等于点 A 到 H 面的距离 aA。

根据以上分析，可以得到点的三面投影特性如下。

（1）点的投影连线垂直于投影轴。

（2）点的投影到投影轴的距离等于点的坐标，也就是该点与对应的相邻投影面的距离。

点的 H 面投影与 W 面投影的连线分为两段，一段在 H 面上，另一段在 W 面上，垂直于 H 面上的 OY_H 轴，垂直于 W 面上 OY_W 轴的交点过 O 点的 45°辅助线上。所以，在投影图中，为了作图方便，可用过点 O 的 45°辅助线帮助作图。

已知点 $A(10, 8, 12)$，求点 A 的三面投影 a、a'、a''。

作图方法：如图 2.10（a）所示，画出坐标轴 OX、OY_H、OY_W、OZ；在 OX、OY_H、OZ 轴上分别量取 $Oa_X = 10$，$Oa_{Y_H} = 8$，$Oa_Z = 12$。分别过 a_X 作 OX 轴的垂线、过 a_Z 作 OZ 轴的垂线，两垂线的交点即 a'；过 a_{Y_H} 作 OY_H 轴的垂线，与 $a'a_X$ 的延长线交点即 a。过原点 O 作 45°辅助线，延长 aa_{Y_H} 与 45°辅助线相交，如图 2.10（b）所示。过交点作垂直于 OY_W 轴的垂线，与过 a' 作 OZ 轴的垂线的延长线的交点即点 A 的 W 面投影 a''，如图 2.10（c）所示。

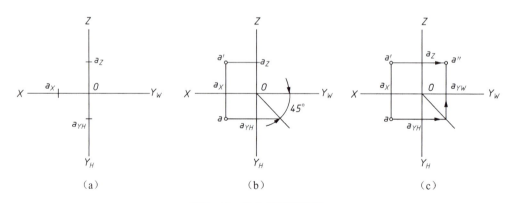

图 2.10 求点的三面投影

2.2.3 投影面和投影轴上点的投影

如图 2.11（a）所示，点 B 在 V 面上，点 C 在 H 面上。由图 2.11（b）可以得出投影面上点的投影有下列特性：投影面上点的一个坐标为零；在该投影面上的投影与该点重合，在相邻投影面上的投影分别在相应的投影轴上。H 面上点 C 的 W 面投影 c'' 在 OY_W 轴上，而不能画在 OY_H 轴上。

图 2.11（a）中的点 D 是 OX 轴上的点，由图 2.11（b）可以得出投影轴上点的投影特性如下：投影轴上点的两个坐标为零；在包含这条投影轴的两投影面上的投影都与该点重合，在另一投影面上的投影与原点 O 重合。

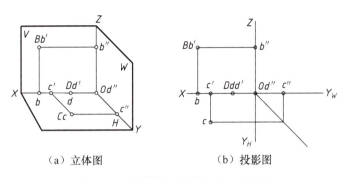

（a）立体图　　（b）投影图

图 2.11　投影面和投影轴上点的投影

2.2.4　两点的相对位置和重影点

1. 两点的相对位置

如图 2.12 所示，空间两点之间的左右、前后、上下的相对位置在投影图上可由两点投影的 x、y、z 坐标关系判断。

两点的左右相对位置由 x 坐标确定，坐标大者在左方。

两点的前后相对位置由 y 坐标确定，坐标大者在前方。

两点的上下相对位置由 z 坐标确定，坐标大者在上方。

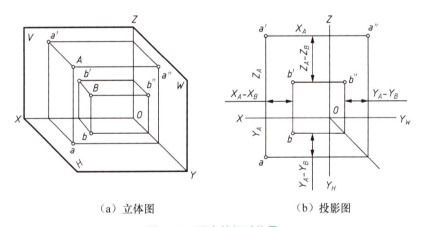

（a）立体图　　（b）投影图

图 2.12　两点的相对位置

两点的相对位置关系可由两点同面投影的相对位置和坐标确定。

对于图 2.12 中的空间两点 A、B，在投影图中，由于 A 点的 x 坐标大于 B 点的 x 坐标，因此 A 点在 B 点左方；由于 A 点的 y 坐标大于 B 点的 y 坐标，因此 A 点在 B 点前方；由于 A 点的 z 坐标大于 B 点的 z 坐标，因此 A 点在 B 点上方。由图 2.12 可知，由已知两点的三面投影确定两点的空间位置时，可以根据正面投影或侧面投影确定两点的上下相对位置，根据水平投影和正面投影确定两点的左右相对位置，根据水平投影和侧面投影确定两点的前后相对位置。对水平投影而言，展开后 Y_H 轴向下代表向前，Y_W 轴向右代表向前。

2. 重影点

如图 2.13 所示，当两点的某两个投影面上的坐标相同时，这两点处于同一投射线上，因此与投射线垂直的投影面上具有重合的投影，称这两点为对该投影面的重影点。

例如，图 2.13 中的空间点 A、C，由于它们的 x 坐标和 z 坐标相等，AC 连线垂直于 V 面，因此两点在 V 面具有重合的投影。其中一个重影点是可见的；另一个重影点被遮挡住，为不可见的，要为不可见的投影点加括号，如图 2.13 中的点（c'）。投影图上重影点的可见性由两点的同面投影坐标值判断，坐标值大者为可见，坐标值小者为不可见。如图 2.13（b）中的点 A 和点 C 的 x 坐标与 z 坐标相等，y 坐标不相等，因此点 A 和点 C 是重影点。因为 A 点的 y 坐标大于 C 点的 y 坐标，所以 a' 可见，c' 不可见并加括号表示。

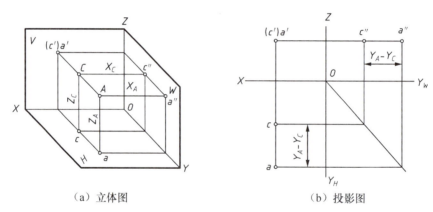

（a）立体图　　　　（b）投影图

图 2.13　重影点的投影

2.3　直线的投影

2.3.1　直线及直线上点的投影特性

1. 直线的投影

空间一直线的投影可由直线上两点的同面投影确定。如图 2.14 所示，要作空间直线 AB 的投影，只要作出其上任意两点 A、B 在投影面 H 的投影 a、b，连接 ab 即 AB 在 H 面的投影。如图 2.15 所示，在三面投影中，分别作直线 AB 上两端点的三面投影 a、b，a'、b'，a''、b''，连接 ab、$a'b'$、$a''b''$ 即得直线 AB 的三面投影。

2. 直线的投影特性

直线的投影特性取决于直线与投影面的相对位置，当直线垂直于投影面时，投影为点，如图2.16（a）所示；当直线平行于投影面时，投影为等长直线，如图2.16（b）所示；当直线不垂直且不平行于投影面时，投影为直线，直线长度ab＜AB，如图2.16（c）所示。

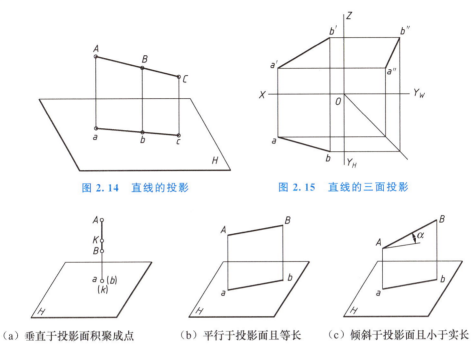

图2.14 直线的投影　　　　　　　图2.15 直线的三面投影

（a）垂直于投影面积聚成点　　（b）平行于投影面且等长　　（c）倾斜于投影面且小于实长

图2.16 直线的投影特性

3．直线上点的投影特性

根据平行投影特点可知，直线上点的投影特性如下。

（1）从属性。若点在直线上，则点的投影必在直线的同面投影上。

（2）定比性。若点在直线上，则点分割直线段之比等于投影后点分割直线段之比，如图2.17所示，即 $AC:CB=ac:cb=a'c':c'b'=a''c'':c''b''$。

上述两点反之成立。

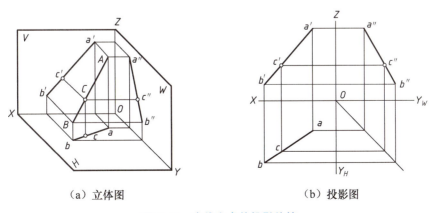

（a）立体图　　　　　　　　　　（b）投影图

图2.17 直线上点的投影特性

【例 2.1】 已知直线 AB 的两面投影和直线 AB 上点 K 的正面投影 k'，求点 K 水平投影，如图 2.18（a）所示。

解法一：根据直线上点的投影特性——从属性求水平投影 k。

已知直线 AB 的两面投影，可以求出直线 AB 的第三面投影；又已知点 K 在直线 AB 上，根据点在直线上的投影性质，点 k'' 必定在 $a''b''$ 上，即可求出点 k 的投影，如图 2.18（b）所示。

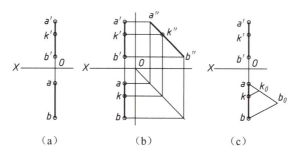

图 2.18 已知直线 AB 上 K 点的正面投影求水平投影

解法二：利用定比性质，因为点 K 在直线 AB 上，所以必定符合 $a'k':k'b'=ak:kb$ 的比例关系。过点 a 任作一射线，量取 $ak_0=a'k'$，$k_0b_0=k'b'$，连接 bb_0，过点 k_0 作 bb_0 的平行线，即得点 k，如图 2.18（c）所示。

2.3.2 各种位置直线的投影特性

直线在三投影面体系中与投影面的相对位置可分为三类：投影面平行线、投影面垂直线、一般位置直线。其中，前两类统称特殊位置直线。通常直线与 H 面、V 面、W 面的夹角分别用 α、β、γ 表示。

1. 投影面平行线的投影特性

平行于一个投影面与另两个投影面倾斜的直线称为**投影面平行线**。投影面平行线分为三种：平行于 V 面的直线称为正平线；平行于 H 面的直线称为水平线；平行于 W 面的直线称为侧平线。

投影面平行线的投影特性见表 2-1。

表 2-1 投影面平行线的投影特性

名称	正平线	水平线	侧平线
实例图	正平线 AB	水平线 BC	侧平线 AC

续表

名称	正平线	水平线	侧平线
立体图	正平线AB	水平线BC	侧平线AC
投影图			
投影特性	（1）正面投影反映实长，与 OX 轴、OZ 轴的夹角分别是对 H 面、W 面的真实倾角 α、γ。 （2）水平面投影 ab∥OX 轴，侧面投影 $a''b''$∥OZ 轴且小于实长。	（1）水平面投影反映实长，与 OX 轴、OY_H 轴的夹角分别是对 V 面、W 面的真实倾角 β、γ。 （2）正面投影 $c'b'$∥OX 轴，侧面投影 $c''b''$∥OY_W 轴且小于实长。	（1）侧面投影反映实长，与 OZ 轴、OY_W 轴的夹角分别是对 V 面、H 面的真实倾角 β、α。 （2）正面投影 $a'c'$∥OZ 轴，水平面投影 ac∥OY_H 轴且小于实长。

（1）在与其平行的投影面上的投影反映实长，它与相应投影轴的夹角分别是对另两个投影面的夹角。

（2）另两个投影面上的投影分别平行于相应的投影轴且小于实长。

2．投影面垂直线的投影特性

垂直于一个投影面且与另两个投影面都平行的直线称为**投影面垂直线**。投影面垂直线分为三种：垂直于 V 面的直线称为正垂线；垂直于 H 面的直线称为铅垂线；垂直于 W 面的直线称为侧垂线。

投影面垂直线的投影特性见表 2-2。

表 2-2 投影面垂直线的投影特性

名称	正垂线	铅垂线	侧垂线
实例图	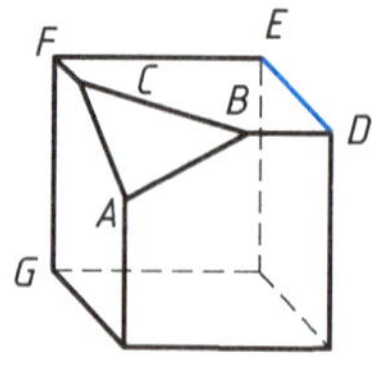 正垂线DE	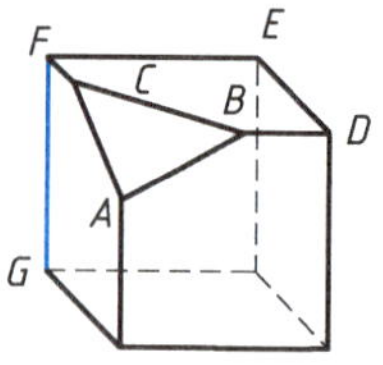 铅垂线FG	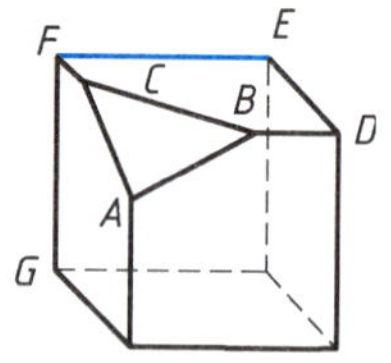 侧垂线EF
立体图	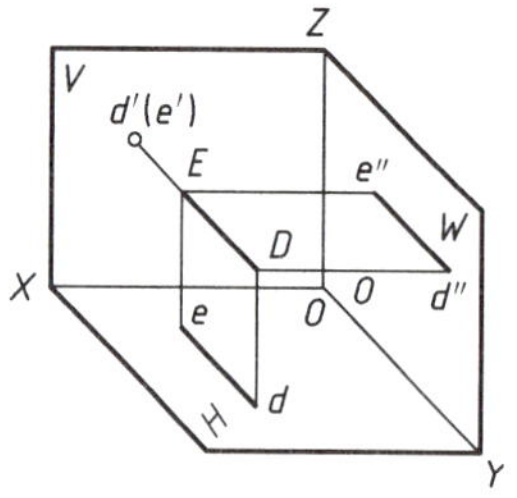 正垂线DE	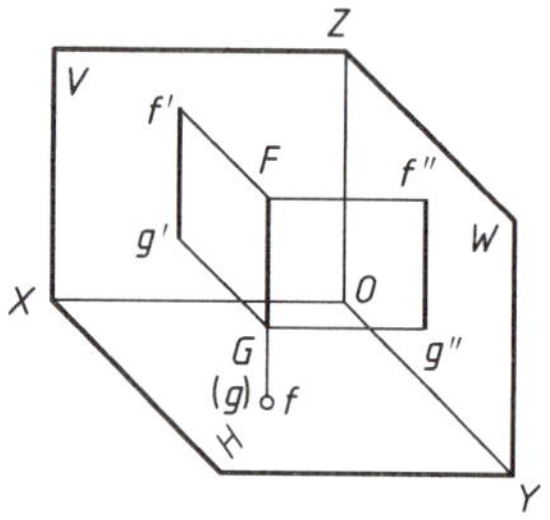 铅垂线FG	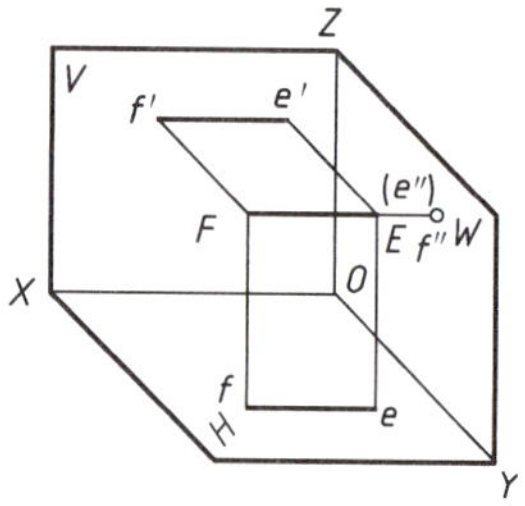 侧垂线EF
投影图	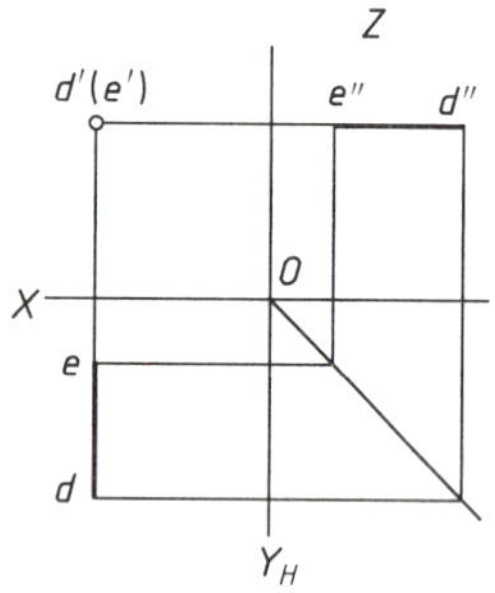	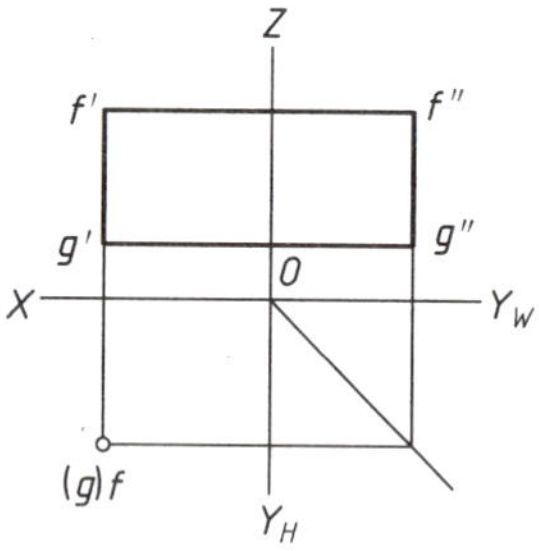	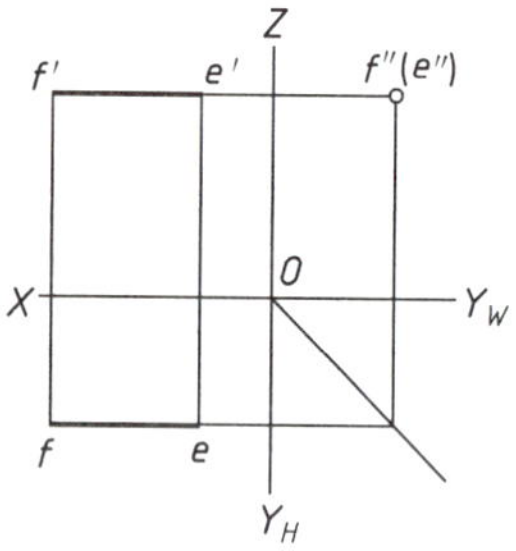
投影特性	(1) 正面投影积聚成一个点。 (2) DE的水平面投影 $de // OY_H$ 轴，侧面投影 $d''e'' // OY_W$ 轴，且 $d''e''=DE$，$de=DE$	(1) 水平面投影积聚成一个点。 (2) FG的正平面投影 $f'g' // OZ$ 轴，侧面投影 $f''g'' // OZ$ 轴，且 $f'g'=FG$，$f''g''=FG$	(1) 侧面投影积聚成一个点。 (2) EF的正面投影 $e'f' // OX$ 轴，水平面投影 $ef // OX$ 轴，且 $e'f'=EF$，$ef=EF$

(1) 在与其垂直的投影面的投影积聚成一点。

(2) 另两个投影面的投影分别平行于相应投影轴且反映实长。

3. 一般位置直线（投影面倾斜线）的投影特性

与三个投影面都倾斜的直线称为**一般位置直线**，如图 2.19 所示。一般位置直线三面投影的长度均小于 AB 直线的长度，AB 的各面投影与投影轴的夹角不反映 AB 与投影面的真实倾角。

一般位置直线的投影特性如下。

(1) 三个投影都倾斜于投影轴，投影长度都小于直线实长。

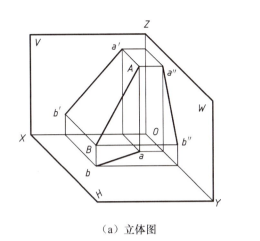
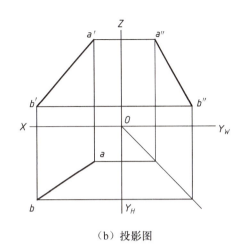

(a) 立体图　　　　　　　　　　　　　(b) 投影图

图 2.19　一般位置直线

（2）投影与投影轴的夹角不反映直线对投影面的真实倾角。

2.3.3　两直线的相对位置

空间两直线的相对位置关系有三种：平行、相交、交叉（也称异面）。

1. 平行两直线的投影特性

若空间两直线平行，则其同面投影必相互平行，反之也成立，且两平行线段长度之比等于其投影长度之比。

对于一般位置直线，如果两组同面投影相互平行，则可以断定空间两直线相互平行。对于特殊位置直线，不能根据两组同面投影相互平行来断定空间两直线相互平行，如图 2.20 所示。

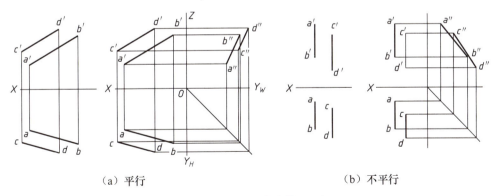

(a) 平行　　　　　　　　　　　　　(b) 不平行

图 2.20　判断两直线是否平行

2. 相交两直线的投影特性

若空间两直线相交，则其同面投影一定相交，交点为两直线的共有点且符合点的投影规律。

如图2.21所示，因为直线AB与直线CD交于点K，所以点K是两直线的共有点，点k既在ab上又在cd上，即在这两条直线的交点处。同理，点k′在a′b′与c′d′交点处，kk′的连线一定垂直于投影轴，即k′k⊥OX。

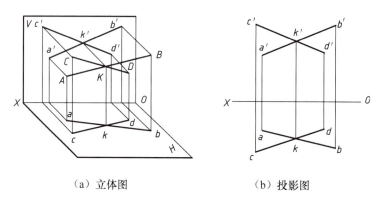

（a）立体图　　　（b）投影图

图 2.21　相交两直线的投影特性

3. 交叉两直线的投影特性

空间既不平行又不相交的两直线称为交叉直线，又称异面直线。交叉两直线的投影可能会出现一组或两组同面投影相互平行，但不可能三组同面投影都相互平行；可能有一组同面投影会相交，但其交点不符合点的投影规律。

如图2.22所示，交叉直线AB、CD在H面投影的交点1（2）是直线AB上的点Ⅰ和CD上的点Ⅱ在H面的重影点。由V面投影可以看出，点Ⅰ在点Ⅱ上方，所以点Ⅰ可见，点Ⅱ不可见；直线AB、CD在V面投影的交点3′（4′）是直线AB上的点Ⅳ和直线CD上的点Ⅲ在V面的重影点。由H面投影可以看出，点Ⅲ在点Ⅳ前方，所以点Ⅲ可见，点Ⅳ不可见。

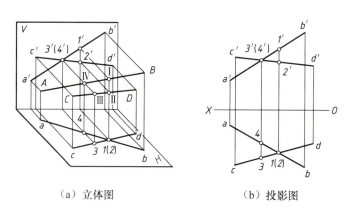

（a）立体图　　　（b）投影图

图 2.22　交叉两直线投影特性

由图2.22可见，交叉两直线的同面投影可能相交，但其交点不符合空间点的投影规律。交点是两直线上一对重影点的投影。

【例2.2】如图2.23（a）所示，判断两侧平线的相对位置。

解法一：如图2.23（b）所示，根据两直线平行投影特性添加W面，分别作出直线

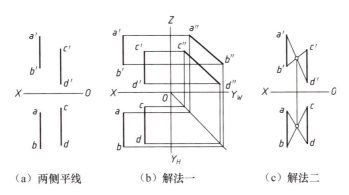

(a) 两侧平线　　(b) 解法一　　(c) 解法二

图 2.23　判断两侧平线的相对位置

AB、CD 在 W 面的投影 $a''b''$ 和 $c''d''$。若 $a''b''/\!/c''d''$，则 $AB/\!/CD$；否则，AB 与 CD 交叉。如图 2.23（b）所示，判定 $AB/\!/CD$。

解法二：假设两侧平线 AB、CD 是两条平行线，则 AB 和 CD 在一个平面内，分别连接 ad 和 bc、$a'd'$ 和 $b'c'$，如果它们各自交点的连线垂直于 OX 轴，则两直线平行；否则，AB 和 CD 是交叉两直线。如图 2.23（c）所示，判定 $AB/\!/CD$。

思考题：如图 2.24 所示，判断直线 AB 与直线 CD 的相对位置。

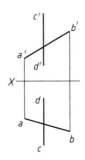

图 2.24　判断两直线的相对位置

2.4　平面的投影

2.4.1　平面的投影表示法

平面的投影表示法有两种：几何元素法和迹线法。

1. 几何元素法

由初等几何学可知，下列几何元素都可以确定平面在空间的位置。

（1）不在同一直线上的三点，如图 2.25（a）所示。
（2）一直线和直线外一点，如图 2.25（b）所示。
（3）相交两直线，如图 2.25（c）所示。

平面的投影

(4) 平行两直线,如图 2.25(d)所示。

(5) 任意平面图形,如图 2.25(e)所示。

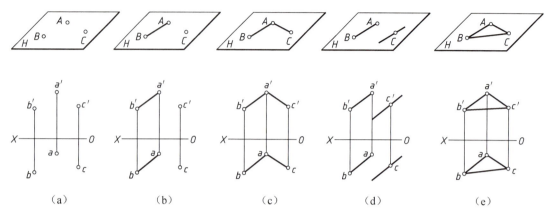

图 2.25 几何元素法

2. 迹线法

平面与投影面的交线称为迹线。如图 2.26(a)所示,平面 P 是一般位置平面且与三个投影面都有交线,即在 V 面、H 面、W 面上都有迹线,平面在 V 面上的迹线用 P_V 表示,在 H 面上的迹线用 P_H 表示,在 W 面上的迹线用 P_W 表示,将投影图上的迹线画成粗实线,如图 2.26(b)所示。

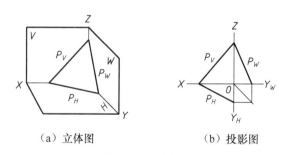

(a) 立体图　　　　(b) 投影图

图 2.26 迹线法

由于组成物体的表面通常是封闭的几何图形且投影图常常是无轴的,因此,采用迹线法表示平面有时不方便,在工程中不常用。

2.4.2 各种位置平面的投影特性

平面在三投影面体系中的位置可分为三类:投影面垂直面、投影面平行面、一般位置平面(又称投影面倾斜面)。其中,前两类统称特殊位置平面。

1. 投影面垂直面的投影特性

垂直于一个投影面且与另两个投影面都倾斜的平面称为投影面垂直面。投影面垂直面分为三种:垂直于 V 面的平面称为正垂面;垂直于 H 面的平面称为铅垂面;垂直于 W 面的平面称为侧垂面。投影面垂直面的投影特性见表 2-3。

表 2-3 投影面垂直面的投影特性

名称	正垂面	铅垂面	侧垂面
实例图	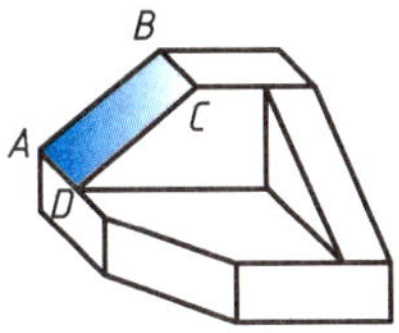 正垂面ABCD	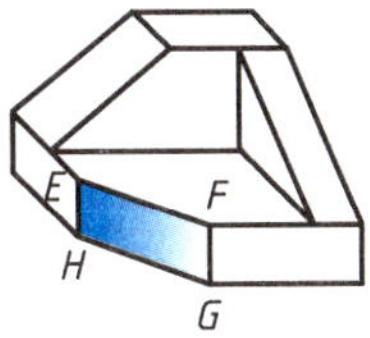 铅垂面EFGH	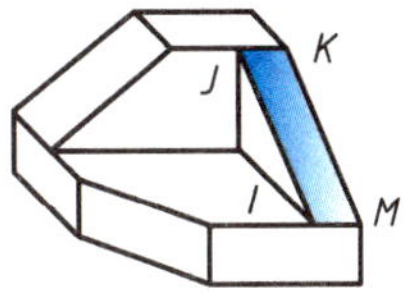 侧垂面IJKM
立体图	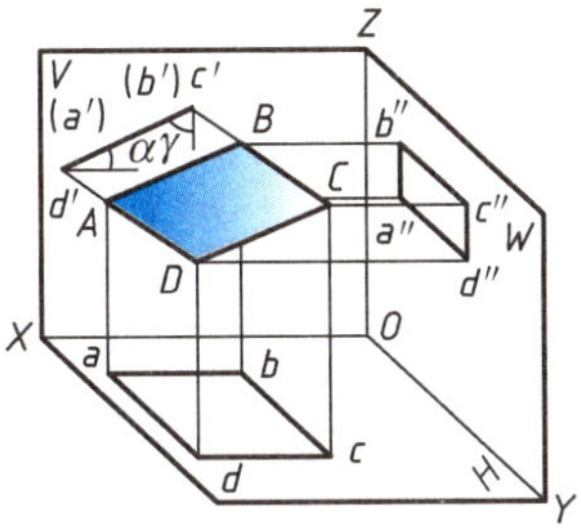 正垂面ABCD	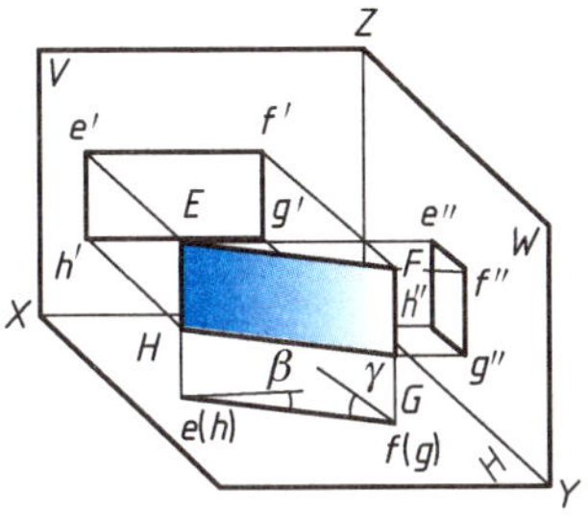 铅垂面EFGH	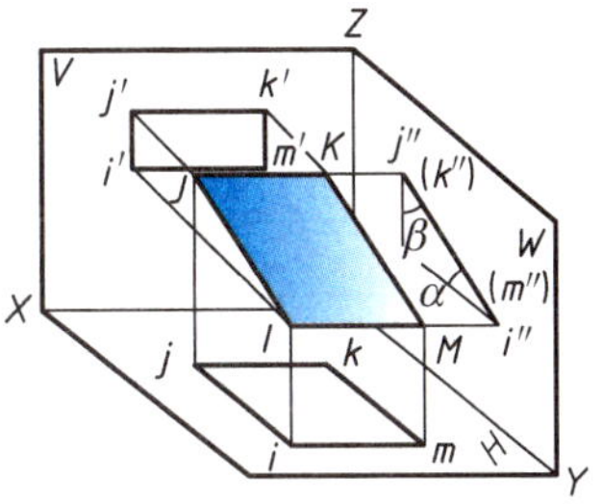 侧垂面IJKM
投影图	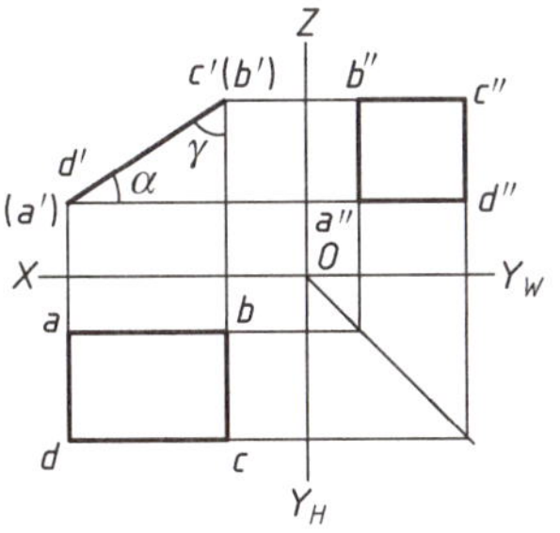	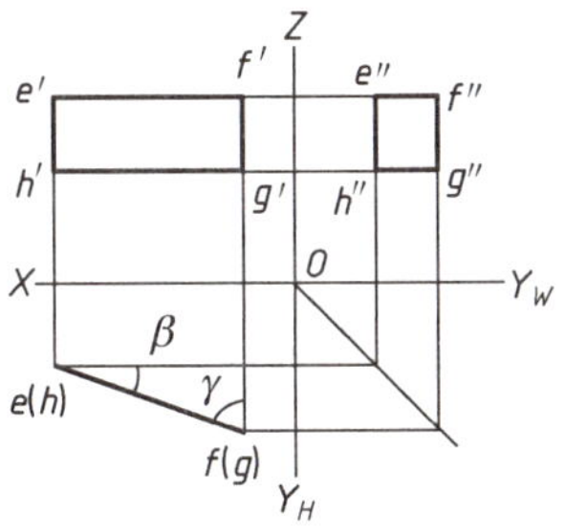	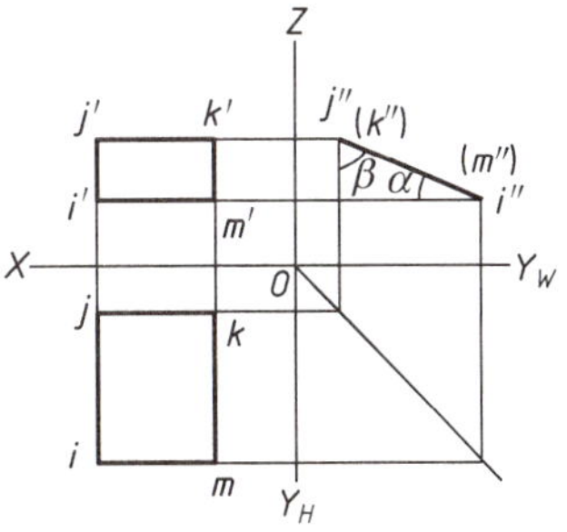
投影特性	（1）在正面投影积聚成直线，且与OX轴的夹角反映α，与OZ轴的夹角反映γ。 （2）在水平面和侧面的投影是类似形	（1）在水平面投影积聚成直线，且与OX轴的夹角反映β，与OY_H轴的夹角反映γ。 （2）在正面和侧面的投影是类似形	（1）在侧面投影积聚成直线，且与OY_W轴的夹角反映α，与OZ轴的夹角反映β。 （2）在正面和水平面的投影是类似形

由表 2-3 可以总结出投影面垂直面的投影特性如下。

（1）在与其垂直的投影面上的投影积聚成直线，该投影与投影轴的夹角分别反映平面与相应投影面的真实倾角。

（2）在另两投影面上的投影是类似形，即投影边数相同、面积不相等。

2．投影面平行面的投影特性

平行于一个投影面且垂直于另两个投影面的平面称为投影面平行面。投影面平行面分为三种：平行于V面的平面称为正平面；平行于H面的平面称为水平面；平行于W面的平面称为侧平面。投影面平行面的投影特性见表 2-4。

表 2-4　投影面平行面的投影特性

名称	正平面	水平面	侧平面
实例图	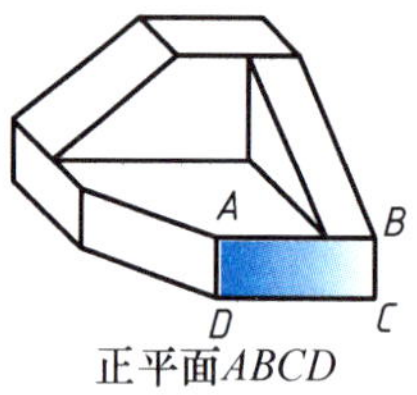 正平面ABCD	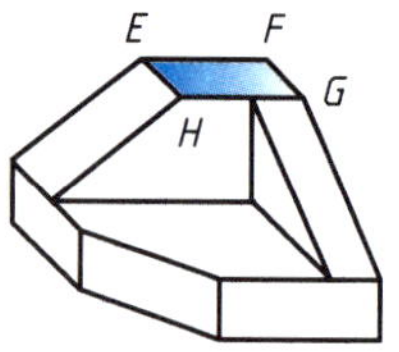 水平面EFGH	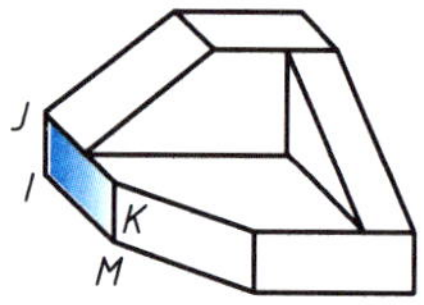 侧平面IJKM
立体图	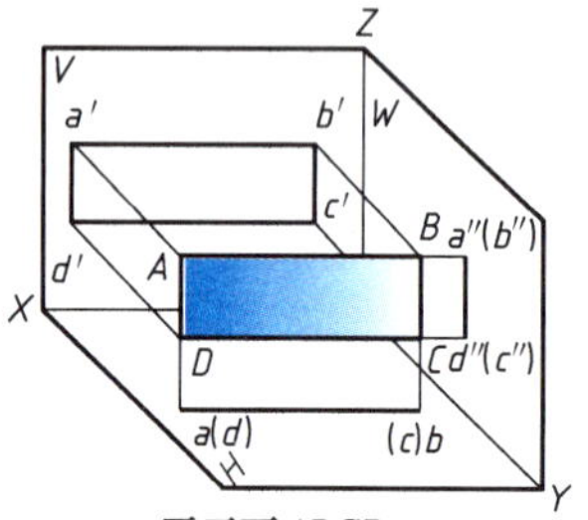 正平面ABCD	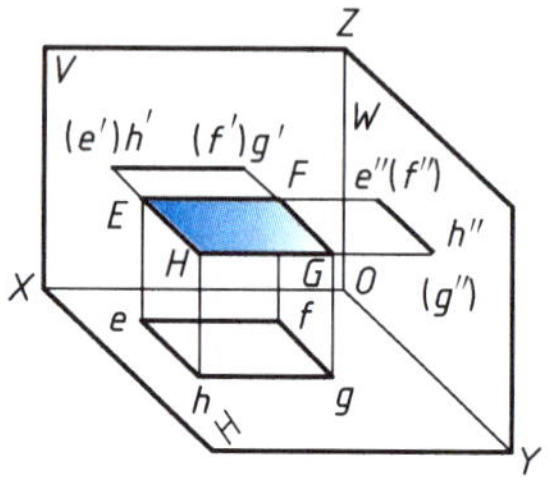 水平面EFGH	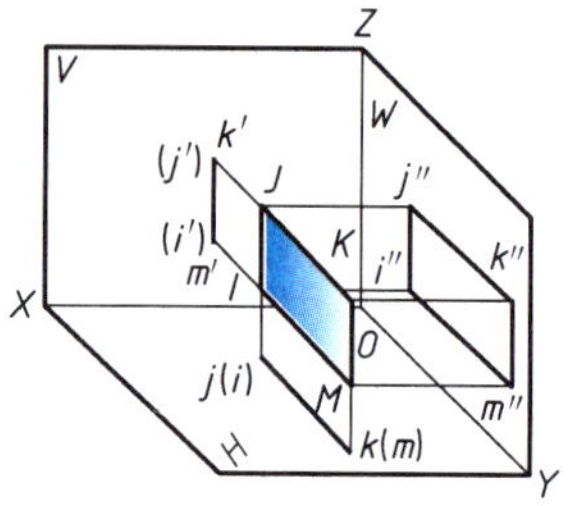 侧平面IJKM
投影图	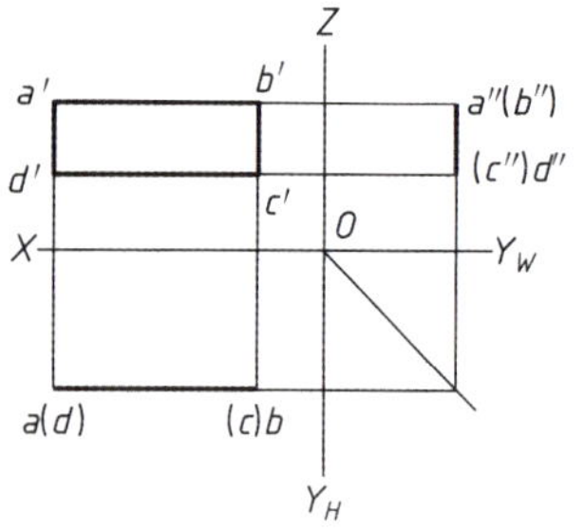	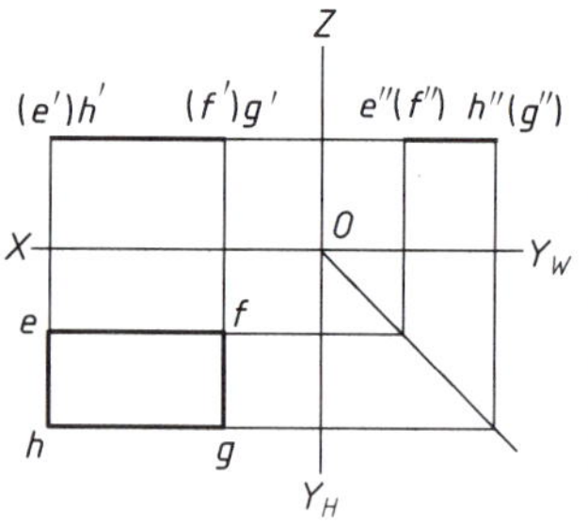	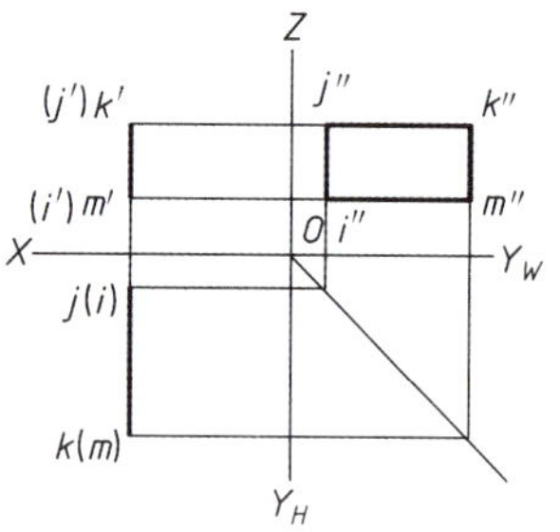
投影特性	(1) 在正面的投影反映实形。 (2) 在 H 面的投影积聚成一条直线且平行于 OX 轴；在 W 面的投影积聚成一条直线且平行于 OZ 轴	(1) 在水平面的投影反映实形。 (2) 在 V 面的投影积聚成一条直线且平行于 OX 轴；在 W 面的投影积聚成一条直线且平行于 OY_W 轴	(1) 在侧面的投影反映实形。 (2) 在 V 面的投影积聚成一条直线且平行于 OZ 轴；在 H 面的投影积聚成一条直线且平行于 OY_H 轴

由表 2-4 可以总结出投影面平行面的投影特性如下。

(1) 在与其平行的投影面上，投影反映实形。

(2) 另两个投影积聚成直线且平行于相应的投影轴。

3. 一般位置平面的投影特性

与三个投影面都处于倾斜位置的平面称为一般位置平面。一般位置平面的投影特性如图 2.27 所示，可以看出△ABC 与三个投影面都倾斜，在 V 面、H 面、W 面的投影类似形。

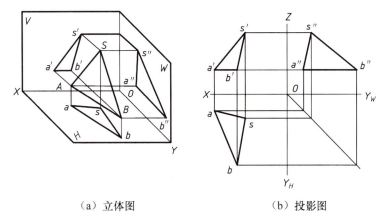

（a）立体图　　　　　（b）投影图

图 2.27　一般位置平面的投影特性

2.4.3　平面上的点和直线

1. 点在平面上

若点在平面上，则该点必在该平面内的某条直线上。如图 2.28 所示，点 M 在由 AB、BC 确定的 H 面内的直线 AB 上，点 M 是 H 面上的点。由此可见，在一般情况下，要在平面内取点，必须先在平面内取直线，再在该直线上取点。

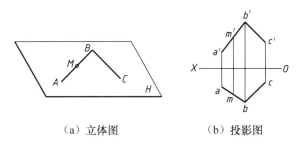

（a）立体图　　　　　（b）投影图

图 2.28　点在直线上的几何条件

【例 2.3】已知点 K 在平面 ABC 上，求点 K 的水平投影。

如图 2.29 所示，连接并延长 $a'k'$ 与 $b'c'$ 交于点 d'，过点 d' 求出点 d，连接 ad，求出点 k'。

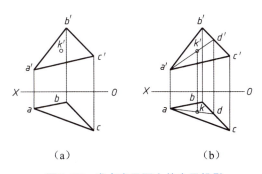

（a）　　　　　（b）

图 2.29　求点在平面上的水平投影

2. 直线在平面上

直线在平面上的几何条件如下。

(1) 若一直线过平面上的两点,则该直线必在该平面内。

(2) 若一直线过平面上的一点且平行于该平面上的另一直线,则该直线在该平面内。

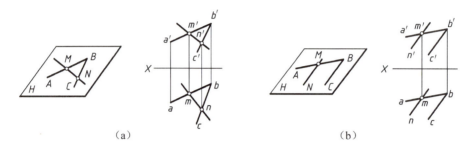

图 2.30 直线在平面上的几何条件

【例 2.4】如图 2.31 (a) 所示,已知 AC 为正平线,补全平行四边形 ABCD 的水平投影。

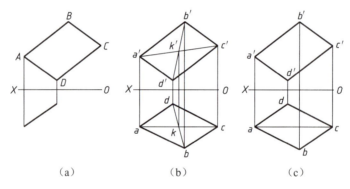

图 2.31 补全平行四边形 ABCD 的水平投影

解法一:如图 2.31 (b) 所示,过点 a 作正平线的水平投影 ac,分别连接 a'c'、b'd' 得交点 k',求点 K 的水平投影 k,连接 dk 并反向延长求得点 b。整理作图线,连接 dc、cb、ab。

解法二:如图 2.31 (c) 所示,过点 a 作正平线的水平投影 ac,连接 dc,过点 c 作 ad 的平行线,过点 a 作 dc 的平行线,得点 b,整理作图线。

思考题:如图 2.32 (a) 所示,判断点 K、直线 AM 是否在 △ABC 上。

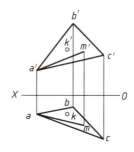

图 2.32 判断点 K、直线 AM 是否在 △ABC 上

素养提升

掌握投影法的基本理论及点、直线、平面的投影方法是绘制工程图样的基础，培养学生的空间想象力和形象思维能力，对培养学生掌握科学思维方法、多角度思考问题、增强创新意识有重要作用。

学生要认真学习"机械制图"课程中的基本原理，为后续读懂和绘制零件图及装配图打下坚实基础，努力学习科学文化知识，不断提升能力素养，做到"心系国家事，肩扛国家责"，不负伟大时代，做堪当民族复兴重任的时代新人，努力成为新时代制造强国的合格人才。

建议学生课后搜索观看《时代楷模》《大国工匠》节目。

第2章习题集部分讲解

第3章 立体的投影

在生产实际中,虽然零件的形状有很多种,但都可以视为由若干简单的基本体(如棱柱、棱锥、圆柱、圆锥、圆球等)经过叠加、切割及钻孔等方式得到的。本章将重点介绍基本体三面投影图的形成及其表面上点、线的投影和作图方法,进而研究立体表面交线的特性及作图方法。

(1)掌握平面立体、曲面立体的投影特性和作图方法,以及在立体表面上取点、取线的原理和方法。

(2)了解截交线的概念、性质,掌握求截交线的方法。

(3)了解相贯线的概念、性质,掌握求相贯线的方法。

(4)了解影响相贯线的因素和相贯线的特殊情况。

立体是由若干表面围成的几何形体。表面全部是平面的立体称为平面立体,如棱柱、棱锥等;表面为曲面或曲面和平面的立体称为曲面立体,如圆柱、圆锥、圆球、圆环等。

在机械制图中,通常把棱柱、棱锥、圆柱、圆锥、圆球、圆环等简单立体称为基本几何体,简称基本体。

立体的投影

3.1 基本体的三视图

3.1.1 三面投影和三视图

几何元素在 V 面、H 面和 W 面投影体系中的投影称为几何元素的三面投影,如图 3.1(a)所示。

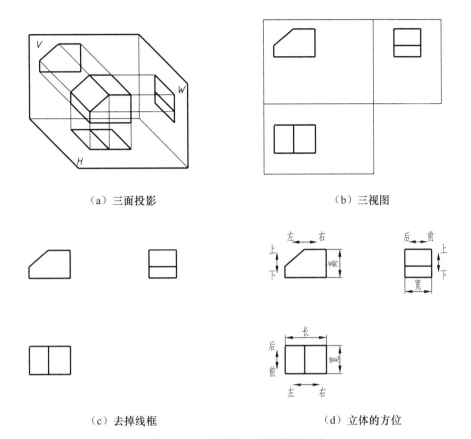

图 3.1 三视图的形成及投影规律

GB/T 13361—2012《技术制图 通用术语》中规定，用正投影法所绘制出物体的图形称为视图。我们用三面投影表示物体，通常称为三视图，如图 3.1（b）所示。

主视图：由前向后投射所得的视图，即 V 面上的投影。
俯视图：由上向下投射所得的视图，即 H 面上的投影。
左视图：由左向右投射所得的视图，即 W 面上的投影。

由于物体投影与物体和投影面的距离没有关系，因此，画物体的三视图时，不必画投影轴和投影连线，即采用无轴投影。又由于投影面是无限大的，因此可去掉线框，如图 3.1（c）所示。

立体有长度、宽度、高度三个方向的尺寸。在三投影面体系中，X 轴方向表示立体的长度，Y 轴方向表示立体的宽度，Z 轴方向表示立体的高度。

三视图的投影规律：主视图和俯视图之间为"长对正"，主视图和左视图之间为"高平齐"，俯视图和左视图之间为"宽相等"。简单地说，长对正、高平齐、宽相等的三等关系是绘制三视图的基本准则，必须严格遵守。

另外，立体的方位分为上下、左右、前后，如图 3.1（d）所示。由图可知，每个视图均可以表示立体的两个方位，即主视图表示上下和左右方位；俯视图表示左右和前后方位；左视图表示上下和前后方位。

3.1.2 平面立体的三视图

因为平面立体的表面都是平面多边形，而这些平面又是由直线（平面立体的棱线）围成的，所以绘制平面立体投影的实质是绘制各种直线、平面及其相对位置的投影，然后判别可见性，将可见棱线的投影画成粗实线，将不可见棱线的投影画成细虚线，当粗实线与细虚线重合时应画粗实线。

为了使画图简便、画出图的度量性好，应使尽可能多的立体表面处于特殊位置。然后根据立体各表面和棱线对投影面的相对位置，分析它们的投影，完成作图过程。

常见的平面立体有棱柱和棱锥（包括棱台）。

1. 棱柱

棱柱由上下两个平行的底面和多个侧面组成，相邻两个侧面的交线称为侧棱线，各侧棱线相互平行。侧棱线与底面垂直的棱柱称为直棱柱，侧棱线与底面倾斜的棱柱称为斜棱柱，底面是正多边形的直棱柱称为正棱柱。

下面以正棱柱为例，介绍棱柱的三视图。

（1）棱柱的三视图。

正六棱柱是工程上常用的基本体，其上、下底面是全等且平行的正六边形，六个侧面是全等矩形，六条侧棱线相互平行且与底面垂直，如图3.2（a）所示。

投影分析：为作图方便，将正六棱柱的上、下底面放置在水平面的位置，并使前、后两个侧面处于正平面的位置，然后分别向 H 面、V 面、W 面投影，得到正六棱柱的三视图，如图3.2（b）所示。

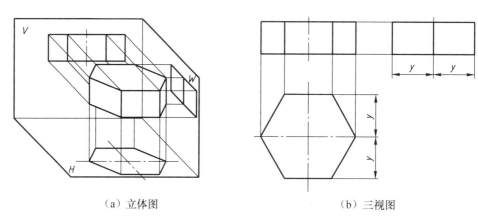

(a) 立体图　　　　　　　　　　　(b) 三视图

图 3.2　正六棱柱的三视图

正六棱柱的俯视图是正六边形，它是上、下底面的重影，反映实形；同时，正六边形的六条边和六个顶点分别是六个侧面和六条棱线在水平投影面上的积聚性投影。

正六棱柱的主视图是三个相连的矩形线框。中间的矩形线框是六棱柱前、后两个侧面的重影，反应实形；左、右两个矩形线框是其余四个侧面的两两重影，为类似形；六棱柱的上、下底面为水平面，其正面投影积聚为两条平行于投影轴 OX 的线；六条棱线为铅垂线，正面投影反应实长且垂直于投影轴 OX。

正六棱柱的左视图是两个大小相等的矩形线框,它是左右四个侧面的两两重影,为类似形。前、后两个侧面为正平面,其侧面投影积聚为两条平行于投影轴OZ的直线;上、下底面为水平面,其侧面投影积聚为两条平行于投影轴OY的直线;六条棱线为铅垂线,侧面投影仍反映实长且垂直于投影轴OY。

作图过程:画正六棱柱的三视图时,一般首先画形状特征视图,然后按投影规律补全其他视图,最后判断可见性,具体步骤如图3.3所示。

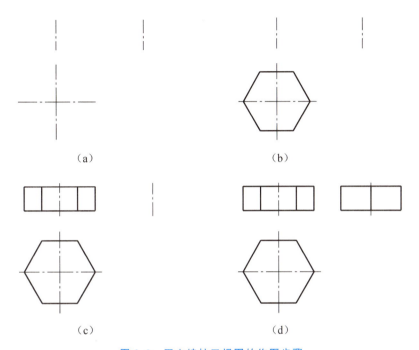

图3.3 正六棱柱三视图的作图步骤

① 如图3.3(a)所示,布置图面,绘制作图基准线。
② 如图3.3(b)所示,画俯视图,正六边形为上、下底面的实形。
③ 如图3.3(c)所示,根据正六棱柱的高,按投影关系"长对正"画主视图。
④ 如图3.3(d)所示,按投影关系"高平齐"和"宽相等"画左视图。
⑤ 检查并描深可见轮廓线,完成作图过程。

(2) 在棱柱表面取点。

棱柱表面都是平面,求棱柱表面上点的投影,其作图原理和方法与在平面上取点完全一致,但要先确定该点在棱柱的哪个面上,再作图。

注意事项

• 尽可能利用立体表面有积聚性的投影,或者采用作辅助线的方法作出点的未知投影。

• 作点的投影后,必须判断其可见性。若点所在表面的投影可见或者有积聚性,则该面上点的投影也可见。

【例3.1】如图3.4(a)所示,已知六棱柱表面上A、B、C、D四个点的一个投影,求各点的另两个投影。

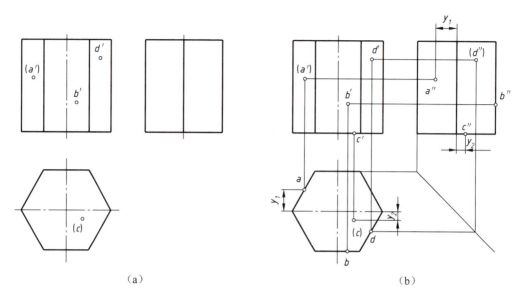

图 3.4　正六棱柱表面上点的投影

分析

因为点 A 的正面投影（a'）为不可见投影，所以点 A 位于正六棱柱的左后侧面上；因为点 B 的正面投影 b' 为可见投影，所以点 B 位于前侧面上；因为点 C 的水平投影（c）为不可见投影，所以点 C 位于下底面上；因为点 D 的正面投影 d' 为可见投影，所以点 D 位于右前侧面上。作点的投影时，利用正六棱柱各表面有积聚性的投影求取。

作图

(1) 如图 3.4（b）所示，根据"长对正"，利用投影积聚性，在俯视图上作出 a、b、d 三个点，在主视图上作出点 c'。

(2) 根据"高平齐"和"宽相等"，在左视图上作出 a''、b''、c''、d'' 四个点，其中 a''、c'' 是通过量取 Y 坐标获取的，b'' 是利用投影积聚性直接得到的，d'' 是利用作 45°辅助线得到的。

(3) 判断可见性。因为 a、b、d、c'、b''、c'' 六个点都是在平面有积聚性的投影上，所以它们都可见，直接标注即可；因为点 a'' 所在平面的投影可见，所以点 a'' 可见；因为点 d'' 所在平面的投影不可见，所以点 d'' 不可见。

2. 棱锥

棱锥由一个底面和多个侧面组成，相邻两个侧面的交线称为侧棱线；棱锥的侧棱线交于一点，称为锥顶。若棱锥的底面是正多边形且各侧棱线的长度相等，则称为正棱锥。

(1) 正三棱锥的三视图。

正三棱锥的底面△ABC 是正三角形，三个侧面△SAB、△SBC、△SAC 都是全等的等腰三角形，三条侧棱线 SA、SB、SC 交于一点 S，如图 3.5（a）所示。

投影分析：为作图简便，将正三棱锥的底面△ABC 放置在水平面位置，并使其一个侧面△SAC 处于侧垂面的位置，另两个侧面△SAB、△SBC 为一般位置平面，然后分别向 H、V、W 三个投影面投影，得到正三棱锥的三视图，如图 3.5（b）所示。

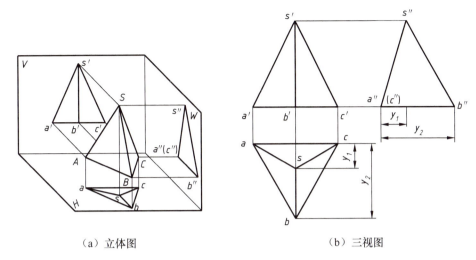

(a) 立体图 (b) 三视图

图 3.5 正三棱锥的三视图

正三棱锥的俯视图：△abc 是底面△ABC 的 H 面投影，反映实形。△sab、△sbc、△sac 分别是三个侧面△SAB、△SBC、△SAC 的 H 面投影，都为类似形。sa、sb、sc 分别是三条棱线 SA、SB、SC 的 H 面投影。

正三棱锥的主视图：△s'a'b'、△s'b'c' 分别是左、右侧面△SAB、△SBC 的 V 面投影，△s'a'c' 是后侧面△SAC 的 V 面投影，均为类似形，s'a'、s'b'、s'c' 分别是三条棱线 SA、SB、SC 的 V 面投影。

正三棱锥的左视图：△s″a″b″、△s″b″c″ 分别是左、右侧面△SAB、△SBC 在 W 面的重影，均为类似形，同时 s″c″ 是后侧面△SAC（侧垂面）的积聚线，s″a″、s″b″、s″c″ 分别是三条棱线 SA、SB、SC 在 W 面上的投影（s″c″ 不可见）。

作图过程：画正三棱锥的三视图时，一般首先画底面△ABC 的三个投影 abc、a'b'c'、a″b″c″，如图 3.6（a）所示；然后作出锥顶 S 的三个投影 s、s'、s″，如图 3.6（b）所示；接着连接锥顶和底面三个顶点的同面投影；最后判断可见性，描深加粗可见轮廓线，即得正三棱锥的三视图，如图 3.6（c）所示。

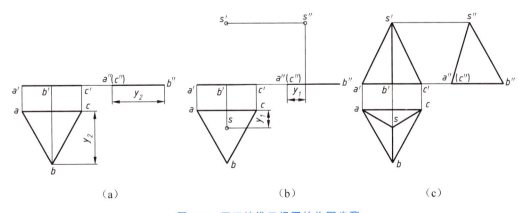

(a) (b) (c)

图 3.6 正三棱锥三视图的作图步骤

(2) 在棱锥表面取点。

【例 3.2】如图 3.7（a）所示，已知正三棱锥表面上 K、L、M、N 四个点的一个投影，求各点的另两个投影。

分析

因为点 K 的水平投影 k 为不可见投影，所以点 K 位于正三棱锥的底面上；因为点 L 的正面投影 l' 落在 $s'a'$ 上，所以点 L 位于棱线 SA 上；因为点 M 的正面投影 (m') 为不可见投影，所以点 M 位于侧垂面 $\triangle SAC$ 上；因为点 N 的正面投影 n' 为可见投影，所以点 N 位于右前侧面 $\triangle SBC$ 上。作点的投影时，首先考虑点在线上，点的投影在线的同面投影上；然后利用有积聚性的投影直接求取；最后一般位置平面上的点按面上求点的过程求取。

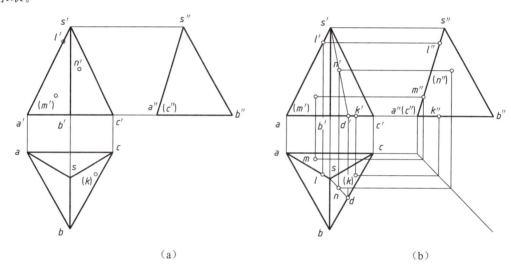

图 3.7 正三棱锥表面取点

如图 3.7（b）所示，下面逐一分析四个点的求取过程。

分析点 K 的三面投影。根据已知点 K 的水平投影 (k)，判断出点 K 位于底面 $\triangle ABC$ 上，$\triangle ABC$ 的 V 面、W 面投影有积聚性，可直接求出 k'、k''。

分析点 L 的三面投影。根据已知 L 点的正面投影 l'，判断出点 L 位于棱线 SA 上，则 l 在 sa 上，l'' 在 $s''a''$ 上，可根据投影关系直接求出。

分析点 M 的三面投影。根据已知点 M 的正面投影 (m')，判断出点 M 位于侧垂面 $\triangle SAC$ 上，$\triangle SAC$ 的 W 面投影有积聚性，过 m' 作水平线与 $s''a''$ 相交，即得点 M 的侧面投影 m''，可根据投影关系直接求出 m。

分析点 N 的三面投影。根据已知点 N 的正面投影 n'，判断出点 N 位于侧面 $\triangle SBC$ 上，$\triangle SBC$ 是一般位置平面，可利用点在平面上投影的性质（若点在平面内，则该点就在该平面内的一条直线上）作图。先在 $\triangle SBC$ 平面上作辅助线，连接锥顶 S 与点 N 并延长，交 AC 于点 D（作辅助线 SD）。具体步骤如下：连接 $s'n'$ 并延长，交 $a'c'$ 于点 d'，过 d' 向下作铅垂线，与 bc 相交得点 d，连接 sd，即得直线 SD 的水平投影。若点 N 在直线 SD 上，则点 N 的投影就在直线 SD 的投影上。过点 n' 作铅垂投影线，与 sd 交于点 n，即得点 N 的水平投影，根据投影关系，可直接求出 n''。

判断可见性。因为锥面上的点在水平投影面上均可见,所以 l、m、n 都可见;因为在积聚线上的投影视为可见,所以 k'、k''、l''、m'' 都可见;因为 n'' 所在平面的投影不可见,所以 n'' 不可见。

3.1.3 曲面立体的投影

由一根母线(曲线或直线)绕轴线旋转一周形成的曲面称为回转曲面。由回转曲面或回转曲面与平面围成的立体称为回转体。工程中常见的回转体有圆柱、圆锥、圆球、圆环等。不同于平面立体,曲面立体表面是光滑的,没有明显的棱线。

画回转体的投影图时,应抓住曲面立体的特殊性质(曲面的形成规律及其轮廓的投影),并在投影图中用细点画线画出轴线的投影和圆的中心线。

1. 圆柱

(1) 圆柱的三视图。

如图 3.8 (a) 所示,圆柱面由一根直母线绕着与其平行的固定轴线旋转而成。圆柱面上任一位置的母线称为素线。圆柱体是由圆柱面和垂直于其轴线的上、下底面围成的。图 3.8 (b) 所示为轴线垂直于 H 面的圆柱体的投影情况。

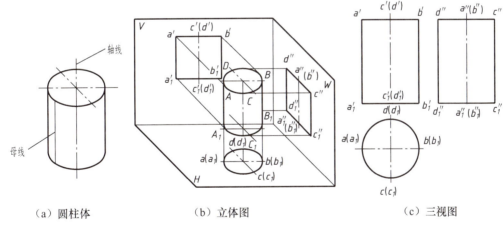

(a) 圆柱体　　　　(b) 立体图　　　　(c) 三视图

图 3.8　圆柱的三视图

投影分析:圆柱轴线处于铅垂线的位置,上、下底面为水平面,分别向 H、V、W 三个投影面投影,得到圆柱的三视图,如图 3.8 (c) 所示。

圆柱的俯视图是圆及对称中心线。圆既是上、下底面的重影,反映实形,又是圆柱面在水平投影面上的积聚性投影,还是圆柱面上所有素线在水平投影面上积聚点的集合。

圆柱的主视图是矩形线框加细点画线。圆柱的上、下底面为水平面,其正面投影积聚为两条平行于投影轴 OX 的线,是矩形线框的上、下两边;其左、右两边分别是圆柱最左素线、最右素线 AA_1、BB_1 的投影 $a'a_1'$、$b'b_1'$,中间的细点画线是轴线的投影。

圆柱的左视图与主视图完全一致。矩形线框的上、下两边是上、下底面的积聚线,另两边分别是圆柱最前素线、最后素线 CC_1、DD_1 的投影 $c''c_1''$、$d''d_1''$,中间的细点画线是轴线的投影。

AA_1、BB_1 将圆柱面分成前、后两个部分，前半柱面可见，后半柱面不可见。AA_1、BB_1 是主视图中前后可见与不可见的分界线，也称正面投影的转向轮廓线。CC_1、DD_1 将圆柱面分成左、右两个部分，左半柱面可见，右半柱面不可见。CC_1、DD_1 是左视图中左右可见与不可见的分界线，也称侧面投影的转向轮廓线。

从投影关系还可以得出如下结论：正面投影的转向轮廓线（最左素线、最右素线）在侧面投影中与圆柱轴线的侧面投影重合；侧面投影的转向轮廓线（最前素线、最后素线）在正面投影中与圆柱轴线的正面投影重合；它们的水平投影都积聚成点。

作图过程：画圆柱的三视图时，一般首先画出轴线和圆对称中心线的投影；然后画出形状特征视图，即有积聚性的圆；接着按投影规律补全其他视图；最后判断可见性。具体步骤如图 3.9 所示。

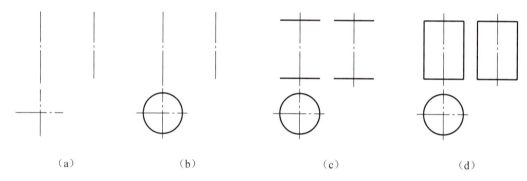

图 3.9 圆柱的三视图

① 如图 3.9（a）所示，布置图面，画作图基准线。

② 如图 3.9（b）所示，画俯视图，圆即上、下底面的实形。

③ 如图 3.9（c）所示，根据圆柱的高及水平面的投影性质，按投影关系"长对正"画出上、下底面的正面投影及侧面投影。

④ 如图 3.9（d）所示，在主视图上画出正面投影的转向轮廓线的投影，在左视图上画出侧面投影的转向轮廓线的投影。

⑤ 检查并描深可见轮廓线，完成作图过程。

（2）在圆柱表面取点。

根据圆柱的一个视图具有积聚性的特征，圆柱面上的点必定落在投影圆上，从而确定点的投影。

【例 3.3】 已知圆柱表面上 K、L、M、N 四个点的一个投影，求各点的其余两个投影，如图 3.10（a）所示。

分析

由图 3.10（a）可知，因为点 L 的正面投影 l' 为可见投影，所以点 L 位于圆柱的前半柱面上；因为点 M 的正面投影 m' 为可见投影，所以点 M 也位于前半柱面上；因为点 K 的水平投影 (k) 为不可见投影，所以点 K 位于下底面上；因为点 N 的侧面投影 n'' 在转向轮廓线上，所以点 N 位于转向轮廓线上。作点的投影时，利用圆柱的投影有积聚性及特殊位置的投影特性求取。

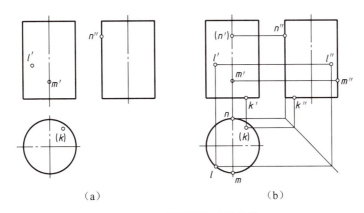

图 3.10 圆柱面上点的投影

作图

(1) 根据"长对正",利用投影积聚性,在俯视图上作出 l、m,在主视图上作出 k'。

(2) 根据"高平齐"和"宽相等",在左视图上作出 l''、m''、k'',在主视图上作出 n',其中 l''、k'' 是利用作 45°辅助线得到的,m''、n' 是依据主视图中心线对应左视图转向轮廓线直接等高得到的。

(3) 判断可见性。因为 l、m、n、k'、k'' 都在有积聚性的投影上,所以它们都可见,直接标注即可;l''、m'' 在转向轮廓线上,投影可见,点 L 因位于圆柱的前半柱面上而可见;因为点 N 位于转向轮廓线上,而此素线位于后半柱面上,所以 n' 不可见,如图 3.10(b)所示。

2. 圆锥

(1) 圆锥的三视图。

如图 3.11(a)所示,一条母线绕与其相交的轴线回转而成的回转面称为圆锥面。显然,圆锥面上的所有素线都是过锥顶的。圆锥体的表面是由圆锥面和垂直于轴线的底面围成的。图 3.11(b)所示为轴线垂直于 H 面的圆锥体的投影情况。

投影分析:圆锥轴线处于铅垂线的位置,底面为水平面,分别向 H、V、W 三个投影面投影,得到圆锥的三视图,如图 3.11(c)所示。

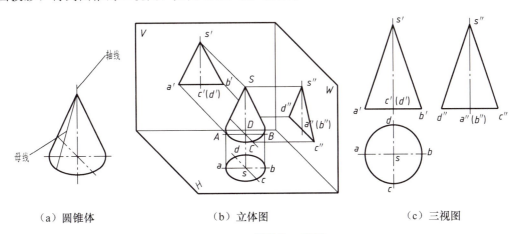

(a) 圆锥体　　　　　(b) 立体图　　　　　(c) 三视图

图 3.11　圆锥的三视图

圆锥的俯视图是圆及对称中心线。圆是底面的投影，反映实形。

圆锥的主视图是等腰三角形加细点画线。底面为水平面，其正面投影积聚为平行于投影轴 OX 的线，是等腰三角形的底边；其左、右两边分别是圆锥最左素线 SA、最右素线 SB 的投影 $s'a'$、$s'b'$，中间的细点画线为轴线的投影。

圆锥的左视图与主视图完全一致。等腰三角形的底边是底面的积聚线，另两边分别是圆锥最前素线 SC、最后素线 SD 的投影 $s''c''$、$s''d''$，中间的细点画线为轴线的投影。

SA、SB 将圆锥面分成前、后两个部分，前半锥面可见，后半锥面不可见。SA、SB 是主视图中前后可见与不可见的分界线，也称正面投影的转向轮廓线。SC、SD 将圆锥面分成左、右两个部分，左半锥面可见，右半锥面不可见。SC、SD 是左视图中左右可见与不可见的分界线，也称侧面投影的转向轮廓线。

从投影关系还可以得出如下结论：正面投影的转向轮廓线（最左素线、最右素线）在侧面投影中与圆锥轴线的侧面投影重合；侧面投影的转向轮廓线（最前素线、最后素线）在正面投影中与圆锥轴线的正面投影重合；它们的水平投影与 sa、sb、sc、sd（圆的中心线）重合。

作图过程：画圆锥的三视图时，一般首先画出轴线和圆对称中心线的投影，如图 3.12（a）所示；然后画出底面圆的三面投影及锥顶的投影，如图 3.12（b）所示；接着分别过锥顶作转向轮廓线的投影；最后判断可见性，即完成圆锥的各个投影，如图 3.12（c）所示。

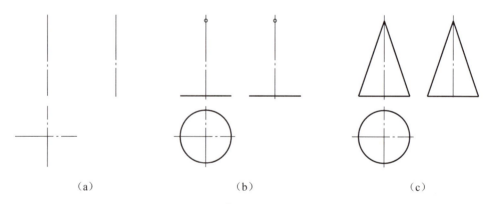

图 3.12　圆锥三视图的作图过程

（2）在圆锥表面取点。

【例 3.4】如图 3.13（a）所示，已知圆锥面上点 M 的正面投影 m'（可见），求点 M 的水平投影 m 和侧面投影 m''。

因为圆锥面的各个投影都不具有积聚性，所以在圆锥表面取点时，必须在圆锥表面作辅助线。作辅助线有如下两种方法。

（1）辅助素线法。如图 3.13（a）所示，首先过锥顶 S 与点 M 作辅助素线 SL，在圆锥三视图中求取素线 SL 的三面投影；其次根据直线上点的投影规律作出 m、m''；最后判断可见性。

具体作图过程如下。

① 连接 $s'm'$ 并延长交底面圆正面投影于 l'，由 l' 作铅垂线，在水平投影上求出 l，连接 sl，根据投影关系求出 l''，连接 $s''l''$，如图 3.13（b）所示。

② 由 m' 向下作铅垂线，交于 sl 上的点即点 M 的水平投影 m，由 m' 向右作水平线，交于 $s''l''$ 上的点即点 M 的侧面投影 m''，如图 3.13（c）所示。

③ 由 m' 的位置及可见性可知，点 M 在右前半圆锥面上，所以 m 可见，m'' 不可见。

（2）纬圆法。如图 3.13（d）所示，首先过点 M 作平行于底面圆的辅助圆，在圆锥三视图中求取圆的俯视图投影；其次根据投影规律，作出 m、m''；最后判断可见性。

具体作图过程如下。

① 在正面投影中过 m' 作水平线交于左侧转向轮廓线 l'，由 l' 向下作铅垂线，在水平投影上求出 l，sl 即辅助圆的半径。在水平投影上，以 s 为圆心、以 sl 为半径作圆，该圆即辅助圆的水平投影，如图 3.13（e）所示。

② 由 m' 向下作铅垂线，交于辅助圆水平投影前侧的点即点 M 的水平投影 m，由 m 和 m' 直接作出点 M 的侧面投影 m''，如图 3.13（f）所示。

③ 由 m' 的位置及可见性可知，点 M 在右前半圆锥面上，所以 m 可见，m'' 不可见。

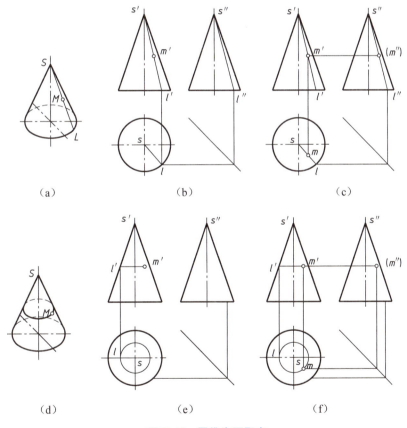

图 3.13 圆锥表面取点

3. 圆球

（1）圆球的三视图。

如图 3.14（a）所示，以一个半圆为母线，绕其直径回转一周所形成的回转面称为球面，球由球面围成。

图 3.14（b）所示为圆球的投影情况。

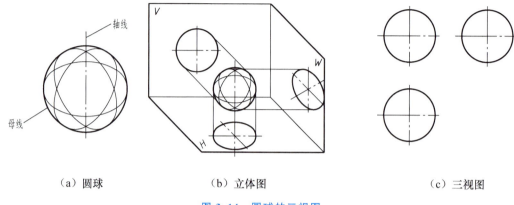

（a）圆球　　　　　　　　（b）立体图　　　　　　　　（c）三视图

图 3.14　圆球的三视图

投影分析：圆球的 H、V、W 三个投影面投影均为与其直径相等的圆，圆球的三视图如图 3.11（c）所示。

圆球的俯视图是圆及对称中心线。圆是平行于 H 面的最大圆的投影，其大小是圆球的直径，即最大水平圆。

圆球的主视图是圆及对称中心线。圆是平行于 V 面的最大圆的投影，其大小是圆球的直径，即最大正平圆。

圆球的左视图是圆及对称中心线。圆是平行于 W 面的最大圆的投影，其大小是圆球的直径，即最大侧平圆。

投影关系如下。

最大水平圆，其正面投影与 V 面水平中心线重合，其侧面投影与 W 面水平中心线重合。它将球面分成上、下两个半球面，上半个球面的水平投影为可见，下半个球面的水平投影为不可见。它是圆球水平投影可见与不可见的分界线，即上、下转向轮廓线。

最大正平圆，其水平投影与 H 面水平中心线重合，其侧面投影与 W 面垂直中心线重合。它将球面分成前、后两个半球面，前半个球面的正面投影为可见，后半个球面的正面投影为不可见。它是圆球正面投影可见与不可见的分界线，即前、后转向轮廓线。

最大侧平圆，其正面投影与 V 面垂直中心线重合，其水平投影与 H 面垂直中心线重合。它将球面分成左、右两个半球面，左半个球面的侧面投影为可见，右半个球面的侧面投影为不可见。它是圆球侧面投影可见与不可见的分界线，即左、右转向轮廓线。

这三个圆不是空间一个圆的三个投影。

作图时，首先确定球心的三个投影；其次过球心画出三投影面上的对称中心线；最后以三个球心投影为圆心，画出三面投影的转向轮廓线。

（2）在圆球表面取点。

在圆球表面求点的投影需采用辅助纬圆法，辅助纬圆可选用水平圆、正平圆或侧平圆。

【例 3.5】如图 3.15（a）所示，已知圆球面上点 M 和点 N 的正面投影 m' 和 (n')，求点 M、N 的水平投影 m、n 和侧面投影 m''、n''。

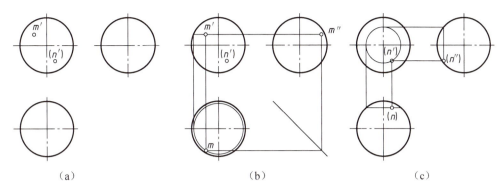

图 3.15 圆球表面取点

分析：由 m' 的位置及可见性可知，点 M 在上半球面、左半球面及前半球面上；由 n' 的位置及可见性可知，点 N 在下半球面、右半球面及后半球面上。

具体作图过程如下。

① 在正面投影中，过 m' 作水平线交于左侧转向轮廓线上一点，过此点作铅垂线交于水平投影的水平中心线，即得辅助水平圆的半径，作出水平圆的水平投影，过 m' 作铅垂线交于水平圆前半圆 m 点，即点 M 的水平投影，再依据点的投影规律作出点 M 的侧面投影 m''，如图 3.15（b）所示。

② 作过 n' 的正平圆，依据正平圆的投影性质求出其水平投影和侧面投影，均为积聚线，则 n 和 n'' 分别在这两条积聚线上，如图 3.15（c）所示。

③ 判断可见性，由点 M 的位置可知 m 可见、m'' 可见；由点 N 的位置可知 n 和 n'' 均不可见。

求 m、m'' 也可作辅助正平圆和侧平圆，求 n、n'' 也可作水平圆和侧平圆，学生可自行选择分析。

3.2 平面与立体相交

机械零件往往不是简单的基本体，而是经过截切后的几何形体，如图 3.16 所示。

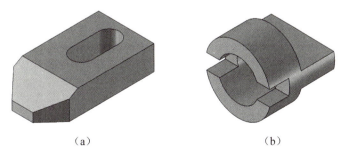

图 3.16 截切后的几何形体

用于截切基本体的平面称为截平面，截平面与立体表面的交线称为截交线，由截交线围成的平面图形称为截断面，如图 3.17 所示。

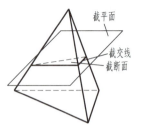

图 3.17 截平面、截交线与截断面

截交线的性质如下。

（1）共有性。由于截交线既在截平面上又在立体表面上，因此截交线是截平面与立体表面的共有线，截交线上的点是截平面与立体表面的共有点。

（2）封闭性。由于立体表面是封闭的，因此截交线是封闭的线条，截断面是封闭的平面图形。

（3）截交线的形状取决于立体表面的形状和截平面与立体的相对位置。

3.2.1 平面与平面立体相交

1. 平面立体的截断面

平面立体的截交线是直线，截断面是一个多边形，它的顶点是平面立体的棱线或底边与截平面的交点，它的边是截平面与平面立体表面的交线。

【例3.6】如图 3.18（a）所示，已知正三棱锥 $SABC$ 被正垂面 P 截切，求作截断面的三面投影。

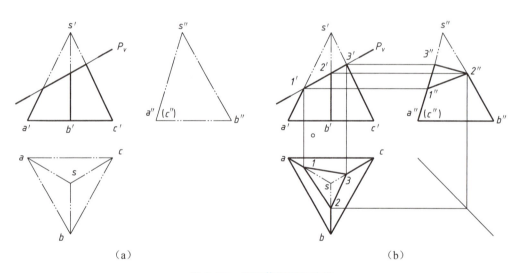

图 3.18 平面截切正三棱锥

分析

截平面 P 为正垂面，它与正三棱锥的三个棱面均相交，截交线围成一个三角形。由于截平面 P 的正面投影 P_V 具有积聚性，因此截断面的正面投影与 P_V 重影，P_V 与正三棱锥各棱线的正面投影 $s'a'$、$s'b'$、$s'c'$ 的交点 $1'$、$2'$、$3'$ 为三角形三个顶点的正面投影，按点的投影规律求出它们的水平投影和侧面投影，连接同面点的投影即得截断面的三面投影。

作图

（1）在主视图中标记 P_V 与 $s'a'$、$s'b'$、$s'c'$ 的交点 $1'$、$2'$、$3'$。

（2）根据线上取点的方法作出水平投影 1、2、3 及侧面投影 $1''$、$2''$、$3''$。

（3）由于点Ⅰ、Ⅱ、Ⅲ的各面投影均可见，因此连接各点的同面投影即得截断面的三面投影，如图 3.18（b）所示。

2. 平面立体的复合切割

在形状较复杂的机械零件上，经常出现带有缺口的平面立体，如图 3.19（a）所示，它是由多个平面与平面立体相交而成的。作图时，只要逐个作出各个截平面与平面立体的截交线，并画出截平面之间的交线，就可以得到这些平面立体的投影。

【例 3.7】如图 3.19（b）所示，已知缺口三棱锥的正面投影，补全它的水平投影和侧面投影。

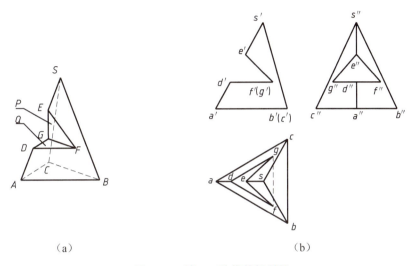

图 3.19 缺口三棱锥的投影图

分析

切口由正垂面 P 和水平面 Q 复合截切后形成，其正面投影有积聚性。由于水平截平面与缺口三棱锥的底面平行，因此它与 △SAB 棱面的交线 DF 必平行于底边 AB，与 △SAC 棱面的交线 DG 必平行于底边 AC，正垂截平面分别与 △SAB 和 △SAC 的棱面交于 EF 和 EG。由于组成切口的两个截面都垂直于正投影面，因此两截平面的交线 FG 一定是正垂线。判断各交线的可见性，然后画出这些交线的投影，即可得缺口的水平投影和侧面投影。

作图

（1）点 D 在 SA 上，分别在主视图、俯视图上找到 d'、d，由 d 作 $df//ab$、$dg//ac$，再分别由 f'、g' 在 df 和 dg 上作出 f、g。由 $d'f'$ 和 df 作出 $d''f''$，由 $d'g'$ 和 dg 作出 $d''g''$。

（2）点 E 在 SA 上，在三视图上作出 e'、e 和 e''，再分别与 f、g 和 f''、g'' 连成 ef、eg 和 $e''f''$、$e''g''$。

（3）求 P 平面与 Q 平面的交线 FG，应将组成缺口两截面交线的水平投影 fg 连成细虚线，从而完成缺口的水平投影和侧面投影。

【例 3.8】如图 3.20（a）所示，已知一个有燕尾槽的长方体被一个平面截切，求其俯视图。

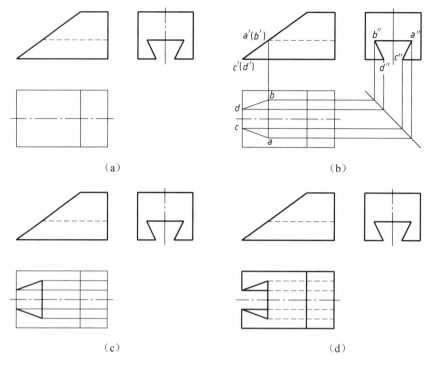

图 3.20 有燕尾槽的长方体截切

分析

截平面为正垂面,其正面投影有积聚性。截交线的 W 面投影与立体的轮廓线重合,为已知。可以根据截交线的 V 面投影、W 面投影求得 H 面投影,从而作出俯视图。

作图

(1) 如图 3.20 (b) 所示,截交线的 V 面投影、W 面投影已知,即 a' (b') 和 c' (d') 及 $a''b''$ 和 $c''d''$ 已知。

(2) 根据 V 面投影、W 面投影求出 H 面投影 a、b、c、d。

(3) 补全燕尾槽四个棱的 H 面投影——四条平行于 OX 轴方向的线,如图 3.20 (c) 所示。

(4) 判断可见性:燕尾槽在长方体底部,不可见,画成细虚线;其他交线可见,画成粗实线。

(4) 在俯视图左侧,因有燕尾槽,故应擦去线条,如图 3.20 (d) 所示。

3.2.2 平面与曲面立体相交

曲面立体的截交线一般是一条封闭的平面曲线,也可能是由直线和曲线围成的平面图形或多边形。截交线的形状取决于曲面立体的几何特征以及曲面立体与截平面的相对位置。

当截交线是圆或直线时,可借助绘图仪器直接作出截交线的投影。当截交线是非圆曲线时,需描点作图。首先作出能确定截交线的形状和范围的特殊点;其次作出若干一般点,判断可见性;最后将这些共有点连成光滑曲线。特殊点包括曲面投影的转向轮廓线上的点、截交线在对称轴上的点,以及截交线上的最高点、最低点、最左点、最右点、最前点、最后点等。

下面介绍一些特殊位置平面与常见回转体表面相交所得截交线的画法。

1. 平面与圆柱相交

平面与圆柱相交的三种情况见表 3-1。

表 3-1 平面与圆柱相交的三种情况

截平面位置	平行于轴线	垂直于轴线	倾斜于轴线
截交线	矩形	圆	椭圆
立体图			
投影图			

【例 3.9】图 3.21 (a) 所示为圆柱被正垂面截切,已知主视图和俯视图,求左视图。

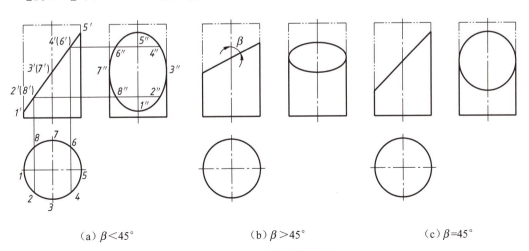

(a) $\beta<45°$ (b) $\beta>45°$ (c) $\beta=45°$

图 3.21 平面与圆柱相交

分析

由于截平面与圆柱的轴线斜交，因此截交线为椭圆。截交线的正面投影积聚为一条直线，水平投影与圆柱面的投影重合。因此，只需求其侧面投影，即可根据投影规律和圆柱面上取点的方法求出侧面投影。

作图

（1）作出完整圆柱的左视图。

（2）作特殊点的投影。正面投影上的点 $1'、5'、3'、7'$ 既是椭圆长、短轴的端点，又是上下、前后的极限位置点，还是圆柱轮廓线上的点。根据投影关系，可直接作出侧面投影 $1''、5''、3''、7''$ 及水平投影 $1、5、3、7$。

（3）作一般点。在截交线投影为已知的正面投影上确定一般点的位置，如点 $4'（6'）$ 和点 $2'（8'）$，其水平投影 $4、6$ 和 $2、8$ 应在圆柱面积聚性投影圆上，再根据投影关系求出其侧面投影 $4''、6''$ 和 $2''、8''$。可根据作图准确度要求，确定一般点的数量。

（4）连线。由于截交线的侧面投影可见，因此用粗实线依次光滑连接各点，得到截交线的侧面投影。

截平面与圆柱轴线斜交，截交线随截平面与圆柱轴线夹角 β 的变化而变化。当 $\beta<45°$ 时，截交线的侧面投影为椭圆，圆柱直径为短轴，其垂直方向为长轴，如图 3.21（a）所示；当 $\beta>45°$ 时，截交线的侧面投影为椭圆，圆柱直径为长轴，其垂直方向为短轴，如图 3.21（b）所示；当 $\beta=45°$ 时，截交线的侧面投影为圆，如图 3.21（c）所示。

【**例 3.10**】如图 3.22（a）所示，已知圆柱被截切后的主视图和俯视图，试求作左视图。

分析

由图 3.22（b）可以看出，圆柱体被侧平面 P 和水平面 Q 组合截切。P 面与圆柱的轴线平行，其与圆柱面的交线为平行于轴线的两条直线 AB 和 CD，Q 面与圆柱的轴线垂直，其与圆柱面的交线是圆弧 BED 与直线 BD 围成的封闭图形。

如图 3.22（c）所示，由于截平面 P 的正面投影 p' 有积聚性，因此交线 AB 和 CD 的正面投影 $a'b'$ 和 $c'd'$ 与 p' 重合。又由于圆柱的水平投影有积聚性，因此交线 AB 和 CD 的水平投影 ab 和 cd 在圆周上积聚成两点。由于截平面 Q 是水平面，其正面投影 q' 有积聚性，因此交线圆弧 BED 的正面投影 $b'e'd'$ 与 q' 重合，水平投影 bed 与圆柱的水平投影圆重合。截平面 P 与截平面 Q 的交线为 BD。

左右结构对称，情况类似，学生可自行分析。

作图

（1）如图 3.22（d）所示，画出整个圆柱的左视图。

（2）按投影关系，先求截平面 P 与圆柱面截交线的侧面投影 $a''b''$ 和 $c''d''$，再求截平面 Q 与圆柱截交线的侧面投影 $b''e''d''$。因此段圆弧为水平圆弧，故其侧面投影积聚为直线。

（3）截平面之间的交线投影。截平面的交线为正垂线，其侧面投影为一条直线且与 $b''e''d''$ 重合。

（4）描深所有可见轮廓线，完成作图过程，如图 3.22（e）所示。

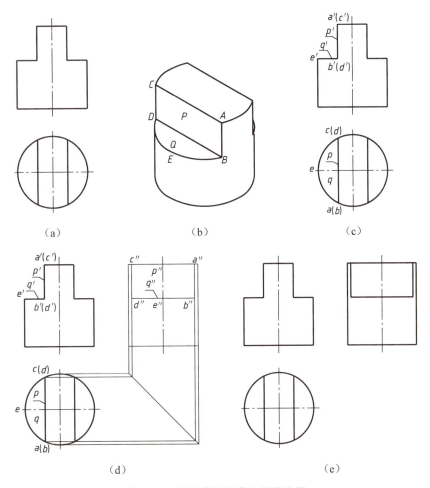

图 3.22 圆柱截切的截交线的作图

【例 3.11】 如图 3.23（a）所示，已知切口圆柱的主视图和俯视图，试求作左视图。

分析

由图 3.23（b）可以看出，圆柱体被两个侧平面 P、Q 和一个水平面 R 组合截切。P 面、Q 面与圆柱的轴线平行，其与圆柱面的交线分别为平行于轴线的直线 AB、CD 和 EF、GK；R 面与圆柱的轴线垂直，其与圆柱面的交线是圆弧 BMF、DNK 与直线 BD、FK 围成的封闭图形。

如图 3.23（c）所示，由于截平面 P、Q 的正面投影 p'、q' 有积聚性，因此交线 AB、CD 和 EF、GK 的正面投影 $a'b'$、$c'd'$ 和 $e'f'$、$g'k'$ 与 p'、q' 重合。又由于圆柱的水平投影有积聚性，因此交线 AB、CD 和 EF、GK 的水平投影 ab、cd 和 ef、gk 在圆周上聚成点。由于截平面 R 是水平面，其正面投影 r' 有积聚性，因此交线圆弧 BMF、DNK 的正面投影 $b'm'f'$、$d'n'k'$ 与 r' 重合，水平投影 bmf、dnk 与圆柱的水平投影圆重合；截平面 P、Q 与截平面 R 的交线分别为 BD、FK。

作图

（1）如图 3.23（d）所示，画出整个圆柱的左视图。

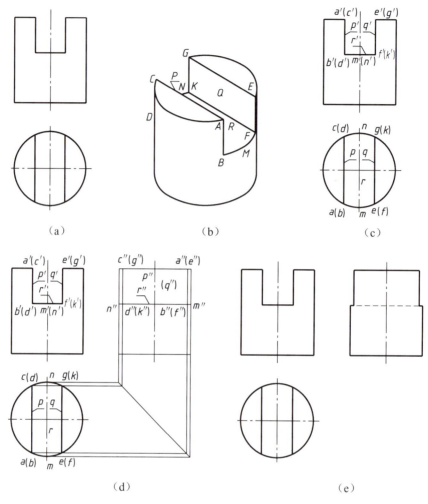

图 3.23 切口圆柱的截交线的作图

（2）按投影关系，先求截平面 P、Q 与圆柱面截交线的侧面投影 $a''b''$、$c''d''$ 和 $e''f''$、$g''k''$，再求截平面 R 与圆柱截交线的侧面投影 $b''m''f''$、$d''n''k''$。因这两段圆弧为水平圆弧，故其侧面投影积聚为直线。

（3）截平面之间的交线投影。截平面的交线为正垂线，其侧面投影为一条直线，$b''d''$ 与 $f''k''$ 重合。由于其左侧被体挡住，因此侧面投影不可见，应画成细虚线。

（4）整理轮廓线并描深。作图时，应特别注意轮廓线的投影。由主视图可知，由于圆柱前、后转向轮廓线在点 M、N 以上就被切掉了，因此不应画出左视图上圆柱转向轮廓线切掉处。最后，描深所有可见轮廓线，完成作图过程，如图 3.23（e）所示。

2. 平面与圆锥相交

平面与圆锥相交的五种情况见表 3-2。

表 3-2　平面与圆锥相交的五种情况

截平面位置	垂直于轴线	倾斜于轴线 $\varphi>\alpha$	倾斜于轴线 $\varphi=\alpha$	倾斜于轴线 $\varphi<\alpha$	通过锥顶
截交线	圆	椭圆	抛物线加直线段	双曲线加直线段	等腰三角形
轴测图					
投影图					

【例 3.12】求作被正平面截切的圆锥截交线，如图 3.24（a）所示。

分析

截平面为不过锥顶且平行于圆锥轴线的正平面，其截交线是由双曲线和直线围成的平面图形。截交线的水平投影和侧面投影都积聚为直线，只需求正面投影，正面投影反映双曲线实形。

作图

（1）求特殊点。点 C 为最高点，位于最前素线上；点 A、B 为最低点，位于底圆上。

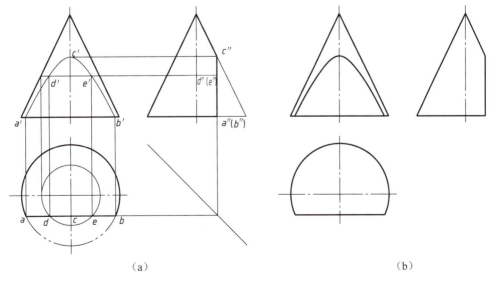

（a）　　　　　　　　　　　　　（b）

图 3.24　正平面截切圆锥

可由其水平投影 a、b、c 及侧面投影 a″、b″、c″，求得正面投影 a′、b′、c′。

（2）求一般点。在截交线已知的侧面投影上适当取两点的投影 d″、e″，然后采用辅助圆在圆锥表面取点，求得其水平投影 d、e 和正面投影 d′、e′。

（3）判断可见性并连线。由于所有点均在前半圆锥面上，因此都可见，用粗实线依次光滑连接点 a′、d′、c′、e′、b′，即得双曲线的正面投影，如图 3.24（b）所示。

【例 3.13】如图 3.25（a）所示，圆锥被正垂面截去上端（截切掉的圆锥用细双点画线画出），作出截交线的水平投影和侧面投影。

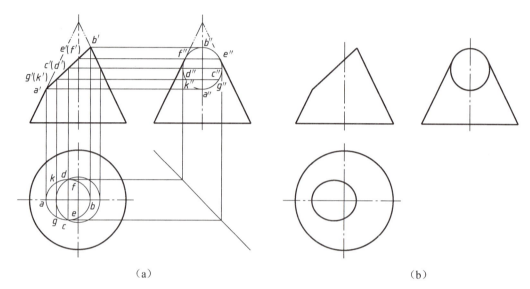

图 3.25　正垂面截切圆锥

分析

截平面倾斜于圆锥的投影轴，由表 3-2 可知，截交线是椭圆，其正面投影积聚成一条直线。由于圆锥前后对称，因此正垂面与其截交线也前后对称。断面椭圆的长轴是截平面与圆锥的前后对称面的交线，端点在最左素线、最右素线上；短轴是通过长轴中点的正垂线。

作图

（1）求特殊点。由图 3.25（a）可知，在截平面和圆锥面最左素线、最右素线交点的正面投影 a′、b′既是截交线的最左点和最右点，又是最低点和最高点的正面投影，可由 a′、b′作出 a、b 和 a″、b″。a、b、a′、b′ 和 a″、b″也是椭圆长轴端点的三面投影。

选取 a′、b′的中点即椭圆短轴有积聚性的投影，如正面投影 c′（d′）即椭圆短轴端点，也是最前点和最后点的正面投影。过 c′、d′作辅助水平圆，作出该辅助水平圆的水平投影，采用表面取点的方法，可由 c′、d′求得 c、d，再求得 c″、d″。

（2）求一般点。在特殊点 A、B、C、D 之间分别取一般点 E、F、G、K。作图时，首先在截交线的正面投影上确定 e′（f′）和 g′（k′），其次用辅助圆法求出水平投影 e、f 和 g、k，最后求得 e″、f″和 g″、k″。由于 E、F 是最前素线和最后素线上的点，因此 e″、f″是截交线侧面投影与圆锥侧面投影外形轮廓线的切点。

（3）判断可见性，然后依次光滑连接各点，即得截交线的水平投影和侧面投影，如图3.25（b）所示。

3. 平面与圆球相交

圆球被平面截切，无论截平面的位置如何，其截交线都是圆。当截平面平行于投影面时，截交线在所平行的投影面上的投影为圆，其余两面投影积聚为直线，该直线的长度等于圆的直径；当截平面倾斜于投影面时，截交线的投影为一般椭圆，如图3.26所示。

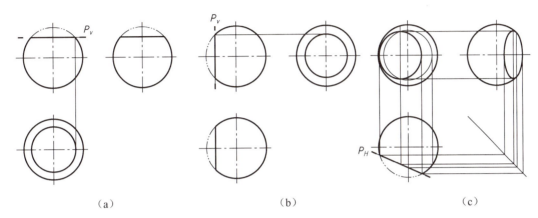

图3.26 圆球截交线的画法

【例3.14】补全半球开槽后的俯视图并求作左视图，如图3.27（a）所示。

分析

半球的槽由两个对称的侧平面和一个水平面组合截切。两个侧平面与球面的交线均为一段平行于侧面的圆弧，截平面为弓形，其侧面投影反映实形。水平面与球面的交线是两段水平圆弧，截平面的水平投影反映实形。作图关键是确定各段圆弧的半径。

作图

（1）作辅助线。如图3.27（b）所示，在主视图上延长 $a'(b') c'(d')$ 至外轮廓线，得到一点。

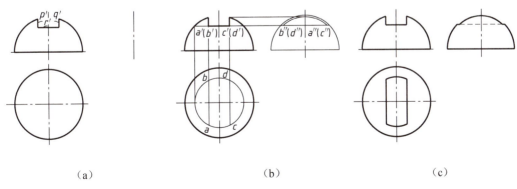

图3.27 半球被平面截切

（2）补全俯视图。量取该点到轴线的距离并作为半径，在俯视图上以球心为圆心画圆，过 a'（b'）、c'（d'）向下作铅垂线，交圆于点 a、b、c、d。ab 为侧平面 P 与水平面 R 交线的水平投影，cd 为侧平面 Q 与水平面 R 交线的水平投影，均可见；ac、bd 两段圆弧为水平面 R 的水平投影（可见）。

（3）完成左视图。可由 a、b、c、d 确定 a''、b''、c''、d''，过球心到 b'' 作圆弧，即侧平面 P 的侧面投影，侧平面 Q 的侧面投影与其重合；ac、bd 两段圆弧在侧面投影上积聚为两直线且可见；P、Q 两侧平面与水平面 R 的交线的侧面投影 $a''b''$、$c''d''$ 不可见，画成细虚线，如图 3.27（c）所示。

4. 平面与组合曲面立体相交

由两个或两个以上曲面立体组成的形体称为组合回转体。

当平面与组合曲面立体相交时，其截交线是由截平面与各个曲面立体表面的交线组成的平面图形。求作平面与组合回转体截交线的投影时，可分别作出平面与组合曲面立体的各段曲面立体及各截平面表面的交线的投影，然后拼成所求的截交线的投影。

【例 3.15】求作顶尖头部的截交线投影，如图 3.28（a）所示。

分析

顶尖是由轴线垂直于侧面的圆锥和圆柱组成的同轴曲面立体，圆锥与圆柱的公共底圆是它们的分界线。顶尖的切口由平行于轴线的平面 P 和垂直于轴线的平面 Q 截切，平面 P 与圆锥面的交线为双曲线，与圆柱面的交线为两条直线；平面 Q 与圆柱的交线是圆弧。平面 P、Q 的交线为正垂线，如图 3.28（a）所示。

作图

（1）求作平面 P 与顶尖的截交线，如图 3.28（b）所示。由于其正面投影和侧面投影有积聚性，因此只需求出水平投影。找出圆锥与圆柱的分界线，从正面投影可知，分界点即 a'、b'，侧面投影为 a''、b''，进而求出 a、b。分界点左边为双曲线，其中 a、b、c 为特殊点，d、e 为一般点，具体作图步骤参照例 3.12；右边为直线，可直接画出。

（2）平面 Q 的正面投影和水平投影都积聚为直线，侧面投影积聚到圆周上的一段圆弧，可直接求出。

（3）判断可见性，并将各点依次光滑连接并加粗。水平投影上的 ab 直线为不可见，如图 3.28（c）所示。

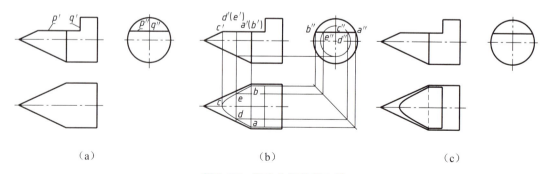

图 3.28 顶尖头部的截交线

3.3 立体与立体相交

3.3.1 概述

两立体相交按立体表面的性质可分为两平面立体相交、平面立体与曲面立体相交、两曲面立体相交三种情况，如图3.29所示。两立体表面的交线称为相贯线。

（a）两平面立体相交　　（b）平面立体与曲面立体相交　　（c）两曲面立体相交

图3.29　两立体相交的种类

由于图3.29（a）所示立体的表面均为平面，因而两平面立体相交的实质是平面与平面立体相交的问题；图3.29（b）所示为平面立体与曲面立体相交，其实质是平面与曲面立体相交的问题，不再赘述。下面主要论述两曲面立体中的两回转体相交［图3.29（c）］时相贯线的性质和作图方法。

两回转体相交时的相贯线具有以下性质。

（1）共有性。相贯线是两回转体表面的共有线，相贯线上的点是两回转体表面的共有点。

（2）分界性。相贯线是两回转体表面的分界线。

（3）封闭性。由于回转体的表面是封闭的，因此相贯线一般是封闭的空间曲线，在特殊情况下为平面曲线或直线。

相贯线的作图方法：根据上述相贯线的性质，画相贯线归结为求两回转体表面的共有点问题。只要作出两个回转体表面一系列共有点的投影，并依次将同面投影光滑连接起来，就得到相贯线。其作图方法主要有三种：积聚性法、辅助平面法、辅助球面法。

求相贯线的一般步骤如下。

（1）分析两回转体的形状、大小和相互位置，以及它们对投影面的相对位置，然后分析相贯线的性质。

（2）求特殊点。特殊点是能确定相贯线的形状和范围的点，如相贯线最高点、最低点、最前点、最后点、最左点、最右点，以及回转体的转向轮廓线上的点、对称的相贯线在其对称平面上的点，等等。

（3）求一般点。为使作出的相贯线更加准确，需要在特殊点之间求出若干一般点。

（4）判断可见性。应分别判断相贯线各投影的可见性。

(5)依次光滑连接各点同面投影,完成作图过程。

3.3.2 两曲面立体的相贯线的画法

1. 积聚性法

当两曲面立体相交,其中至少有一个为圆柱体,其轴线垂直于某投影面时,圆柱面在该投影面上的投影为一个圆。其他投影可根据表面取点的方法作出。

【例3.16】 如图3.30(a)所示,求作轴线正交的两圆柱的相贯线的投影。

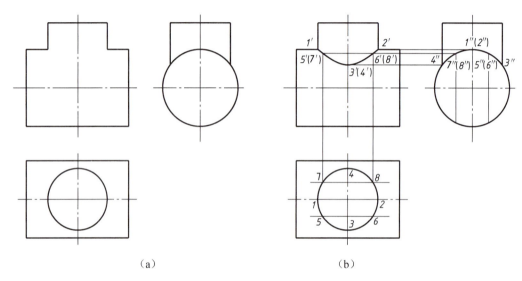

图 3.30 两圆柱相贯

分析

由于两圆柱正交,因此相贯线为前后、左右均对称的空间曲线。因为其水平投影积聚于直立圆柱的水平投影上,侧面投影积聚于水平圆柱的侧面投影上,所以只需作相贯线的正面投影。

作图 [图3.30(b)]

(1)求特殊点。从水平投影和侧面投影可以看出,两圆柱面在V面投影轮廓线的交点为相贯线的最左点$1'$和最右点$2'$,它们又是最高点。从侧面投影中可以直接得到最低点$3''$和$4''$,它们又是最前点和最后点。

(2)求一般点。相贯线的水平投影具有积聚性,且已知相贯线前后、左右都对称,可以在水平投影上取点5、6、7、8。由于水平圆柱的侧面投影具有积聚性,因此可作出其侧面投影$5''$、$6''$、$7''$、$8''$。最后由水平投影、侧面投影求得正面投影$5'$、$6'$、$7'$、$8'$。

(3)判断可见性。相贯线正面投影的可见部分与不可见部分重合,画成粗实线。

(4)依次光滑连接各点的正面投影,完成作图过程。

由于圆柱面可以是圆柱体的外表面,也可以是圆柱孔的内表面,因此两圆柱轴线垂直相交可以有三种形式:外表面相交[图3.31(a)]、外表面与内表面相交[图3.31(b)]、两内表面相交[图3.31(c)]。

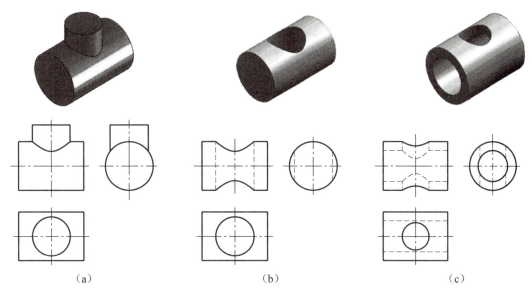

图 3.31 两圆柱相贯线

【例 3.17】 求作轴线交叉的两圆柱相贯线的投影,如图 3.32 所示。

分析

如图 3.33（a）所示,两圆柱相贯,其相贯线是一条空间曲线。此时,相贯线的水平投影积聚在直立圆柱的水平投影上,相贯线的侧面投影积聚在水平圆柱的侧面投影上,只需求作相贯线的正面投影。

图 3.32 轴线交叉的两圆柱

作图 ［图 3.33（b）］

（1）求特殊点。由侧面投影,可求出点Ⅰ、Ⅱ、Ⅲ、Ⅵ的各投影,其中Ⅰ、Ⅱ为最高

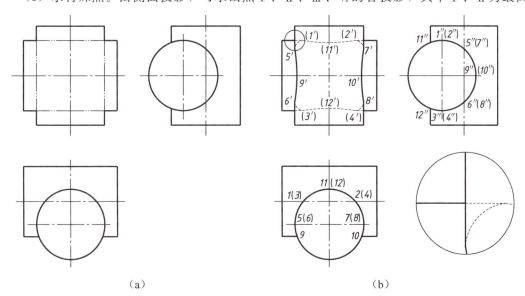

图 3.33 轴线交叉两圆柱的相贯线

点，Ⅲ、Ⅵ为最低点；由水平投影，求出另外四个点Ⅴ、Ⅵ、Ⅶ、Ⅷ，其中Ⅴ、Ⅵ为最左点，Ⅶ、Ⅷ为最右点。此外，从有积聚性的水平投影可直接求得最前点Ⅸ、Ⅹ，从有积聚性的侧面投影可直接求得最后点Ⅺ、Ⅻ。

（2）求一般点。为使作图准确，可从水平投影或侧面投影中选取一般点。

（3）判断可见性。由于直立圆柱的轮廓素线位于水平圆柱前面，因此点Ⅴ、Ⅵ、Ⅶ、Ⅷ是相贯线正面投影可见部分与不可见部分的分界点。

（4）依次光滑连接各点的正面投影，并注意轮廓素线连线情况（参看放大图），即得所求相贯线。

2. 辅助平面法

图 3.34（a）所示为圆柱与圆锥相贯，现用一水平面 P 同时截切圆柱和圆锥。它与圆锥面的截交线为水平圆，与圆柱面的截交线是平行于圆柱轴线的两条素线。显然，两截交线的交点即圆柱面与圆锥面的共有点，也就是相贯线上的点。图 3.34（b）所示为球与圆柱相交，若采用正平面作为辅助平面截切两立体，则截交线的交点必为相贯线上的点。如果采用一系列类似的辅助平面，就可得到相贯线上的一系列点，从而求作相贯线，这就是辅助平面法。使用辅助平面法应注意取辅助平面时，其与两回转体相交得到的截交线的投影应最简单（尽可能是直线或圆）。另外，有时也可结合在立体表面取点的方法。

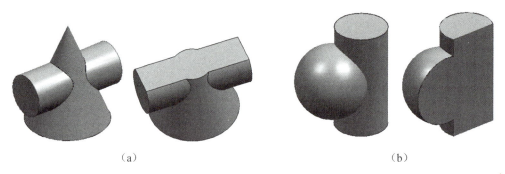

（a） （b）

图 3.34 辅助平面法

【例 3.18】求圆柱与半球相贯线的投影。

分析

图 3.35（a）所示为水平圆柱与半球相交。因公共对称面平行于 V 面，故相贯线的正面投影为抛物线，侧面投影积聚于水平圆柱的侧面投影圆上，水平投影为四次曲线。其辅助平面可以选择与圆柱轴线平行的水平面，此时平面与圆柱面相交为一对平行直线，与球面相交为圆；也可选择与圆柱轴线垂直的侧平面作为辅助平面，此时平面与圆柱面、球面相交均为圆或圆弧。

作图

（1）求特殊点。点Ⅰ和点Ⅳ分别为最高点和最低点，也是最右点和最左点，可以直接求出。点Ⅲ和点Ⅴ分别为最前点和最后点，也是水平投影可见部分与不可见部分的分界点。过圆柱面轴线作辅助水平面 Q，与柱面相交为最前素线和最后素线，与球面相交为圆，它们的水平投影相交在点 3、5。

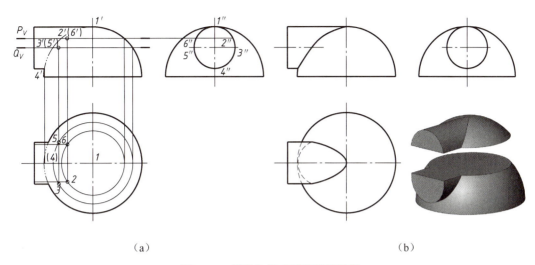

图 3.35　圆柱与半球相贯线的投影

（2）求一般点。可作辅助平面，如取水平面 P，它与圆柱面相交为一对平行直线，与球面相交为圆，直线与圆的水平投影的交点 2、6 即共有点 Ⅱ、Ⅵ 的水平投影，由此可求出正面投影 $2'$、$6'$ 这一对重影点的投影。

（3）判断可见性。两曲面可见部分的交线是可见的，否则是不可见的。点 Ⅲ、Ⅳ、Ⅴ 在圆柱面的下半部分，其水平投影不可见，画细虚线，其余线段画粗实线。

（4）依次连接各点，即得相贯线的各投影。其连接原则如下：如果原曲面的两个共有点分别位于一曲面的相邻两素线上，且分别在另一曲面的相邻两素线上，则这两点能相连，连接顺序为 Ⅰ→Ⅱ→Ⅲ→Ⅳ→Ⅴ→Ⅵ→Ⅰ，结果如图 3.35（b）所示。半球被圆柱挡住部分的水平投影画细虚线。

【例 3.19】求两轴线正交的圆柱与圆锥相贯线的投影。

分析

如图 3.36 所示，由于圆柱的侧面投影有积聚性，相贯线的侧面投影与它重合，因此，只需求作水平投影和正面投影。因该相贯线为前后对称的空间曲线，故正面投影的可见部分与不可见部分重合。又因圆锥轴线垂直于水平面，为使两截交线的形状简单，作图时选取水平面为辅助平面。

作图

（1）求作特殊点。由于两立体轴线相交，且前后对称于同一平面，因此两立体对 V 面的轮廓素线彼此相交，交点 Ⅰ 是最高点；交点 Ⅱ 是最低点，也是最左点。通过圆柱轴线作辅助水平面 P，P 面与圆锥相交，其截交线为水平圆；与圆柱相交，其截交线为含两条对水平面的轮廓素线的矩形，此两截交线的交点 Ⅲ 是最前点，交点 Ⅳ 是最后点。通过锥顶作与圆柱面相切的侧垂面 T，与圆柱面相切于一条素线，其侧面投影积聚在 T_W 与圆锥面投影的切点处。与左圆锥面相交于一条素线，其侧面投影与 T_W 重合。这两条素线的交点 5 就是相贯线上的点，其侧面投影 $5''$ 重合于圆柱面的切线的侧面投影上。可根据侧面投影 $5''$ 求出 5、$5'$。同理，过锥顶作与圆柱面相切的侧垂面 R，可作出相贯线上点 Ⅵ 的三面投影 $6''$、6、$6'$。点 Ⅴ、点 Ⅵ 前后对称，其正面投影 $5'$、$6'$ 重合。点 Ⅴ、点Ⅵ为相贯线的最右点。

(2) 求一般点。为了连接需要，作水平面 Q，找出一般点Ⅶ、Ⅷ，作出其三面投影。

(3) 判断可见性。在相贯线的正面投影中，可见部分与不可见部分重合，画粗实线。在水平投影中，圆柱面的上半部分与圆锥面的交线可见，点 3、4 为可见部分与不可见部分的分界点。

(4) 依次光滑连接各点的正面投影和水平投影，结果如图 3.36（b）所示。

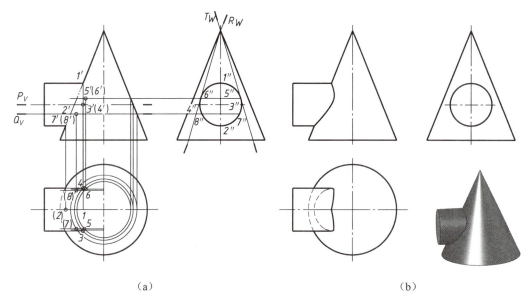

（a）　　　　　　　　　　　　　　　（b）

图 3.36　圆柱与圆锥相贯线的投影

【例 3.20】求圆台与半圆球相贯线的投影，如图 3.37（a）所示。

分析

因圆台与半圆球的三个投影均不具有积聚性，故只能用辅助平面法作图，且需求出相贯线的三面投影。根据圆台与半圆球的空间位置，辅助平面可取过圆台回转中心的正平面、侧平面或一系列水平面。

作图

(1) 求特殊点（转向线上的点）。过锥顶作辅助正平面 P，它与圆锥面和圆球面均交于正面投影转向线，两交点的 V 面投影分别为 1′、2′，即所求正面转向线上的点。再过锥顶作辅助侧平面 T，它与圆锥面交于侧面投影转向线，与圆球面交于侧平半圆，两者交点的投影为 3″、4″，即所求圆锥侧面投影转向线上的点。

(2) 求一般点。在点Ⅱ和点Ⅲ、Ⅳ之间适当位置作辅助水平面 Q，与圆锥面和圆球面均交于水平圆。其交点的水平投影为 5、6，然后作出 5′、6′ 和 5″ 和 6″。

(3) 判断可见性。因相贯线前后对称，故正面投影只画出前一半曲线 2′5′3′1′，后一半曲线 2′（6′）（4′）1′ 与之重合。相贯线的水平投影全部可见，画粗实线。相贯线的侧面投影，3″5″2″6″4″ 同时位于圆锥面和圆球面的左半部，是可见的，画粗实线；而 3″（1″）4″ 位于圆锥面的右半部，是不可见的，画细虚线。

(4) 依次光滑连接各点的同面投影，结果如图 3.37（b）所示。

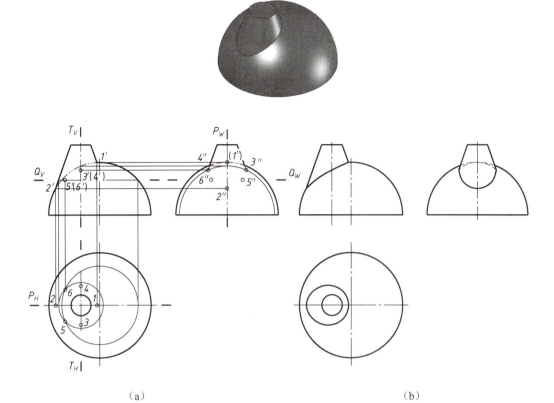

图 3.37 圆台与半圆球相贯线的投影

3．辅助球面法

（1）辅助球面法的原理。

当圆球与回转面相交且球心在回转面轴线上时，其相贯线为垂直于回转体轴线的圆；当回转面的轴线平行于某投影面时，该圆在该投影面上的投影为垂直于轴线的线段，该线段就是球面与回转面投影轮廓线交点的连线。若两回转面相交，以轴线的交点为球心作球面，则球面与两回转面的交线分别为圆。由于两圆均在同一球面上，因此两圆的交点即两回转面的共有点。

（2）采用辅助球面法的条件。

① 相交两立体都是回转体。因为只有当回转面与球面相交时，其相贯线才可能是圆。

② 两回转体的轴线必须相交，只有轴线相交，球心才能同时在两个回转体的轴线上。两轴线的交点即球心。

③ 两回转面轴线决定的平面只有平行于某投影面，其与球面相交所得的圆才能在该投影面上投影成直线。

图 3.38 所示为圆柱与圆锥面斜交的相贯线。在图示位置采用辅助平面法求共有点很麻烦，当改用辅助球面法时，如果以两曲面轴线的交点为球心，以适当半径作球面，该球面与圆锥面相交为 A 圆和 B 圆，与圆柱面相交为 C 圆，A 圆、B 圆与 C 圆的交点Ⅲ、Ⅳ、

Ⅴ、Ⅵ即两曲面的共有点，也即相贯线上的点。再改变球面的半径，可求出一系列共有点，连接后即所求相贯线，作图过程大大简化。

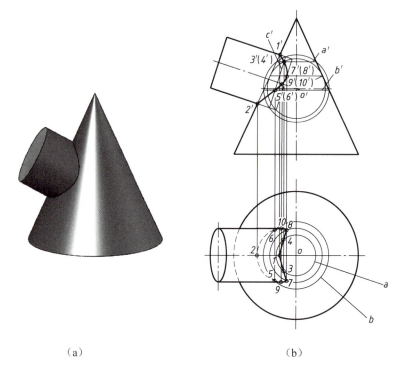

（a） （b）

图 3.38 圆柱与圆锥斜交的相贯线

作图步骤如下（取两回转面轴线决定的平面平行于正立投影面）。

（1）由于两回转面的轴线相交且平行于Ⅴ面，因此两曲面交线的最高点Ⅰ和最低点Ⅱ的正面投影 1′、2′可以直接从正面投影上确定，从而作出水平投影 1、2。

（2）其他点可由辅助球面法求得。以两轴线正面投影的交点为中心，取适当半径 R_3 作圆，此即辅助球面的正面投影，作出球面与圆锥面的交线圆 A、B 的正面投影 a′、b′以及球面与圆柱面的交线圆 C 的正面投影 c′，这两组圆的正面投影相交，交点 3′（4′）、5′（6′）即两曲面共有点Ⅲ、Ⅳ、Ⅴ、Ⅵ的正面投影。再作若干不同半径的同心球面，可求出一系列点。共有点的水平投影可通过作相应的辅助水平圆求出。在图 3.38 中，可通过作过点Ⅴ、Ⅵ的水平圆的水平投影求得点 5、6。

（3）依次光滑连接各点，即得相贯线投影。

（4）判断可见性。由于水平投影上的点 9、10 是可见部分与不可见部分的分界点，因此左面部分的连线 9、5、2、6、10 画细虚线，其余均画粗实线。

利用辅助球面法可以在一个投影图上完成相贯线的全部作图，较方便。

3.3.3 相贯线的特殊情况

（1）轴线相交且平行于同一投影面的圆柱与圆柱、圆柱与圆锥、圆锥与圆锥相交，若它们能公切于一个球，则它们的相贯线是垂直于这个投影面的椭圆。

在图 3.39 中，圆柱与圆柱、圆柱与圆锥、圆锥与圆锥相交，轴线都分别相交，且都平行于正平面、公切于一个球，可见它们的相贯线都是垂直于正平面的两个椭圆。连接其正面投影的转向轮廓线的交点，即得相贯线的正面投影。

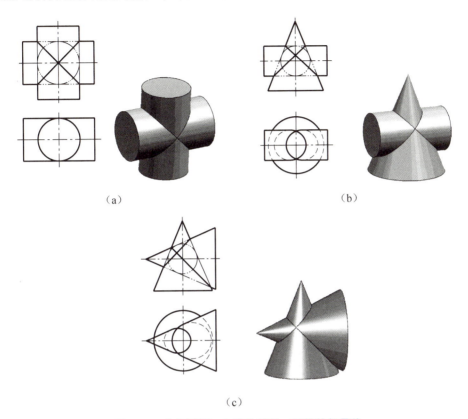

图 3.39 公切于同一个球的圆柱、圆锥的相贯线

（2）两个同轴回转体的相贯线是垂直于轴线的圆，如图 3.40 所示。

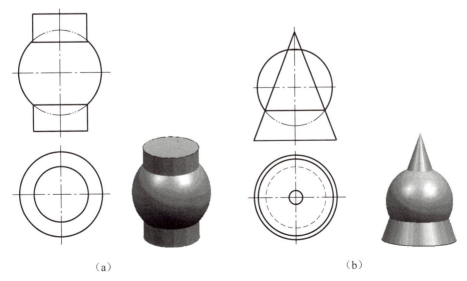

图 3.40 两个同轴回转体的相贯线

（3）相贯线是直线。

① 当两圆柱的轴线平行时，相贯线在圆柱面上的部分是直线［图 3.41（a）］。

② 当两圆锥共锥顶时，相贯线在锥面上的部分是直线［图 3.41（b）］。

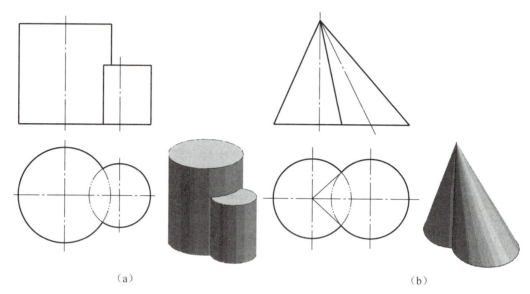

图 3.41　圆柱、圆锥相贯的特殊情况

影响相贯线形状的因素有立体的形状、尺寸及相互位置。相贯线投影的形状还取决于与投影面的相对位置。立体的形状及相对位置对相贯线的影响见表 3-3。

表 3-3　立体的形状及相对位置对相贯线的影响

立体	两立体的相对位置		
	轴线正交	轴线斜交	轴线交叉
圆柱与圆柱相贯			
圆柱与圆锥相贯			

立体的尺寸对相贯线的影响见表3-4。

表3-4 立体的尺寸对相贯线的影响

相对位置	形状	两立体尺寸		
轴线正交	圆柱与圆柱相贯	直立圆柱直径小于水平圆柱直径 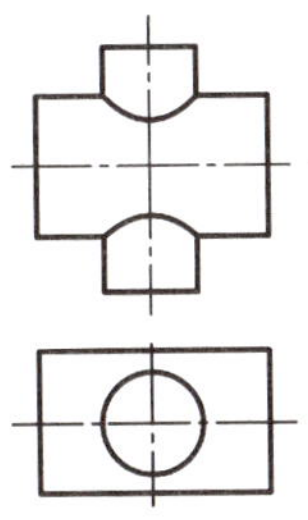	两圆柱直径相等 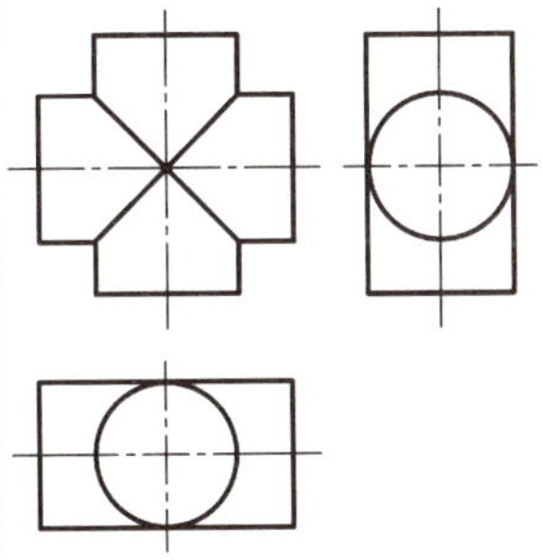	直立圆柱直径大于水平圆柱直径 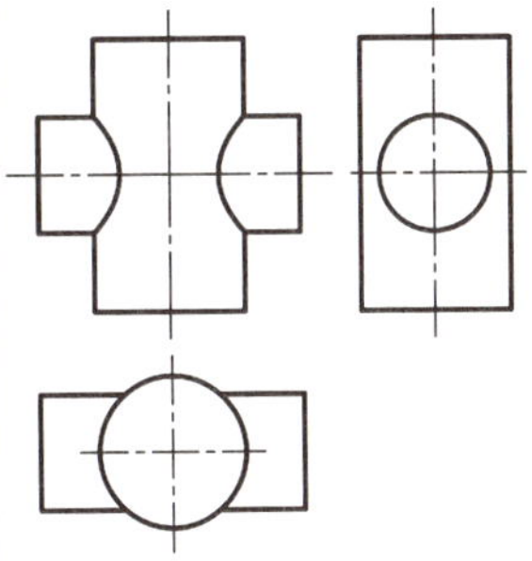
	圆柱与圆锥相贯	圆柱穿过圆锥 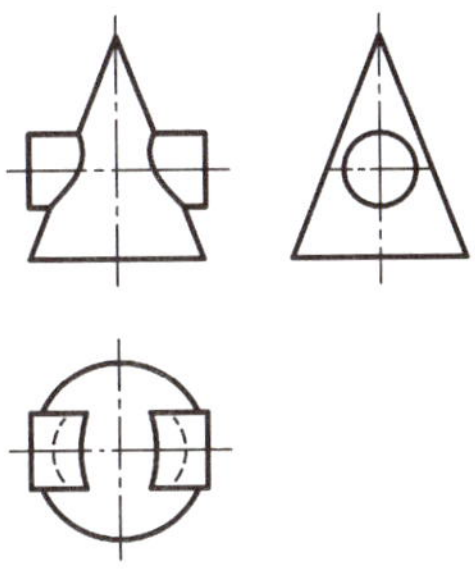	圆柱与圆锥内切于圆球 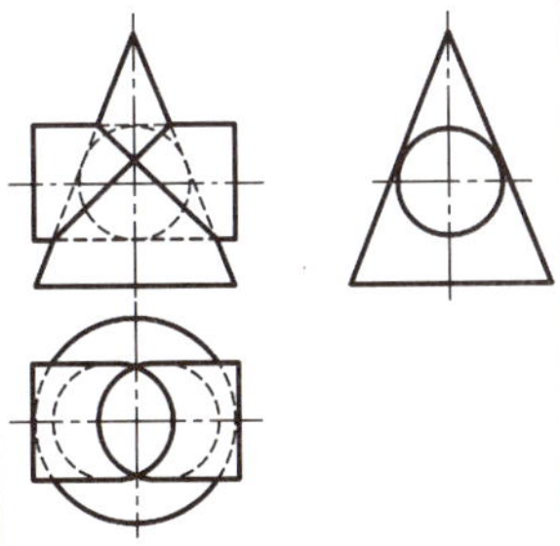	圆锥穿过圆柱 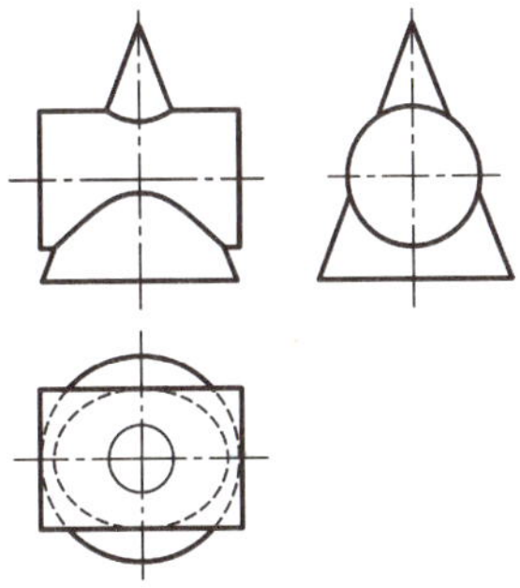

3.3.4 组合相贯线

前面学习了两个立体相贯时，相贯线的各种情况及作图方法，而工程上有时会遇到三个或三个以上立体相交的情况，其表面形成的交线称为组合相贯线。对于具有组合相贯线的零件，这些相交的立体仍然是一个整体，组成一个相贯体。组合相贯线的各段相贯线分别是相邻两立体表面的交线，而两段相贯线的连接点必定是相贯体上三个表面的共有点。虽然相贯体比较复杂，但只要在作图前分析清楚各立体的形状及相对位置，逐个求出彼此相交部分相贯线的投影并进行综合，就可获得组合相贯线的投影。

【例3.21】 求图3.42的组合相贯线。

分析

在图3.42中，直立圆柱、半圆球及轴线为侧垂线的圆锥三体相交。其组合相贯线由圆柱与圆球的相贯线 A、圆柱与圆锥的相贯线 B、圆锥与圆球的相贯线 C 组成。要求出组合相贯线，应分别求出相贯线 A、B、C 及其分界点。

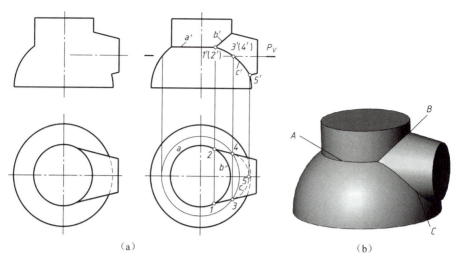

图 3.42 组合相贯线

作图

（1）求圆柱与圆球的相贯线 A。由于圆柱的轴线通过球心（共轴的两回转体），因此相贯线为圆，其 V 面投影积聚为水平直线 a'，水平面投影与圆柱面的投影重合为圆。

（2）求圆柱与圆锥的相贯线 B，由于两回转体轴线正交且同时平行于 V 面，在水平投影中，圆柱与圆锥的轮廓线相切，即圆柱与圆锥同时内切于一个球面，因此相贯线为椭圆。其正面投影为直线 b'，水平投影与圆柱面投影重合，相贯线 A 与 B 的分界点为Ⅰ、Ⅱ（$1'$与$2'$重合）。

第3章习题集部分讲解

（3）求圆锥与圆球的相贯线 C。由于圆锥与圆球轴线正交且同时平行于 V 面，因此相贯线为封闭的空间曲线且前后对称，可选用水平辅助面求解。求圆锥最前素线、最后素线上的点Ⅲ、Ⅳ。过圆锥轴线作水平辅助面 P（P_V），P 面与圆球的交线为圆（水平面投影反映圆的实形），P 面与圆锥的交线为圆锥的最前素线、最后素线，由此可先求出Ⅲ、Ⅳ的水平投影 3、4，再求出正面投影 $3'$、$4'$。求最低点Ⅴ，由于点Ⅴ为圆球、圆锥对 V 面的最大轮廓线的交点，因此按投影关系直接求出 $5'$、5。选用侧平面为辅助面，可求出适量的一般点。

（4）判断可见性并光滑连接各点。在 V 面投影中，相贯线均可见，画粗实线。在水平面投影中，可见的分界点为 3、4 [2 4、1 3 画粗实线]，且圆锥的轮廓线分别画到点 3、4 处与相贯线相切，3 5 4 画细虚线。半圆球底面圆被圆锥挡住部分画细虚线，如图 3.42（a）所示。

素养提升

党的二十大报告中指出，我们要坚持教育优先发展、科技自立自强、人才引领驱动，加快建设教育强国、科技强国、人才强国，坚持为党育人、为国育才，全面提高人才自主培养质量，着力造就拔尖创新人才，聚天下英才而用之。

我们要扛起时代责任，努力学习文化知识，做新时代的有为青年。

建议学生课后搜索观看《大国工匠》节目，选看第一集。

第 4 章 组 合 体

组合体是相对于基本立体而言的,它是由基本形体通过一定形式叠加或切割而成的几何形体。任何复杂的机器零件从几何形状来看都是由基本形体通过一定方式组成的。本章将在第 3 章的基础上学习绘制和阅读组合体三视图,并对组合体进行尺寸标注和空间结构构型,培养学生的设备构型设计能力。

通过学习本章内容,要求学生熟练掌握组合体的形体分析法、组合体视图的画法、组合体的尺寸标注、读组合体视图。

4.1 组合体的构成形式及分析方法

4.1.1 组合体的构成形式

组合体的构成形式分为叠加、切割和综合三种,常见的是综合形式。

(1) 叠加:构成组合体的各基本体有机地堆积、叠加,如图 4.1 所示。

(a) 叠加体　　　　　　　　　(b) 逐次叠加的形体

图 4.1 叠加

（2）切割：从较大的基本体上割掉或切去较小基本体，如图4.2所示。

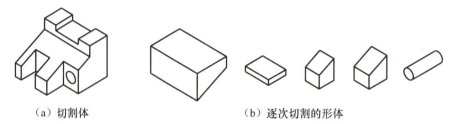

（a）切割体　　　　　　　　　（b）逐次切割的形体

图4.2　切割

（3）综合：既有叠加又有切割，如图4.3所示。

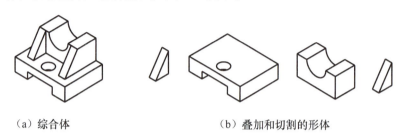

（a）综合体　　　　　　　　　（b）叠加和切割的形体

图4.3　综合

4.1.2　组合体各构成形体之间相关表面的过渡关系

无论是由哪种形式构成的组合体，其形体相邻表面间的相对位置关系都可归纳为共面、相切、相交三种过渡关系。

1. 共面

当两个形体连接处的表面处于共面状态时，连接处（两个形体共有部分）不再是轮廓，在平行其投影面上的投影不应有线隔开，即共面无线，如图4.4（a）所示组合体的前表面。若两个形体的连接部分不共面，则存在轮廓，其投影可见时为粗实线，不可见时为细虚线，如图4.4（b）所示。

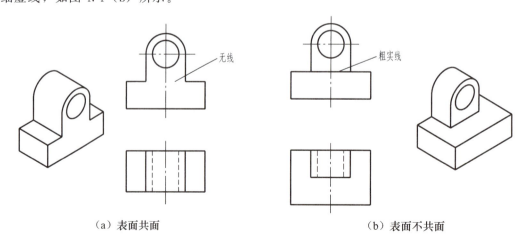

（a）表面共面　　　　　　　　　（b）表面不共面

图4.4　共面

2. 相切

当两个形体表面相切时，两个表面相切处光滑过渡，不存在分界线（轮廓线），所以不在相切处画轮廓线，相关表面的轮廓线应画到切点为止，切点位置由投影关系确定，如图4.5所示。

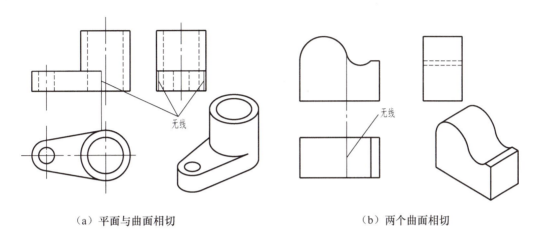

(a) 平面与曲面相切　　　　　　　　　　(b) 两个曲面相切

图 4.5　表面相切

3. 相交

相交的情况是指两个形体表面存在分界线。分界线是指两个形体表面相交所形成的截交线或相贯线，绘制图样时应画出截交线或相贯线，如图4.6所示。

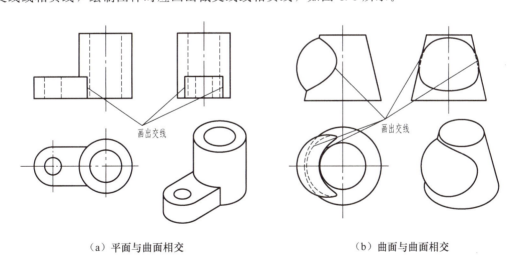

(a) 平面与曲面相交　　　　　　　　　　(b) 曲面与曲面相交

图 4.6　表面相交

4.1.3　组合体的形体分析法

1. 形体分析法的概念

把物体或机件通过假想分解成若干基本形体，然后分析拆分出来的每个基本形体的形状特征、位置特征、组合方式以及相关表面之间的过渡关系，从而准确把握整体，顺利地绘制和阅读组合体的视图，这种思考和分析的方法称为形体分析法。形体分析法的实质是化整为零，把复杂问题简单化。

常见的基本形体可以是完整的基本体，也可以是不完整的几何体或基本体的简单组合，不必拘泥于形体必须是基本体，如圆柱、圆锥、球、棱柱、棱锥等。对于由常见的基本体简单组成的简单体，不必继续拆分成基本体，类似于不必再对图中的常见形体拆分。常见的形体如图 4.7 所示。

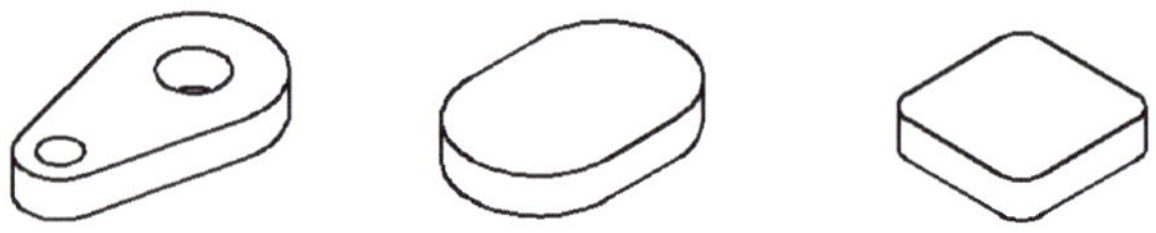

(a)　　　　　　(b)　　　　　　(c)

图 4.7　常见的形体

2. 形体分析法的一般步骤

(1) 将组合体分解成若干基本形体。
(2) 分析拆分出来的各基本形体的形状特点。
(3) 分析各基本形体的相对位置关系。
(4) 分析各基本形体的组合方式。
(5) 分析相邻基本形体表面之间的过渡关系。

4.2　组合体视图的画法

画组合体的视图时，首先运用形体分析法将组合体合理地分解为若干基本形体，并按照各基本形体的形状、组合形式、相对位置关系和表面过渡关系逐步画图。"逐步"是指逐次绘制各基本形体，一般可以遵循以下三个步骤：①一个一个地画，即逐一绘制构成组合体的各基本形体；②三视图对照着画，即绘制各基本形体时遵循"三等关系"；③从特征视图着手画，绘制各基本形体时，从三个视图中最能体现该形体形状特征的视图开始画。下面结合实例，介绍组合体视图的画法。

4.2.1　叠加组合体视图的画法

以图 4.8（a）所示的轴承座为例，介绍叠加组合体视图的画法。

1. 形体分析

图 4.8（a）所示轴承座可以分为五个部分——底板、肋板、支承板、套筒、凸台，如图 4.8（b）所示。它的组合形式在宏观上属于综合。底板可以看作由长方体经过圆角、钻孔而成的切割体。套筒和凸台可以看作由圆柱体经过钻孔而成的切割体。轴承座的五个组成部分之间经过堆叠、相贯、相交形成叠加组合体。其中，底板与支承板的后表面共面

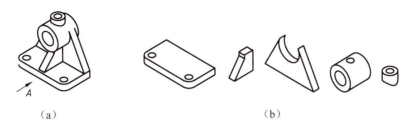

图 4.8 轴承座及其组成

叠加；支承板与套筒左右相切；肋板与底板和套筒相交；套筒和凸台相贯，具有内、外两条相贯线。

2. 视图选择

(1) 选择主视图。选择主视图时要考虑两个问题：一是组合体的安放位置。组合体的安放位置是指把组合体安放在稳定状态下，较大的底面在下，较小的部分在上。二是组合体主视图的投影方向，组合体主视图投影方向的选择原则是主视图尽可能多地反映构成组合体各基本形体的形状特征，即把能较多地反映组合体各基本形体形状特征和位置特征的某方向作为主视图的投影方向。将图 4.8（a）所示的 A 向作为主视图的投影方向，主视图可明显地反映底板、套筒、支承板、肋板的相对位置关系和形状特征。

(2) 选择其他视图。由于一个主视图不可能将组合体各基本形体的形状和位置全部清晰地表达清楚，因此需要用其他视图辅助主视图。对于轴承座，还需要画出俯视图和左视图。

3. 定比例、选图幅

确定视图后，要根据实物尺寸，按相关国家标准规定，以视图清晰为前提选择适当的比例和图幅。

4. 布置视图、画底稿

布置视图时，首先计算好各视图的总体尺寸，并预留出各视图的适当间距以便标注尺寸；然后画出基准线，如组合体的对称中心线、轴线、较大的平面积聚性投影线及主要的定位线，如图 4.9（a）所示。

画好基准线，用细实线逐个画出组合体的各组成部分。画图顺序如下：先画大的形体，再画小的形体；先画主要轮廓，再画细节部分；先画实线，再画虚线；先画定位尺寸全的部分，再画连接部分。具体画图时，从特征视图入手，将各基本形体的三视图联系起来画，以利于保证投影关系的正确性和图形的完整性。本例应先画出底板的三视图，如图 4.9（b）所示；根据套筒与底板的位置关系，画出套筒的三视图，如图 4.9（c）所示。根据支承板与底板后表面平齐、与套筒相切的关系，画支承板的三视图，如图 4.9（d）所示。画其他部分，如图 4.9（e）所示。

5. 检查、描深

画完底稿，逐个检查每个组成部分的各视图，擦掉多余图线。检查后，按照国家标准规定的各种线型描深图线，如图 4.9（f）所示。描深顺序一般是先描深细线，再描深粗线。描深粗线时,先描深曲线,再描深直线。当多种线型重合时,一般按"粗实线、细虚线、细点画线、细实线"的顺序描深。

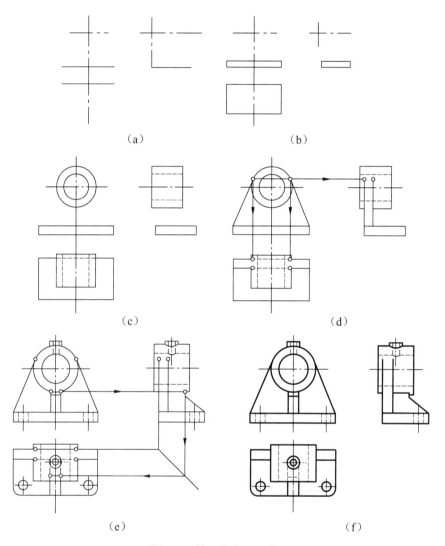

图 4.9 轴承座的画图步骤

4.2.2 切割组合体视图的画法

以图 4.10(a)所示的切割组合体为例,介绍切割组合体视图的画法。

1. 形体分析

图 4.10(a)所示切割组合体是在长方体的基础上,依次切去图 4.10(b)中的体 1、体 2、体 3、体 4、体 5 而成的。

2. 视图选择

选择图 4.10(a)中的 A 向为主视图投影方向,并用三视图表达。

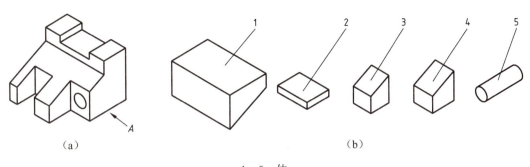

1~5—体。

图 4.10 切割组合体

3. 定比例、选图幅

确定视图后,要根据实物尺寸,按相关国家标准规定,以视图清晰为前提选择适当的比例和图幅。

4. 布置视图、画底稿

画出基准线,先画切割前的完整的长方体三视图,再依次画出每个切去体的三视图。具体切割过程如图 4.11(b) 至图 4.11(f) 所示。

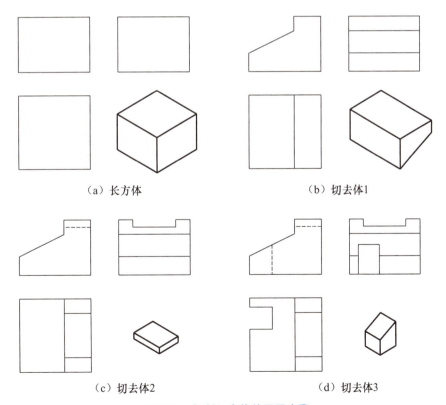

图 4.11 切割组合体的画图步骤

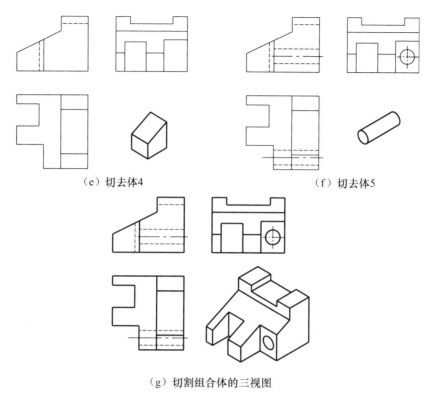

(e) 切去体4　　　　　　　　（f）切去体5

(g) 切割组合体的三视图

图 4.11　切割组合体的画图步骤（续）

5. 检查、描深

画完底稿，逐个检查每个切去体的三视图，擦掉多余图线。检查后，按照国家标准规定描深图线，如图 4.11（g）所示。

4.3　组合体的尺寸标注

4.3.1　组合体尺寸标注的基本要求

组合体的视图只表达结构形状，它的大小必须由视图上标注的尺寸确定。由于机件视图上的尺寸是制造、加工和检验的依据，因此，标注组合体尺寸时，必须做到以下基本要求。

（1）正确。标注尺寸必须严格遵守国家标准中有关尺寸标注的规定。

（2）完整。将确定组合体各部分形状大小及相对位置的尺寸标注完全，不遗漏、不重复。

（3）清晰。尺寸布置要整齐、清晰，便于阅读。

4.3.2 组合体尺寸分析

1. 基准

组合体的基准如图4.12所示。

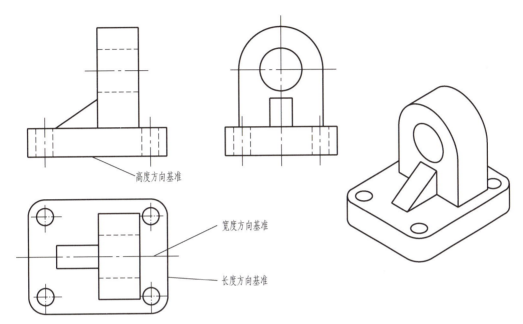

图 4.12 组合体的基准

标注尺寸时,首先确定形体结构的基准,基准是绘图的起点,也是标注的起点。机械产品从设计时零件尺寸的标注、制造时工件的定位、校验时尺寸的测量到装配时零部件的装配位置确定等,都要用到"基准"概念。基准就是确定生产对象上几何关系所依据的点、直线或平面,物体有长度、宽度、高度三个方向的尺寸,每个方向都至少有一个基准。通常以物体的底面、端面、对称面和轴线为基准。

2. 组合体尺寸的分类

组合体尺寸可以根据作用分为三类:定形尺寸、定位尺寸和总体尺寸。

(1) 定形尺寸:确定组合体中各基本形体的形状、大小的尺寸。图 4.13(b)中的 $R14$、$2 \times \phi 10$、$\phi 16$ 等均属于定形尺寸。

(2) 定位尺寸:确定组合体中各组成部分相对位置的尺寸。基本形体的定位尺寸最多有三个,若基本形体在某方向处于叠加、共面、对称、同轴等,则应省略该方向上的一个定位尺寸。如图 4.13(a)所示,套筒长度方向和宽度方向的定位尺寸均省略。

(3) 总体尺寸:确定组合体外形的总长、总宽和总高的尺寸。若定形尺寸、定位尺寸已标注完整,则标注总体尺寸时,应对相关尺寸进行适当调整,避免出现封闭尺寸链。如图 4.13(a)所示,删除小圆柱的高度尺寸,标注总高。另外,当组合体的一端为有同心孔的回转体时,一般不在该方向标注总体尺寸,如图 4.13(b)所示。

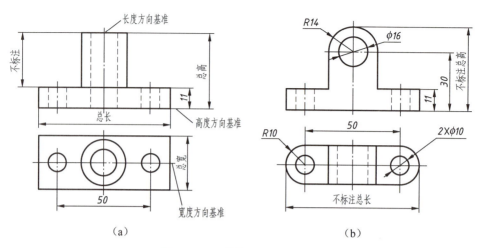

图 4.13 组合体的基准和尺寸

3. 常见形体的尺寸标注

常见形体的尺寸标注如图 4.14 至图 4.17 所示。

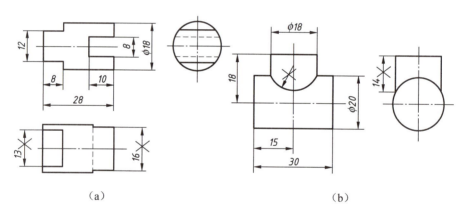

图 4.14 挖切体和相贯体的尺寸标注

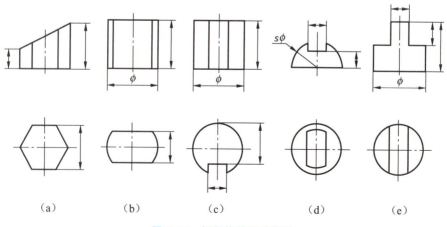

图 4.15 切割体的尺寸标注

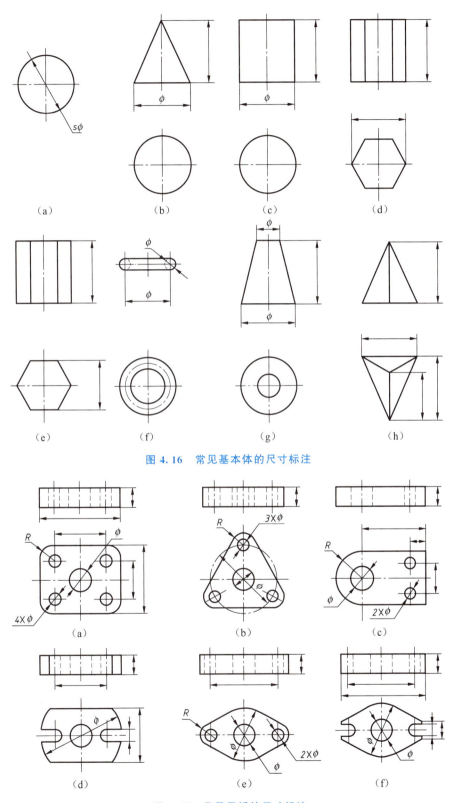

图 4.16 常见基本体的尺寸标注

图 4.17 常见平板的尺寸标注

4. 尺寸标注应注意的事项

标注尺寸时，需注意以下几点。

（1）尺寸应尽量标注在视图外面，与两个视图有关的尺寸最好布置在两个视图之间。

（2）定形尺寸、定位尺寸尽量标注在反映组合体形状特征和位置特征的视图上。如图 4.18 所示，底板和耳板的高度为 20，标注在主视图上比标注在左视图上好；表示底板、耳板直径和半径的尺寸 $R22$、$\phi22$、$R16$、$\phi18$ 标注在俯视图上比标注在主视图、左视图上更能表示形状特征；在左视图上标注尺寸 48 和 28 比标注在主视图、俯视图上更能明显反映位置特征。

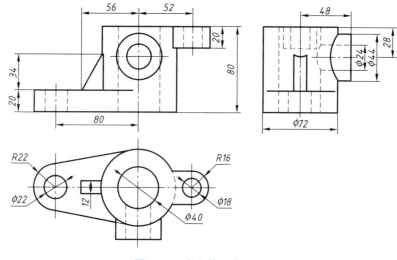

图 4.18 支座的总体尺寸

（3）同一基本形体的定形尺寸、定位尺寸应尽量集中标注。如图 4.18 所示，主视图上的定位尺寸 56、52、80，左视图上的定位尺寸 48、28，俯视图上的定形尺寸 $R22$、$\phi22$、$R16$、$\phi18$、$\phi40$ 等相对集中。

（4）同轴回转体的直径应尽量标注在非圆视图上，如图 4.18 所示，将 $\phi44$ 和 $\phi24$ 标注在左视图上。圆弧的半径应标注在投影为圆的视图上，如图 4.18 所示俯视图上的 $R22$ 和 $R16$。

（5）尺寸尽量不标注在虚线上。但为了布局需要和尺寸清晰，有时可标注在虚线上，如图 4.18 所示左视图上的 $\phi24$。

（6）尺寸线、尺寸界线与轮廓线尽量不相交。同方向的并联尺寸，应将小尺寸标注在里边（靠近视图），大尺寸标注在外边。同方向的串联尺寸，箭头应对齐并排列在一条线上。

（7）基本形体被平面截切时，要标注基本形体的定形尺寸和截平面的定位尺寸，不应在交线上直接标注尺寸。

（8）当体的表面具有相贯线时，应标注产生相贯线的两基本形体的定形尺寸、定位尺寸。

（9）对称结构的尺寸不能只标注一半。

以上并非标注尺寸的固定模式，实际标注尺寸时，有时会出现不能完全兼顾的情况，应在保证尺寸标注正确、完整、清晰的基础上，根据尺寸布置的需要灵活运用和适当调整，如图 4.18 中主视图上的 56，左视图上的 $\phi24$、28、48，俯视图上的 $\phi40$ 等尺寸均为调整后重新标注的尺寸。

4.3.3 组合体尺寸标注的步骤

标注组合体尺寸的基本方法是形体分析法，即将组合体分解为若干基本体和简单体，在形体分析的基础上标注三类尺寸。

【例 4.1】 以轴承座为例，说明组合体尺寸标注的步骤。

（1）形体分析。

分析组合体的组合形式、组成部分及各部分之间的位置关系。

（2）选择尺寸基准。

如图 4.19（a）所示，以轴承座的底面为高度方向主要尺寸基准，以支承板的后表面为宽度方向主要尺寸基准，以左、右对称面为长度方向主要尺寸基准。

（3）标注定形尺寸、定位尺寸。

逐个标注各组成部分的定形尺寸、定位尺寸。在图 4.19（a）中标注各部分之间的定位尺寸 15、55、80、160，在图 4.19（b）中标注套筒的定形尺寸，在图 4.19（c）中标注底板的定形尺寸及定位尺寸，在图 4.19（d）中注出支承板的定形尺寸，在图 4.19（e）中注出肋板的定形尺寸。

（4）调整标注总体尺寸。

虽然形体分析时可把组合体假想拆分成几个部分，但是它仍然是一个整体。所以，标注组合体外形和所占空间的总体尺寸（总长、总宽、总高）时应注意调整，避免出现多余尺寸。如图 4.18（f）中的总长 260 和总高 240，而总宽由 140+15 决定。总长 260 及总宽 140+15 与已有尺寸重合，不必标注；标注总高 240 后，要将定位尺寸 80 去掉，因为它可以由总高 240 与 160 相减得到，无须重复标注，否则在高度方向出现封闭尺寸链，这种情况是不允许的。

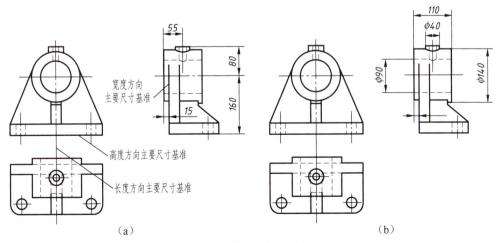

图 4.19 轴承座的尺寸标注

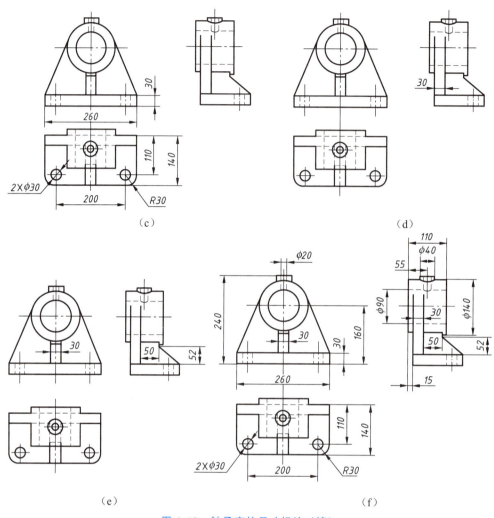

图 4.19 轴承座的尺寸标注（续）

4.4 读组合体视图

画图是利用正投影法绘制由基本形体构成的组合体在所选投影面上的投影（如三视图）；读图是根据画出的视图，运用投影规律和一定的分析方法，想象出组合体的立体结构形状。

读组合体视图是画图的逆过程，也是一种从二维平面图形还原出三维空间物体的过程。在读图过程中，要将视图分析和空间想象紧密结合起来，应用投影理论，分析视图中的每条线、每个线框代表的含义，构想出各部分的形状、相对位置和组合方式，直至形成清晰的整体形象，再对构想的形体进行投影并与已知视图对照，验证与修正构想出的形体，直至构想的形体投影与已知视图一致。

4.4.1 读图的基本方法

1. 形体分析法

利用分线框、对投影将组合体三视图表达的形体分解为若干基本形体，然后依据投影理论构思出每个基本形体的空间结构，并分析这些基本形体之间的相对位置、组合形式和表面之间的过渡关系，再把构思出来的基本形体组合成一个整体，这种方法就是形体分析法。

采用形体分析法读图时，要善于抓住主要矛盾——形状特征和位置特征。由于组合体各组成部分的形状和位置不一定集中在某个方向上，因此反映各部分形状特征和位置特征的投影不会集中在某个视图上。读图时，必须善于找出反映特征的投影，从这些有形状特征的线框看起，联系其相应投影，便于想象其形状与位置。

2. 面形分析法

根据面、线的空间性质和投影规律，分析形体表面或表面间的交线与视图中线框或图线的对应关系，读懂每条线或线框代表的含义和空间位置，从而想象出整个组合体的形状，这种方法就是面形分析法。

由于组成切割组合体的形体具有不规则形状，大多数形体结构在投影时会出现图线重叠现象，运用形体分析法分析比较困难，因此可以结合面形分析法，利用"视图上的一个封闭线框一般代表一个面的投影"的投影特性，对形体的主要表面投影进行分析、检查，可以快速、准确地画出图形。

采用形体分析法与面形分析法的目的是一致的，都是准确识读组合体三视图；不同的是形体分析法是假想将组合体分解为若干基本形体，而面形分析法是假想把组合体看成由若干表面和线围成，然后分别研究它们之间的相对位置和连接关系。形体分析法侧重于从形体叠加的角度出发分析组合体，面形分析法侧重于从围成组合体的表面和线的形状、相对位置和连接关系角度出发分析组合体。应以形体分析法为主，以面形分析法为辅。

4.4.2 读图的基础知识

1. 视图中图线、线框的投影含义

组合体三视图中的线型主要有粗实线、细实线、细虚线和细点画线。读图时，应根据投影规律，正确分析每条图线、每个线框的含义，分别如图 4.20 和图 4.21 所示。

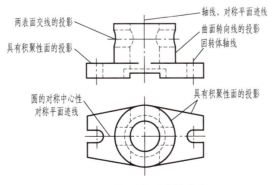

图 4.20 视图中图线的含义

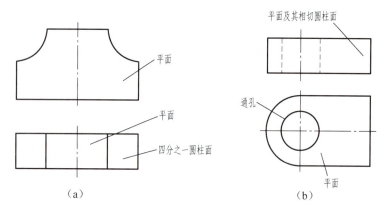

图 4.21 视图中线框的含义

（1）视图中的粗实线、细虚线（包括直线和曲线）可以表示：①两表面交线的投影，如图 4.20 所示主视图中的相贯线；②曲面转向线的投影，如图 4.20 所示主视图中套筒的轮廓线；③平面或曲面的积聚性投影，如图 4.20 所示俯视图中圆柱面的投影。

（2）视图中的细点画线可以表示：①对称平面迹线的投影，如图 4.20 主视图所示；②圆的对称中心线，如图 4.20 俯视图所示。

（3）视图中的封闭线框可以表示：①单一平面或曲面的投影；②平面及其相切曲面的投影；③通孔的投影，如图 4.21（b）所示。

2. 读图要点

（1）弄清视图中图线与线框的含义。

① 视图中的每条图线：表示具有积聚性面（平面或柱面）的投影、表面与表面（两平面、两曲面、一平面和一曲面）交线的投影、曲面转向轮廓线在某方向上的投影，如图 4.22（a）中的线条 a'、b'、c'。

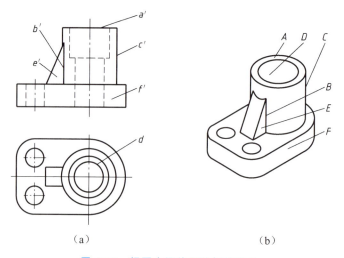

图 4.22 视图中图线和线框的含义

② 视图中的封闭线框：表示凹坑或通孔积聚的投影、一个面（平面或曲面）的投影、曲面及其相切的组合面（平面或曲面）的投影，如图 4.22（a）中的 d、e'、f'。

③ 视图中的相邻封闭线框：表示不共面、不相切的两不同位置的表面，如图 4.23（a）和图 4.23（b）所示；线框里有另一个线框，可以表示凸起或凹陷的表面，如图 4.23（c）所示。线框边上有开口线框和闭口线框，分别表示通槽和不通槽，如图 4.23（d）和图 4.23（e）所示。

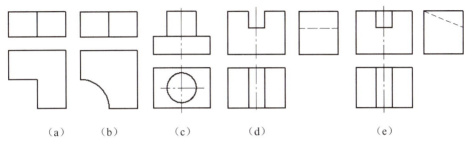

图 4.23　相邻封闭线框的含义

（2）把几个视图联系起来分析。

在一般情况下，不能由一个视图完全确定组合体的形状，如图 4.24（a）和图 4.24（b）所示的两组视图中，主视图相同，但两组三视图表达的组合体不相同。有时，也不能由两个视图完全确定组合体的形状，如图 4.24（c）和图 4.24（d）所示的两组三视图中，俯视图和左视图相同，但两组三视图表达的组合体不相同。由此可见，表达组合体必须要有反映形状特征的视图，看图时，要把几个视图联系起来分析，从而想象出组合体的形状。

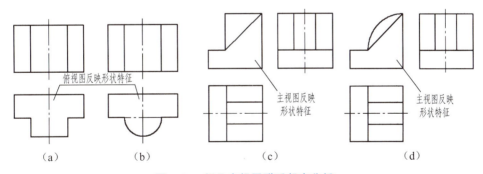

图 4.24　把几个视图联系起来分析

（3）从最能反映组合体形状特征和位置特征的视图看起。

图 4.25（a）和图 4.25（b）所示的两组三视图中，主视图和俯视图完全相同，只有与左视图结合才能反映形体。因为主视图反映主要形状特征，所以读图时应先读主视图；因为左视图最能反映位置特征，所以读图时应先读左视图。

主视图是反映组合体主要形状特征和位置特征的视图，但组合体各组成部分的形状特征和位置特征不一定全部集中在主视图上。图 4.26 所示的支架由三个基本形体叠加而成，主视图反映该组合体的形状特征，也反映形体 A 的形状特征；俯视图主要反映形体 C 的

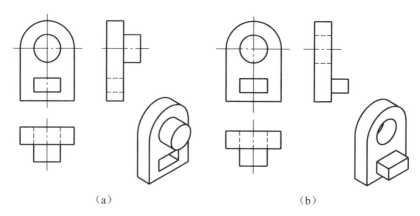

图 4.25 从反映形状特征和位置特征的视图读起

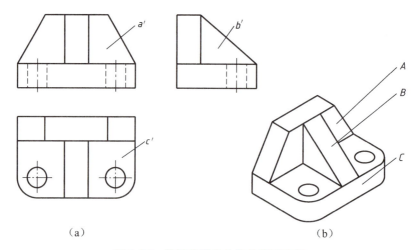

图 4.26 从反映形状特征的视图读起

形状特征；左视图主要反映形体 B 的形状特征。读图时，应当抓住有形状特征和位置特征的视图，如分析形体 A 时，应从主视图读起；分析形体 B 时，应从左视图读起；分析形体 C 时，应从俯视图读起。

读图时，要善于抓住反映组合体各组成部分形状特征与位置特征较多的视图并从它入手，较快地将其分解成若干基本形体，再根据投影关系找到各基本形体对应的其他视图，经分析、判断后，想象出组合体各基本形体的形状，从而达到读懂组合体视图的目的。

4.4.3 读组合体视图的步骤

读组合体视图一般采用形体分析法。根据三视图的投影规律，先从图中逐个分离出基本形体，再确定它们的组合形式和相互位置关系，综合想象出组合体的整体形状。但是，对于一些局部的复杂投影或较复杂的切割体，还要利用面形分析法分析。

一般按以下步骤读组合体视图。

1. 分析视图，划分线框

根据组合体的视图和尺寸，初步了解组合体的大概形状和大小，根据各视图的线框位置关系及"三等关系",采用形体分析法初步分析其组成部分、各部分之间的组合方式及形体是否对称等。

2. 对照视图,构思形体

通常从主视图入手,利用"三等关系",根据视图中的线框划分出每个组成部分的三个投影,想象出它们的形状,然后进一步分析各组成部分之间的相对位置关系。

3. 综合起来,想象整体

通过投影分析(形体分析和面形分析),在读懂各组成部分形状的基础上,根据其相对位置关系综合想象出组合体的整体形状。对于比较复杂的视图,一般需要反复地分析、综合、判断和想象,以读懂并想象出组合体的整体形状。

【例 4.2】图 4.27(a)所示为叠加组合体的三视图,想象出该组合体的形状。

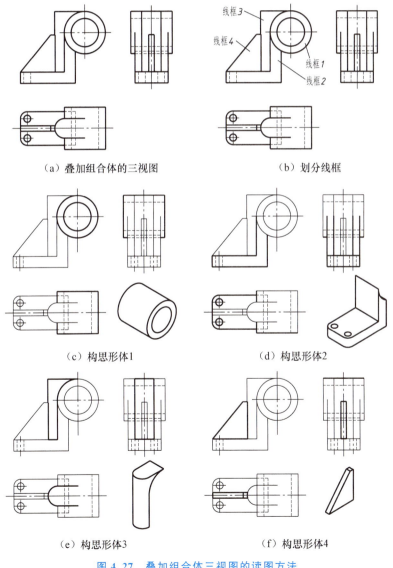

(a)叠加组合体的三视图　　　　(b)划分线框

(c)构思形体1　　　　(d)构思形体2

(e)构思形体3　　　　(f)构思形体4

图 4.27　叠加组合体三视图的读图方法

(1) 分析视图，划分线框。

根据图 4.27（a）所示三视图投影关系，利用分线框、对投影以及线框的位置特点与"三等关系"，将其分解为四个封闭的线框，每个线框都代表一个形体的投影，由图 4.27（b）分别标记为线框 1、线框 2、线框 3、线框 4。

(2) 对照视图，构思形体。

根据各组成部分的三视图确定大体形状，然后分析细节结构。由图 4.27（c）可以看出，形体 1 是一个圆柱筒；由图 4.27（d）可以看出，形体 2 是一个 L 板，底板挖了两个孔，侧板与形体 1 相切；由图 4.27（e）可以看出，形体 3 是七字形体，其竖直部分是半个圆柱；由图 4.27（f）可知，形体 4 是一个肋板。

(3) 综合起来，想象整体。

在读懂每个组成部分形状的基础上，根据已知三视图，利用投影关系判断它们的相对位置关系，逐步想象出整体形状。由三视图可以看出，形体 1 与形体 2 的侧板在上端相切，形体 3 位于形体 1 和形体 2 的左侧，与形体 1 相切，与形体 2 底板上表面及侧板左表面贴合，形体 4 位于形体 2 的上表面、形体 3 的左侧且与形体 3 相交。这样结合起来，就能想象出组合体的整体形状，如图 4.28 所示。

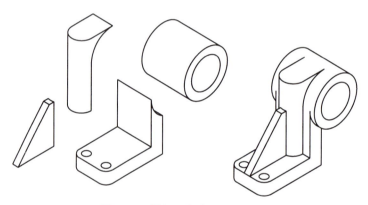

图 4.28 叠加组合体的整体形状

【例 4.3】图 4.29（a）所示为切割组合体的三视图，想象出它的空间结构。

由图 4.29（a）可知，它的三面投影都接近矩形，且是由长方体切割而成的。

由主视图联系其他视图可知，该组合体由长方体切去一个正垂面左侧角；由俯视图联系其他视图可知，它被两个铅垂面切去左侧前后对称的两个缺角；由左视图联系其他视图可知，它由水平面和前后两个正平面共同切出一个槽。

(1) 分析视图，划分线框。

从主视图开始，结合其他视图，根据投影规律逐步分析各线框 E、F、G、K 的三个投影，从而得到它所表示的面的形状和空间位置。

① 看形体左侧缺角。如图 4.29（b）所示，主视图上的斜线 e' 对应于俯视图上的多边形线框 e，对应于左视图上的类似多边形线框 e''，可断定 E 平面为正垂面。

② 看形体左方前后对称的两个缺角。如图 4.29（c）所示，前方缺角在俯视图上是一条斜直线 f，对应于主视图上的线框 f'，对应于左视图上的类似线框 f''，可断定 F 平面为铅垂面。

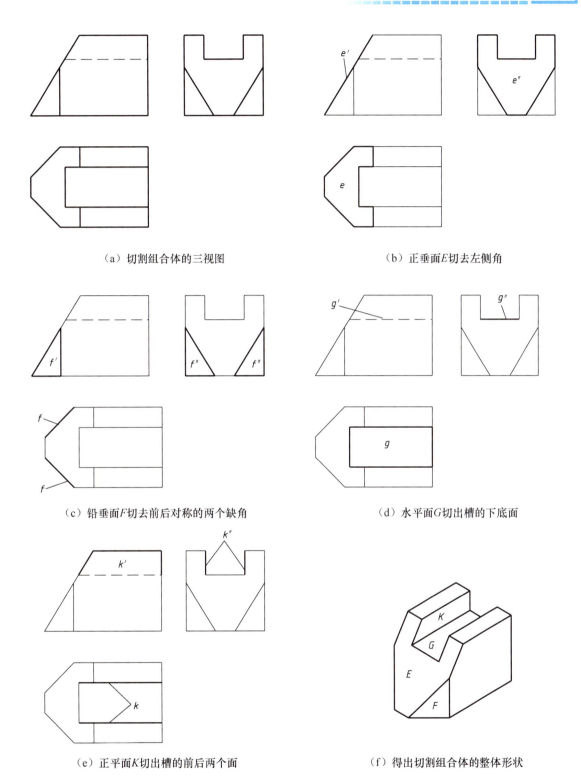

(a) 切割组合体的三视图　　　　　　　　(b) 正垂面E切去左侧角

(c) 铅垂面F切去前后对称的两个缺角　　(d) 水平面G切出槽的下底面

(e) 正平面K切出槽的前后两个面　　　　(f) 得出切割组合体的整体形状

图 4.29　切割组合体三视图的读图方法

③ 看形体上方的槽。如图 4.29（d）所示，由左视图上的直线g″向主视图找到同高

的对应虚线 g'，再根据其长度找到俯视图中对应的小矩形线框 g，可断定 G 平面为水平面。

④ 由主视图中的四边形线框 k' 及俯视图、左视图中与轴平行的两条直线 k 和 k'' 的对应关系，可断定 K 平面为正平面，如图 4.29（e）所示。

⑤ 依次划分线框、对投影，即可将形体上各面的形状和空间位置分析清楚。

（2）识平面，想象出整体形状。

E 平面为正垂面，前后两个 F 平面为铅垂面，G 平面为水平面，K 平面为正平面，从视图上可以找到上述对应关系，将面与形结合起来思考，可以想象出形体的整体形状，由这六个平面切割出图 4.29（f）所示形体。

【例 4.4】已知组合体的两视图，画出第三视图。

该示例是读图和画图的综合训练，一般方法如下：根据已知视图，采用形体分析法和必要的面形分析法分析、想象形体的整体形状，并按投影关系画出第三视图。

（1）分析视图，划分线框。

如图 4.30（a）所示，由主视图入手，结合俯视图，将组合体分为三个基本形体，如图 4.30（b）所示。

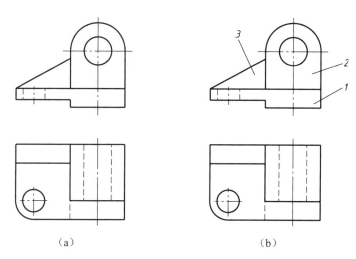

（a）　　　　　　　　　（b）

1～3—基本形体。

图 4.30　形体两视图及线框划分

（2）对照视图，构思形体。

先分析每个基本形体的大概形状和各基本形体之间的相对位置关系。图 4.31（a）所示粗实线线框 1 为类矩形，对应的俯视图线框也为类矩形，可知基本形体 1 是长方体，从俯视图的线框虚线可以看出矩形被切割一个小矩形，从而绘制出线框 1 所表达的实体左视图；图 4.31（b）所示主视图粗实线线框 2 是由矩形和半圆弧围成的平面图形，该线框对应的俯视图线框为矩形，可知基本形体 2 由两部分构成（下部分是矩形，上部分是圆柱）且前后共面，该形体还切出了一个通孔，从而可绘制出线框 2 所表达的实体左视图；图 4.31（c）所示粗实线线框 3 对应于俯视图中的小矩形，可以判断出它是一块肋板，肋板的后表面与底板的后表面共面，从而可绘制出线框 3 所表达的实体左视图。

(3) 综合起来，想象整体，并根据"三等关系"画出第三视图。

经过进一步判断可知，基本形体 2 在基本形体 1 的上方，而且基本形体 2 后表面与基本形体 1 后表面共面；基本形体 3 是肋板，其下表面与基本形体 1 贴合，支承基本形体 2。至此，形体的整体形状形成。图 4.31（d）所示为组合体的轴测图和三视图。

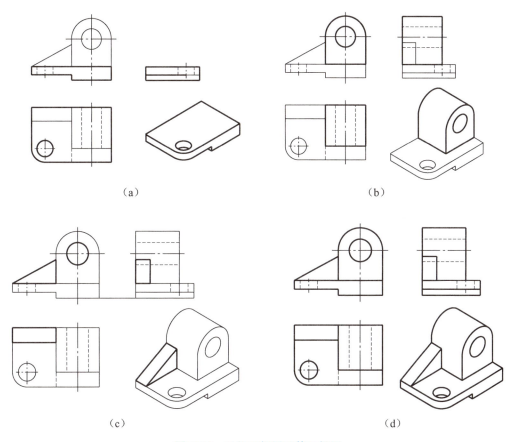

图 4.31　已知两视图画第三视图

素养提升

党的二十大报告指出"加强基础研究，突出原创，鼓励自由探索"。基础研究是整个科学体系的源头，是所有技术问题的总机关。本章内容对研究工程机械等复杂结构至关重要。在实践教学中，尝试以较复杂的机器零部件、工程机械等为载体，使学生了解基本体组合的实际运用，初学时学生或许感觉陌生，但通过持续识图训练及反复绘图实践，可以逐渐提高空间想象力和实践设计能力。在学习过程中，学生将先分离后整合思维应用到构型分析上，有助于理清思路。

第 5 章
轴测图

教学提示

轴测图是一种单面投影图，它是通过平行投影法形成的，能同时反映出物体正面、顶面和侧面的形状，立体感较强，阅读时无须专业知识，绘制也较容易，在机械、建筑等行业中应用较多。本章重点介绍轴测图的基本知识、正等轴测图、斜二等轴测图、轴测图的徒手绘制。

教学要求

通过学习本章内容，学生可以了解轴测图的投影原理及分类，熟练掌握正等轴测图的概念及画法，掌握斜二等轴测图的概念及画法，了解徒手绘制轴测图的方法。

5.1　轴测图的基本知识

多面正投影图能够完整、准确地表达物体的形状和大小，且作图方便、度量性好，广泛应用在工程上。但是，这种图样的每个视图都只反映物体的两个尺度，缺乏立体感，需要运用正投影原理对照多个视图阅读，以想象出物体的形状。因此，在工程上常把富有立体感的轴测图作为辅助图样（因其度量性较差），用来表达产品的结构及工作原理。

5.1.1　轴测图的形成

GB/T 13361—2012《技术制图 通用术语》中规定，将物体连同其参考直角坐标系，沿不平行于任一坐标面的方向，用平行投影法将其投射在单一投影面上所得到的图形称为轴测投影，又称轴测图。其中方向为 S，单一投影面为 P，如图 5.1 所示。它能够反映出物体多个面的形状，立体感较强。投影中被选定的单一投影面 P 称为轴测投影面；物体上

被选定的投影轴 O_0X_0、O_0Y_0、O_0Z_0 在单一投影面 P 上的投影 OX、OY、OZ 称为轴测投影轴，简称轴测轴。

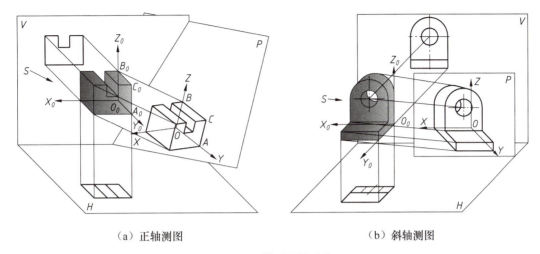

(a) 正轴测图　　　　　　　　　　　　(b) 斜轴测图

图 5.1　轴测图的形成

1. 轴间角和轴向伸缩系数

（1）轴间角。两轴测轴之间的夹角 $\angle XOY$、$\angle XOZ$、$\angle YOZ$ 称为轴间角。随着空间坐标轴、投影方向和轴测投影面的相对位置不同，轴间角会发生变化，但必须保证其中任一个不等于零。轴间角可以控制物体轴测投影的形状。

（2）轴向伸缩系数。轴向伸缩系数是指轴测轴上的单位长度与投影轴上的单位长度的比值，OX 轴、OY 轴、OZ 轴上的轴向伸缩系数分别用 p_1、q_1、r_1 表示，简化轴向伸缩系数分别用 p、q、r 表示。它可以控制物体轴测投影的大小。设在 OX_0、OY_0、OZ_0 三坐标轴上各取单位长度 u，投影到相应轴测轴 OX、OY、OZ 上的单位长度分别为 i、j、k，那么 $p=i/u$，$q=j/u$，$r=k/u$。

因为用数学方法推算出来的轴向伸缩系数为非整数，给绘图工作带来诸多不便，所以实际绘制轴测图时，往往采用简化轴向伸缩系数。

2. 轴测图的基本性质

由于轴测图是用平行投影法绘制的，因此具有平行投影的性质。

（1）物体上相互平行的线段，其轴测投影也相互平行。如图 5.1（a）所示，立体上 $O_0A_0 /\!/ B_0C_0$，其轴测投影 $OA /\!/ BC$。

（2）物体上相互平行的两线段或同一直线上两线段的长度之比，在轴测图上保持不变。

（3）物体上平行于轴测投影面的直线和平面在轴测图上反映实长和实形。

（4）与坐标轴平行的线段，其轴测投影必平行于轴测轴，而且其轴向伸缩系数等于相应轴测轴的轴向伸缩系数，可直接度量。

5.1.2　轴测图的种类

根据投影方向 S 与投影面 P 的相对关系，轴测图可分为正轴测图和斜轴测图。

1. 正轴测图

如图 5.1（a）所示，正轴测图由正投影法形成，投影方向 S 垂直于投影面 P。作图时，一般使物体的 X 轴、Y 轴、Z 轴都倾斜于投影面。

2. 斜轴测图

如图 5.1（b）所示，斜轴测图由斜投影法形成，投影方向 S 倾斜于投影面 P。作图时，一般使物体的 XOZ 平面平行于投影面 P。

由于确定空间物体位置的投影轴对轴测投影面的倾角不同，轴向伸缩系数也不同，因此上述两类轴测图又可分为下列三种。

（1）当 $p=q=r$ 时，称为正等轴测图或斜等轴测图，简称正等测或斜等测。

（2）当 $p=q\neq r$、$q=r\neq p$ 或 $p=r\neq q$ 时，称为正二等轴测图或斜二等轴测图，简称正二测或斜二测。

（3）当 $p\neq q\neq r$ 时，称为正三测轴测图或斜三测轴测图，简称正三测或斜三测。

在实际应用中，为了作图方便，通常根据物体的具体形状选择一种合适的轴测投影，其中正等轴测图和斜二轴测图应用较多。在机械工程中，通常采用正等轴测图；正二轴测图和斜二轴测图一般采用的轴向伸缩系数为 $p=r$，$q=p/2$；其余轴测投影作图很复杂，一般很少采用。本章重点介绍正等轴测图的画法，简要介绍斜二轴测图的画法。

5.2　正等轴测图

5.2.1　正等轴测图的形成及参数

当投影方向垂直于投影面，且在物体上选定的三个参考坐标系对应的坐标轴与投影面的倾角相等时，得到的轴测投影图称为正等轴测图，简称正等测。

因为正等轴测图的三个坐标轴与投影面的倾角相等，所以它的三个轴间角相等，均为 $120°$，即 $\angle XOY=\angle XOZ=\angle YOZ=120°$。

画正等轴测图时，一般将 OZ 轴画成铅垂方向，此时 OX 轴和 OY 轴与水平方向成 $30°$，可以利用 $30°$ 三角板作出 OX 轴和 OY 轴，轴测轴方向如图 5.2 所示。

正等轴测图三根轴的轴向伸缩系数也相等，经过数学推证，$p=q=r=0.82$，说明平行于坐标轴线段的正等测投影均为原长的 82%。

为了作图简便、避免计算的麻烦，常采用简化轴向伸缩系数，即 $p=q=r=1$，轴向伸缩系数如图 5.2 所示。

采用简化轴向伸缩系数作图时，沿各轴向的所有尺寸都用实长度量。采用不同轴向伸缩系数画边长为 d 的正方体的轴测图并进行对比可知，形状不变，但图形按一定比例放大，当取 $p=q=r=1$ 时，各轴向长度尺寸都分别放大了 $1/0.82\approx1.22$ 倍，两者对比如图 5.3 所示。

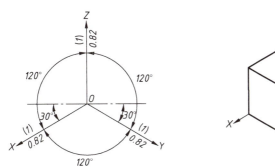

图 5.2　正等轴测图的轴间角与简化轴向伸缩系数　　图 5.3　不同轴向伸缩系数所画轴测图的比较

5.2.2　平面立体及基本回转体的正等轴测图

1. 平面立体的正等轴测图

画平面立体正等轴测图的基本方法是坐标法。坐标法是在平面视图上选好直角坐标系，在轴测投影面上画出对应的轴测轴，再根据立体表面上各个顶点的坐标，在轴测投影面上画出各点的轴测投影，依次连接各点形成平面立体的方法。将可见的棱线画成粗实线，不可见的棱线一般省略不画。

【例 5.1】画正六棱柱的正等轴测图，作图步骤如图 5.4 所示。

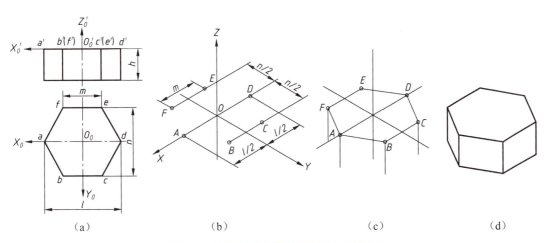

图 5.4　正六棱柱正等轴测图的作图步骤

分析

本题作图关键是选好坐标轴和坐标原点。将坐标原点放在正六棱柱顶面中心处，先确定顶面各顶点的坐标，这样有利于沿 Z 轴方向从上向下量取可见棱柱高度 h，可避免画不可见棱线的投影，使作图简化。

作图

（1）如图 5.4（a）所示，进行形体分析，确定坐标原点及坐标轴。将直角坐标系原点 O_0 放在顶面中心位置，并确定坐标轴 O_0X_0、O_0Y_0、O_0Z_0。

（2）如图 5.4（b）所示，作出轴测轴 OX、OY、OZ，并采用坐标量取的方法，在 OX 轴上量取 $OA=OD=O_0a=O_0d=l/2$；在 OY 轴两侧分别量取 $n/2$，过 $n/2$ 点分别作 $BC//EF//OX$，并使 $BC=EF=m$，可得正六棱柱顶面六个顶点的轴测投影。

（3）如图 5.4（c）所示，连接六个顶点并过顶点 A、B、C、F 沿 OZ 轴向下作 OZ 平行线并截取 h 高度，得到底面上的对应点。

（4）如图 5.4（d）所示，擦去作图辅助线，用描深可见轮廓线，即得到正六棱柱的正等轴测图。

【例 5.2】画正三棱锥的正等轴测图，作图步骤如图 5.5 所示。

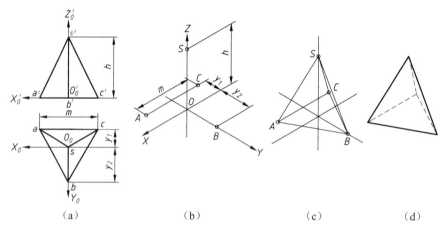

(a)　　　　　　　(b)　　　　　　　(c)　　　　　　　(d)

图 5.5　正三棱锥正等轴测图的作图步骤

分析

作图时，先利用坐标法画出棱锥底面的正等轴测图，根据棱锥高度定出锥顶，再过锥顶与底面各顶点连线。

作图

（1）如图 5.5（a）所示，进行形体分析，确定坐标原点及坐标轴。将直角坐标系原点 O_0 放在底面中心位置，并确定坐标轴 O_0X_0、O_0Y_0、O_0Z_0。

（2）如图 5.5（b）所示，作出轴测轴 OX、OY、OZ，并采用坐标量取的方法，在 OY 轴两侧分别量取 y_1、y_2，作 $AC//OX$，并使 $AC=m$，可得正三棱锥底面三个顶点的轴测投影；在 OZ 轴上量取 h 高度，确定锥顶 S 的轴测投影。

（3）如图 5.5（c）所示，连接三个顶点 A、B、C，并连接 SA、SB、SC。

（4）如图 5.5（d）所示，擦去作图辅助线，描深可见轮廓线，用细虚线绘制不可见线，即得到正三棱锥的正等轴测图。

2. 坐标面或其平行面上圆的正等轴测图

在正等轴测图中，三个坐标面或平行于坐标面的平面上的圆（直径相等，均为 d），其轴测投影都是椭圆，如图 5.6 所示。

（1）三个椭圆的形状和尺寸一致，但方向各不相同，如图 5.6（a）中的椭圆 1（水平圆）、椭圆 2（正平圆）、椭圆 3（侧平圆）。

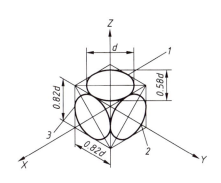
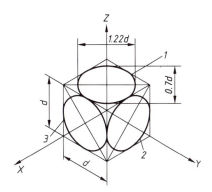

（a）采用理论轴向伸缩系数时的椭圆　　　　（b）采用简化轴向伸缩系数时的椭圆

图 5.6　平行于坐标面的圆的正等轴测图

（2）各椭圆的短轴与相应菱形（圆的外切正方形的轴测投影）的短对角线重合，其方向与相应的轴测轴一致，该轴测轴就是垂直于圆所在平面的坐标轴的投影；各椭圆的长轴与相应菱形（圆的外切正方形的轴测投影）的长对角线重合，其方向与相应的轴测轴垂直，该轴测轴就是垂直于圆所在平面的坐标轴的投影。即椭圆 1 的短轴与 Z 轴一致，长轴垂直于 Z 轴；椭圆 2 的短轴与 Y 轴一致，长轴垂直于 Y 轴；椭圆 3 的短轴与 X 轴一致，长轴垂直于 X 轴。

（3）若采用理论轴向伸缩系数，则椭圆长轴为圆的直径 d，短轴为 $0.58d$，如图 5.6（a）所示；若采用简化轴向伸缩系数，则椭圆长、短轴长度均为原来的 1.22 倍，即长轴为 $1.22d$，短轴约为 $0.7d$，如图 5.6（b）所示。

3．圆的正等轴测图（椭圆）

常用的椭圆简化画法是菱形四心法，即用四段圆弧代替椭圆，这四段圆弧根据椭圆的外切菱形确定四个圆心求得。首先介绍水平圆正等轴测图的近似画法，如图 5.7 所示。

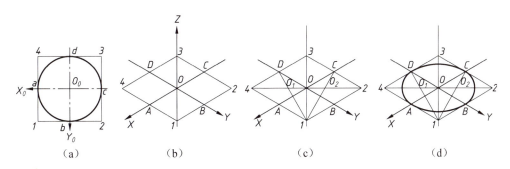

图 5.7　水平圆正等轴测图的近似画法（菱形四心法）

作图

（1）如图 5.7（a）所示，过圆心 O_0 作坐标轴 O_0X_0、O_0Y_0，再作圆的外切正方形，切点为 a、b、c、d，正方形的四个顶点为 1、2、3、4。

（2）如图 5.7（b）所示，作轴测轴 OX、OY，从点 O 沿轴向量取切点 A、B、C、D，过这四个点作轴测轴的平行线，得到菱形 1234。

(3) 如图 5.7（c）所示，连接菱形的对角线 24，连接 1D、1C 并与菱形的对角线 24 相交于点 O_1、O_2，1、3、O_1、O_2 四个点就是四段圆弧的圆心。

(4) 如图 5.7（d）所示，分别以 O_1、O_2 为圆心，以 O_1A（O_1D）、O_2C（O_2B）为半径画圆弧 AD、BC；再分别以 1、3 为圆心，以 1C（1D）、3A（3B）为半径画圆弧 AB、CD，即得近似椭圆。

正平圆正等轴测图的近似画法（菱形四心法）如图 5.8 所示。

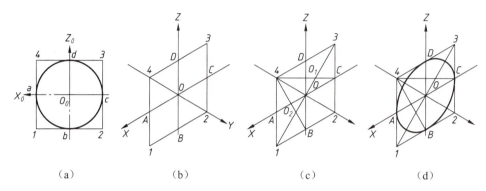

图 5.8 正平圆正等轴测图的近似画法（菱形四心法）

侧平圆正等轴测图的近似画法（菱形四心法）如图 5.9 所示。

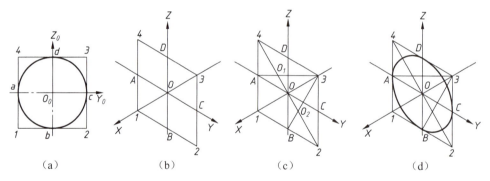

图 5.9 侧平圆正等轴测图的近似画法（菱形四心法）

4. 基本回转体的正等轴测图

(1) 圆柱的正等轴测图。

【例 5.3】画圆柱的正等轴测图，作图步骤如图 5.10 所示。

分析

从平面视图可知，此圆柱的轴线为铅垂线，垂直于 H 面；上、下底面为两个与 H 面平行且大小相等的圆，即水平圆，在轴测图中均为椭圆。为了避免绘制不可见部分，绘制正等轴测图时，取上底面圆的圆心为坐标原点。

作图

(1) 如图 5.10（a）所示，以上底面圆的圆心为坐标原点 O_0，确定坐标轴 O_0X_0、O_0Y_0、O_0Z_0。

(2) 如图 5.10 (b) 所示，作出轴测轴 OX、OY、OZ，采用菱形四心法画出上底面圆的轴测投影，然后将上底面四段圆弧的圆心沿 Z 轴向下平移 h，画出底圆，可直接省略不可见部分。

(3) 如图 5.10 (c) 所示，作出两椭圆的公切线。

(4) 如图 5.10 (d) 所示，擦去作图辅助线并描深，完成圆柱的正等轴测图。

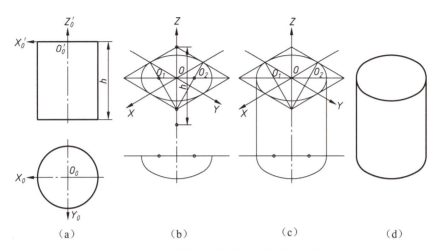

图 5.10 圆柱的正等轴测图的作图步骤

(2) 其他基本回转体的正等轴测图。

【例 5.4】画圆锥的正等轴测图，作图步骤如图 5.11 所示。

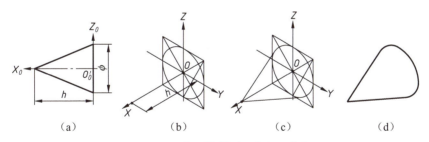

图 5.11 圆锥正等轴测图的作图步骤

分析

从平面视图可知，此圆锥的轴线为侧垂线，垂直于 W 面；锥底面的圆与 W 面平行，即侧平圆，在轴测图中为椭圆。绘制正等轴测图时，取锥底面圆的圆心为坐标原点。

作图

(1) 如图 5.11 (a) 所示，以锥底面圆的圆心为坐标原点 O_0，确定坐标轴 O_0X_0、O_0Y_0、O_0Z_0。

(2) 如图 5.11 (b) 所示，作出轴测轴 OX、OY、OZ，采用菱形四心法画出锥底面圆的轴测投影，然后根据圆锥高度 h，沿 X 轴求出锥顶。

(3) 如图 5.11 (c) 所示，过锥顶作椭圆的两条切线。

(4) 如图 5.11 (d) 所示，擦去作图辅助线并描深，完成圆锥的正等轴测图。

【例 5.5】画圆台的正等轴测图，作图步骤如图 5.12 所示。

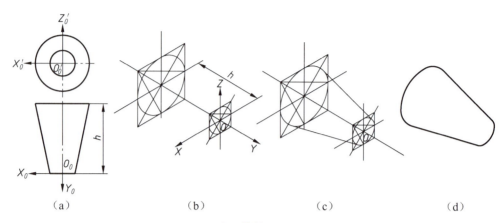

图 5.12　圆台正等轴测图的作图步骤

分析

从平面视图可知，此圆台的轴线为正垂线，垂直于 V 面，锥台的前、后圆与 V 面平行，即正平圆，在轴测图中为椭圆。绘制正等轴测图时，取前圆的圆心为坐标原点。

作图

（1）如图 5.12（a）所示，以前圆的圆心为坐标原点 O_0，确定坐标轴 O_0X_0、O_0Y_0、O_0Z_0。

（2）如图 5.12（b）所示，作出轴测轴 OX、OY、OZ，采用菱形四心法画出前、后圆的轴测投影。

（3）如图 5.12（c）所示，作两个椭圆的公切线。

（4）如图 5.12（d）所示，擦去作图辅助线并描深，完成圆台的正等轴测图。

【例 5.6】根据图 5.13（a）画圆球的正等轴测图。

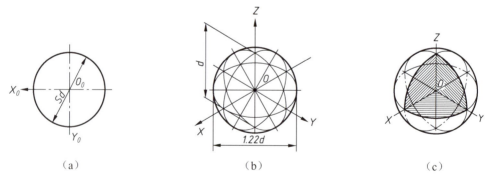

图 5.13　圆球正等轴测图的作图步骤

圆球的正等轴测图是一个圆。当采用简化轴向伸缩系数时，圆的直径为圆球直径的 1.22 倍；当采用轴向伸缩系数时，圆的直径仍是圆球直径。为增强图形的立体感，常画出过球心的平行于三个投影面的圆的轴测投影，即三个不同方向的椭圆，如图 5.13（b）所示；还可用切去球的 1/8 的方法表达，如图 5.13（c）所示。

(3) 圆角的正等轴测图。

【例 5.7】画圆角的正等轴测图，作图步骤如图 5.14 所示。

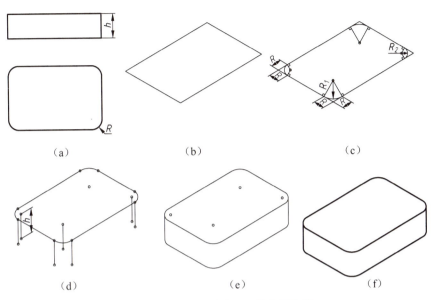

图 5.14　圆角正等轴测图的作图步骤

分析

机件底板的四个角常为 1/4 圆柱面形状，如图 5.14（a）所示。由于 1/4 圆弧相当于整圆的 1/4，因此可以采用近似画法画出正等轴测投影。

作图

（1）如图 5.14（b）所示，画出底板上面的正等轴测图。

（2）如图 5.14（c）所示，沿四个顶点分别量取 R，确定圆弧与四条边的切点；过切点作四条边的垂线，两垂线的交点即圆心，圆心到切点的距离即连接圆弧的半径 R_1、R_2；分别画出四段连接圆弧。

（3）如图 5.14（d）所示，采用移心法将圆心和切点沿 OZ 轴向下移动 h。

（4）如图 5.14（e）所示，画出下底面长方形和相应圆弧的正等轴测图，作出左、右两段圆弧的公切线。

（5）如图 5.14（f）所示，擦去作图辅助线并描深，完成圆角的正等轴测图。

5.2.3　组合体的正等轴测图

画组合体的正等轴测图时应进行形体分析，首先弄清形体的组成情况，如组成的基本形体、组合形式、相互位置关系、结构形状的特点（对称性、相同重复的结构）等；然后考虑表达的清晰性，进而确定画图的方法和顺序，一般采用叠加法和切割法。

1. 叠加法

对属于叠加型且基本形体形状清晰的组合体，先逐一画出各基本形体的轴测投影，再分析相交、相切及共面等情况，综合得到整体轴测图。

【例 5.8】已知平面立体三视图，画出它的正等轴测图，作图步骤如图 5.15 所示。

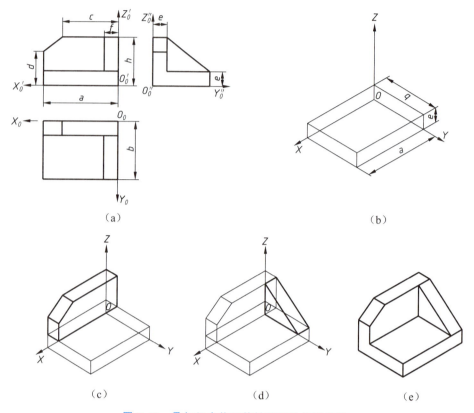

图 5.15 叠加组合体正等轴测图的作图步骤

分析

从三视图可知，该组合体可看作由底板、竖板、支承板三部分叠加而成。对于完全叠加而成的组合体，可以采用叠加法作出正等轴测图。叠加法仍以坐标法为基础，根据各基本形体的坐标分别作出轴测图，再按相对位置叠加。

作图

(1) 如图 5.15 (a) 所示，在三视图上确定坐标轴 O_0X_0、O_0Y_0、O_0Z_0，将组合体分解为三个基本形体。

(2) 如图 5.15 (b) 所示，作出轴测轴 OX、OY、OZ，按坐标法作出底板的正等轴测图。

(3) 如图 5.15 (c) 所示，根据相应坐标作出竖板，再根据各轴向坐标将竖板左上角的三棱柱切掉。

(4) 如图 5.15 (d) 所示，根据坐标作出支承板。

(5) 如图 5.15 (e) 所示，擦去作图辅助线并描深，得到叠加组合体的正等轴测图。

2. 切割法

对于有切槽或切口的组合体，可先画出基本形体的轴测图，再依据切槽或切口的位置逐步切割。

【例 5.9】 已知平面立体三视图，画出它的正等轴测图，作图步骤如图 5.16 所示。

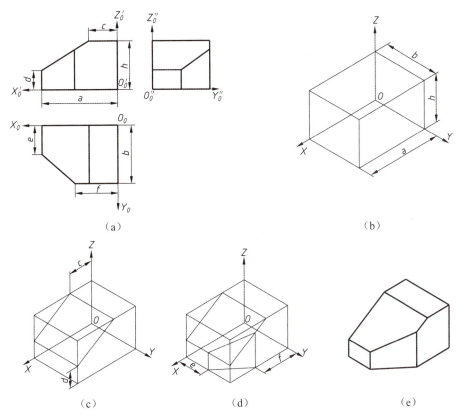

图 5.16 切割组合体正等轴测图的作图步骤

分析

从三视图可知，平面立体可看作由长方体分别切去左上角、左前方而成，属于完全由切割形成的切割组合体，可采用切割法绘制正等轴测图。即先采用坐标法画出完整长方体的轴测图，再采用切割法逐步画出各切割部分。

作图

(1) 如图 5.16（a）所示，由三视图确定坐标轴 O_0X_0、O_0Y_0、O_0Z_0。

(2) 如图 5.16（b）所示，作出轴测轴 OX、OY、OZ，按坐标法作出完整长方体的正等轴测图。

(3) 如图 5.16（c）所示，切去左上角的三棱柱。根据投影图上的尺寸 c、d，沿相应轴测轴方向量取尺寸，利用平行线的投影特性作出左上角的三棱柱。

(4) 如图 5.16（d）所示，同理，切去左前方的一角。

(5) 如图 5.16（e）所示，擦去作图辅助线并加深，即完成切割组合体的正等轴测图。

【例 5.10】 画出带切口圆柱的正等轴测图，作图步骤如图 5.17 所示。

分析

圆柱的轴线垂直于 H 面，其上、下底面为直径相等的水平圆，按照平行于 $X_0O_0Y_0$ 坐标面的圆的正等轴测图的画法即可画出，侧平面与水平面截切直接按位置画出。

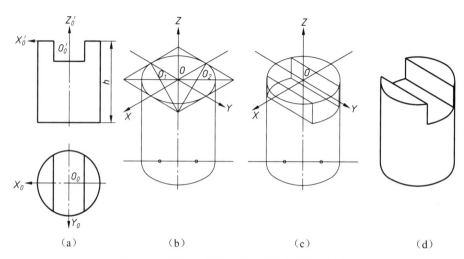

图 5.17 带切口圆柱正等轴测图的作图步骤

作图

(1) 如图 5.17（a）所示，在三视图上确定坐标轴 O_0X_0、O_0Y_0、O_0Z_0。

(2) 如图 5.17（b）所示，作出轴测轴 OX、OY、OZ，作出圆柱的正等轴测图。

(3) 如图 5.17（c）所示，根据截平面的位置画出侧平面与水平面的轴测投影。

(4) 如图 5.17（d）所示，擦去作图辅助线并描深，得到带切口圆柱的正等轴测图。

3. 综合法

【例 5.11】已知组合体三视图，画出它的正等轴测图，作图步骤如图 5.18 所示。

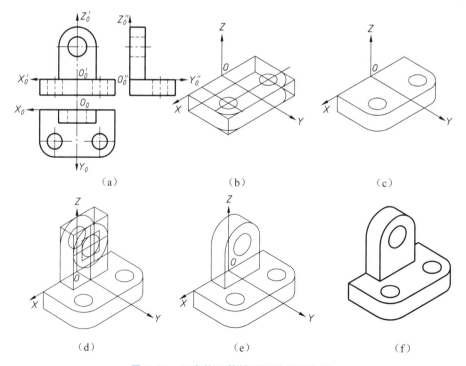

图 5.18 组合体正等轴测图的作图步骤

分析

此组合体可看作由长方形底板（两个圆角和两个孔）和立板（半圆柱和一个孔）组成。对于既有切割又有叠加的组合体，可综合采用上述方法，即采用综合法。

作图

(1) 如图 5.18 (a) 所示，根据三视图确定坐标轴 O_0X_0、O_0Y_0、O_0Z_0。

(2) 如图 5.18 (b) 所示，作出轴测轴 OX、OY、OZ，沿轴向分别量取底板在三个轴向的尺寸，作出底板，并在底板前侧的左、右尖端处作圆角，且作出两个孔的轴测投影。

(3) 如图 5.18 (c) 所示，对底板右侧尖端圆角部位作公切线，并擦去作图辅助线。

(4) 如图 5.18 (d) 所示，沿轴向分别量取立板在三个轴向的尺寸，作出立板，然后在立板前面上作出半圆柱轮廓和孔，并将其沿 OY 轴向后移出一个立板的厚度。

(5) 如图 5.18 (e) 所示，对立板半圆柱右侧部位作公切线，并擦去作图辅助线。

(6) 如图 5.18 (f) 所示，去除轴测轴并描深，即得组合体的正等轴测图。

【**例 5.12**】已知组合体三视图，画出它的正等轴测图，作图步骤如图 5.19 所示。

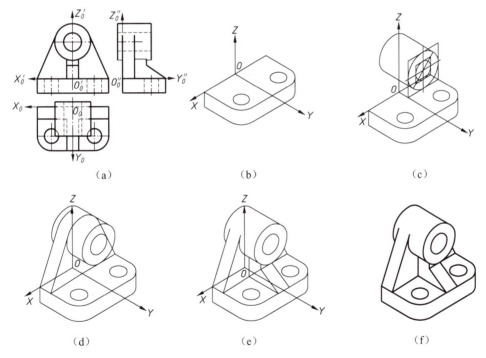

图 5.19 支承座正等轴测图的作图步骤

分析

从三视图可知，支承座由底板、支承板、套筒及肋板四部分组成。其中，在底板上还存在圆角、圆孔等结构。

作图

(1) 如图 5.19 (a) 所示，在视图上确定坐标轴 O_0X_0、O_0Y_0、O_0Z_0，因为支承座具有左右对称结构，所以坐标原点选在对称轴上。

(2) 如图 5.19 (b) 所示，作出轴测轴 OX、OY、OZ，沿三个轴向方向量取底板三个方向的尺寸,作出底板的轴测图,并分别在底板左前侧、右前侧作出圆角和孔的轴测图。

(3) 如图 5.19 (c) 所示,沿 OZ 轴确定套筒的轴线,作出套筒的轴测图。

(4) 如图 5.19 (d) 所示,沿 OY 轴确定支承板厚度,作出支承板的轴测图。

(5) 如图 5.19 (e) 所示,沿 OX 轴确定肋板厚度,作出肋板的轴测图。

(6) 如图 5.19 (f) 所示,擦去作图辅助线并描深,即得支承座的正等轴测图。

4. 截交线和相贯线

组合体表面的交线分为截交线和相贯线。画组合体轴测图上的交线可以采用如下两种方法。

(1) 坐标法。根据三视图中截交线和相贯线上点的坐标,画出各点的轴测图,然后光滑连接。

(2) 辅助面法。与在三视图中借助辅助面求截交线和相贯线的方法一样。

【例 5.13】画出圆柱截交线的正等轴测图,作图步骤如图 5.20 所示。

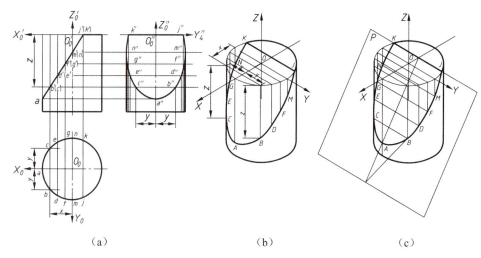

图 5.20 圆柱截交线正等轴测图的作图步骤

作图

(1) 采用坐标法。

① 如图 5.20 (a) 所示,在视图上确定坐标轴 O_0X_0、O_0Y_0、O_0Z_0,然后在截交线上定出各点的投影位置。

② 如图 5.20 (b) 所示,采用坐标法作出圆柱截交线,先画出轴测轴 OX、OY、OZ,以截交线上点 B 和点 C 为例,沿轴测轴量取坐标 (x, y, z),找到轴测图上对应的点 B 和点 C。同理得到其他各点。再把截交线上的点顺次光滑连接,即得圆柱截交线的正等轴测图。

(2) 采用辅助面法。如图 5.20 (c) 所示,选取平行于圆柱轴线的一系列辅助面截切圆柱,其与截平面 P 相交,得到截交线上的 A、B、C、D、E、F、G、M、N、J、K 各点,然后把截交线上的点顺次光滑连接,即得圆柱截交线的正等轴测图。

【例 5.14】 画出圆柱相贯线的正等轴测图，作图步骤如图 5.21 所示。

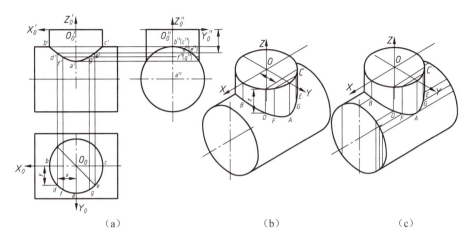

图 5.21 圆柱相贯线正等轴测图的作图步骤

作图

(1) 采用坐标法。

① 如图 5.21（a）所示，在视图上确定坐标轴 O_0X_0、O_0Y_0、O_0Z_0，然后在相贯线上定出各点的投影位置。

② 如图 5.21（b）所示，采用坐标法作出圆柱相贯线，先画出轴测轴 OX、OY、OZ，以相贯线上点 D 为例，沿轴测轴量取坐标 (y,z)，找到轴测图上对应的点 D。同理得到其他各点。再把相贯线上的点顺次光滑连接，即得圆柱相贯线的正等轴测图。

(2) 采用辅助面法。如图 5.21（c）所示，选取平行于圆柱轴线的一系列辅助面截切两个圆柱，得到可见交点 A、B、D、E、F、G，然后把这些点顺次光滑连接，即得圆柱相贯线的正等轴测图。

5.3 斜二等轴测图

5.3.1 斜二等轴测图的形成及参数

如图 5.1（b）所示，将物体的 $X_0O_0Z_0$ 坐标平面平行于投影面 P，采用斜投影法使投影方向与三个坐标轴都倾斜，得到的轴测图称为斜轴测图。轴测轴 OX 和 OZ 分别为水平方向和铅垂方向，轴向伸缩系数 $p=r=1$；而轴测轴 OY 的轴向伸缩系数为 q，可随投影方向的变化而变化，当 $q\neq1$ 时，得到斜二等轴测图。

常用的斜二等轴测图为正面斜二等轴测图，简称斜二测图。其轴向伸缩系数 $p=r=1$，$q=0.5$，轴间角 $\angle XOZ=90°$，$\angle XOY=\angle YOZ=135°$。作图时，$OZ$ 轴铅垂放置，OX 轴水平放置，OY 轴与水平方向成 $45°$，如图 5.22 所示。

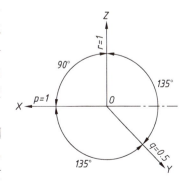

图 5.22 斜二等轴测图的参数

5.3.2 平面立体及基本回转体的斜二等轴测图

1. 平面立体的斜二等轴测图

作平面立体的斜二等轴测图时，只要采用相应的轴间角和轴向伸缩系数，其作图步骤就与正等轴测图完全相同。

2. 圆的斜二等轴测图

(1) 平行于坐标面的圆的斜二等轴测图。

图 5.23 所示的平行于坐标面的圆的斜二等轴测图具有如下特点。

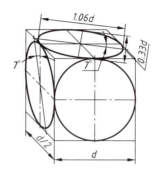

图 5.23　平行于坐标面的圆的斜二等轴测图

① 平行于坐标面 $X_0O_0Z_0$ 的圆的斜二等轴测图反应实形，仍为直径相等的圆。

② 平行于坐标面 $X_0O_0Y_0$、$Y_0O_0Z_0$ 的圆的斜二等轴测图是椭圆，两个椭圆的形状相同，但长、短轴的方向不同。它们的长轴都与圆所在坐标面内某坐标轴呈 7°。长轴为 $1.06d$，短轴为 $0.33d$。

(2) 平行于 XOY 面的圆的斜二等轴测图的近似画法（图 5.24）。

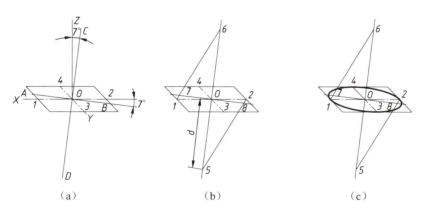

图 5.24　平行于 **XOY** 面的圆的斜二等轴测图的近似画法

① 如图 5.24（a）所示，在轴测投影面上画出圆的外切正方形的斜二等轴测投影，与 OX、OY 轴相交得点 1、2、3、4；作长轴 AB 与轴 OX 轴成 7°，作短轴 CD 垂直于 AB。

② 如图 5.24（b）所示，在 CD 的延长线上取 $O5=O6=d$；连接 52、61 并与长轴交

于7、8点。

③ 如图5.24（c）所示，以点5、6为圆心，以52、61为半径画大圆弧；以点7、8为圆心，以71、82为半径画小圆弧；擦除多余作图辅助线。

5.3.3 组合体的斜二等轴测图

在斜二等轴测图中，由于平行于 XOZ 坐标面的线段和图形都反映实长及实形，因此当物体的正面形状较复杂，具有较多圆或圆弧时，采用斜二等轴测图比较方便。

【例5.15】画出压盖的斜二等轴测图，作图步骤如图5.25所示。

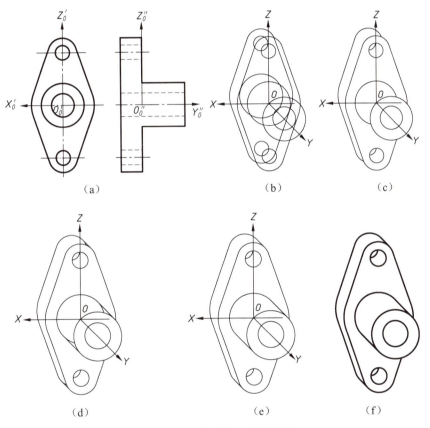

图5.25 压盖的斜二等轴测图

分析

从三视图可知，压盖单向形状复杂，在平行于 V 面方向上有许多圆，故采用斜二等轴测图。

作图

（1）如图5.25（a）所示，在视图上确定坐标轴 O_0X_0、O_0Y_0、O_0Z_0，为了使圆的轴测投影仍是圆，必须使主视图的端面平行于 $X_0O_0Z_0$ 面。

（2）如图5.25（b）所示，作出轴测轴 OX、OY、OZ，将主视图轮廓复制到轴测轴位置，并沿 OY 轴从后向前分别量取 $y/2$，画出最后面及最前面的轮廓。

（3）如图5.25（c）所示，擦去看不见的图线。

(4) 如图 5.25（d）所示，作各圆切线及圆柱转向线。
(5) 如图 5.25（e）所示，擦去多余作图辅助线。
(6) 如图 5.25（f）所示，擦去轴测轴并描深，即得压盖的斜二等轴测图。

5.4　轴测图的徒手绘制

在学习制图课程的过程中，尤其读图时可以借助轴测草图想象空间物体、建立模型；在设计过程中，可以先借助轴测草图初步表达机器、部件及结构的概貌，再进行设计计算、画正投影图；在产品开发、技术交流和产品宣传等过程中，常用到轴测草图。因此，轴测草图是帮助空间想象、表达设计构思的有效工具。

徒手绘制轴测草图的原理和过程与尺规绘制轴测图相同。常用方箱法画平面立体，即在长方体的基础上进行切割和叠加；对于回转体，采用菱形四心法作椭圆并借助移心法。为使徒手绘制的轴测草图比较准确，对于初学者，应该在预先印有确定相应轴测图方位和大小的格子纸上进行画图训练，并在立体的三视图上画大小对应的方格。

绘制轴测草图的一般步骤如下。

(1) 分析物体的组成、形状及大小。
(2) 以更全面、更清楚地表达物体的形象为原则，根据物体的形状和结构特点选择轴测图的种类，确定物体的轴测投影方向。
(3) 确定作图的大致比例关系，确定图纸。
(4) 作出物体的轴测图。

【例 5.16】徒手绘制图 5.26（a）所示立体的轴测草图。

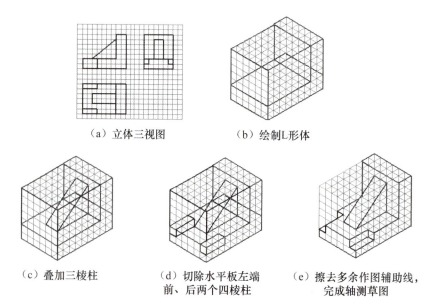

（a）立体三视图　　（b）绘制L形体

（c）叠加三棱柱　　（d）切除水平板左端前、后两个四棱柱　　（e）擦去多余作图辅助线，完成轴测草图

图 5.26　立体轴测草图的绘制步骤

由立体三视图可知，该立体可看作一个长方体通过切割和叠加某些部分形成的。绘图时，首先采用方箱法画出长方体；然后在左上部切割掉一个长方块而形成 L 形体，如图 5.26（b）所示；接着在水平板上叠加一个三棱柱，如图 5.26（c）所示；最后在 L 形体水平板左端前后对称地切掉两个四棱柱，如图 5.26（d）所示；擦去多余作图辅助线，完成轴测草图，如图 5.26（e）所示。

当借助格子纸训练到一定程度，能够较好地把握轴测草图的方位和大小时，可以不用格子纸进行轴测草图训练，此时应注意以下三点。

（1）相同方向的图线要保持平行。
（2）不同方向的圆的轴测投影，长、短轴方向不同，椭圆方位不同。
（3）把握好各部分的大致比例关系。

素养提升

《营造法式》是由宋代李诫编修的一部建筑设计、施工的规范书，反映了 11—12 世纪我国工程图学的科学成就。党的二十大报告中提出，推进文化自信自强，铸就社会主义文化新辉煌。我们应该了解中华民族的历史文化，提升民族自信和文化自信，树立爱国主义情怀和科技报国信念。

建议学生课后搜索观看《大国工匠》节目，选看第四集。

第5章习题集部分讲解

第 6 章
机件图样的表达方法

教学提示

在生产实际中，由于使用场合和要求的不同，因此物体的结构形状大不相同，为能清楚、完整、合理地表达机件的结构形状，《技术制图》和《机械制图》相关国家标准中规定了多种表达方法。

教学要求

通过本章的学习，要求学生熟练掌握各种视图、剖视图、断面图的画法及标注，掌握常用的规定画法和简化画法，并能在绘制机械图样中灵活应用。

6.1 视 图

根据 GB/T 13361—2012《技术制图 通用术语》，用正投影法绘制出物体的图形称为视图。画视图时，应用粗实线画出物体可见部分，必要时用细虚线表达不可见部分。常用的视图有基本视图、向视图、局部视图和斜视图。

6.1.1 基本视图

将物体向基本投影面投射所得视图称为基本视图。

为清楚地表达各方向形状都不相同的机件，国家标准规定了六个基本视图。将机件放在正六面体内，向上、下、左、右、前、后六个方向分别投影，再顺着投影方向展开即得到六个基本视图，如图 6.1（a）所示。

由前向后投影得主视图，由上向下投影得俯视图，由左向右投影得左视图，由右向左投影得右视图，由下向上投影得仰视图，由后向前投影得后视图。

六个投影面的展开方式如图 6.1（b）所示：保持正面不动，其他投影面按图示箭头方向

机件图样的表达方法 第6章

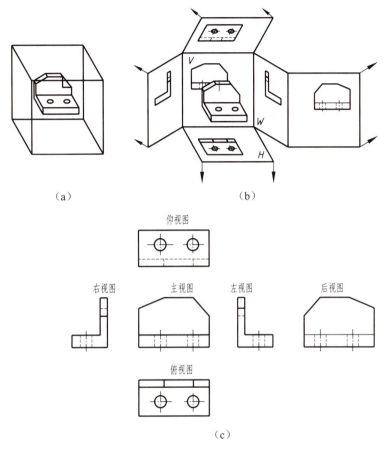

图 6.1 六个基本视图

旋转到与正面共处于同一平面的位置。展开后，六个基本视图的配置关系如图 6.1（c）所示，此时一律不标注视图名称。六个基本视图符合"长对正、高平齐、宽相等"的投影规律。除后视图外，其他视图靠近主视图的一边代表物体的后面，而远离主视图的一边代表物体的前面。绘制机械图样时，一般不需要画出全部基本视图，而是依据机件的结构特点和复杂程度，选择适当的基本视图，优先选用主视图、左视图、俯视图。

6.1.2 向视图

向视图是可自由配置的基本视图。在实际绘图过程中，有时难以按图 6.1（c）所示配置六个基本视图，可以采用向视图的形式配置。如图 6.2 所示，在向视图上方标注视图名称"×"（大写拉丁字母，即除去主视图的其他视图代号），并在相应的视图附近用箭头指明投射方向，并标注相同的字母。

6.1.3 局部视图

将机件的某部分向基本投影面投影所得视图称为局部视图。

当机件的某部分尚未表达清楚，且不需要画出完整基本视图时，可采用局部视图。如图 6.3（a）所示机件，用主视图和俯视图两个基本视图表达物体的主要结构形状，分别用

127

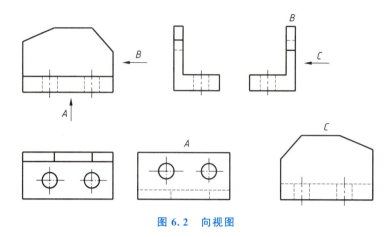

图 6.2 向视图

局部视图 A 和局部视图 B 代替左视图和右视图来表达机件左、右两侧凸台的结构形状，如图 6.3（b）所示。

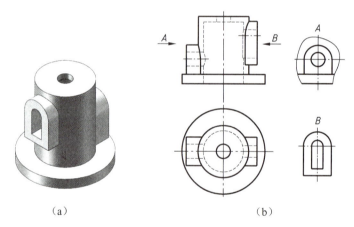

（a） （b）

图 6.3 局部视图

画局部视图的注意事项如下。

（1）局部视图的断裂边界通常以波浪线（或双折线）表示。

（2）局部视图可按基本视图配置，也可按向视图的形式配置并标注，即在局部视图上方标出视图的名称"×"（大写拉丁字母）。

（3）当表示的局部结构是完整的且外轮廓线封闭时，不必画出断裂边界线，如图 6.3（b）中的局部视图 B。

6.1.4 斜视图

将机件向不平行于基本投影面的平面投射所得视图称为斜视图。

如图 6.4 所示，机件左侧部分与基本投影面倾斜，其基本视图不反映实形，绘图和读图较难。为简化作图，增设一个与倾斜部分平行的辅助投影面 P，将该部分向 P 面投影，并将该面旋转至与 V 面重合，即可得到反映该部分实形的视图，即斜视图。

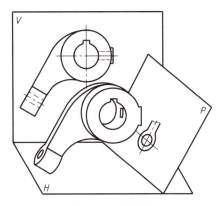

图 6.4　斜视图

画斜视图的注意事项如下。

(1) 斜视图一般只表达倾斜部分的局部形状，用波浪线表示断裂边界，通常按向视图的配置形式配置并标注，在相应的视图附近用箭头表明投射方向，水平注写大写拉丁字母，如图 6.5（a）中的斜视图 A 所示。

(2) 必要时，允许将斜视图旋转配置，旋转角度不超过 90°；也可将旋转角度标注在字母后，如图 6.5（b）中的"⌒A45°"。箭头指向要与图形实际旋向一致，表示名称的大写拉丁字母应靠近旋转符号（一个半圆，半径为字体高度 h）的箭头端。

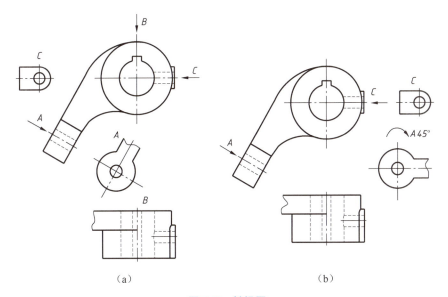

（a）　　　　　　　　　　　　　（b）

图 6.5　斜视图

6.2　剖　视　图

当物体内部结构较复杂时，视图中会出现较多虚线，虚线过多将使图形表达不够清晰，既不便于画图，又不便于读图和尺寸标注，此时可以采用剖视图表达。

6.2.1 剖视图的基本概念及画法

1. 剖视图的概念

假想用剖切面剖开机件,移去观察者和剖切面之间的部分,将其余部分向投影面投射所得图形称为剖视图,简称剖视。

如图 6.6(b)所示机件,假想沿机件的前后对称平面 M 剖开[图 6.6(c)],移去前半部分,将剖切平面的后半部分向正投影面投射,得到剖视图的主视图,如图 6.6(d)所示。此时,内部孔可见,要用粗实线表达。与图 6.6(a)相比,这种表示法更便于读图和尺寸标注。

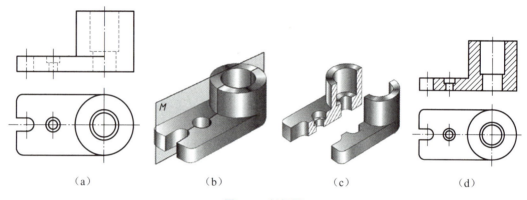

图 6.6 剖视图

2. 剖面符号

剖切面与机件接触的部分称为剖面区域。假想机件被剖切后,为明显区分具有材料实体的切断面部分与含剖切面后面的部分及空心部分,在剖面区域内画出剖面符号,见表 6-1。

表 6-1 剖面符号

材料名称	剖面符号	材料名称	剖面符号	材料名称	剖面符号
金属材料(已有规定剖面符号者除外)		混凝土		线绕组元件	
转子、电枢、变压器和电抗器等的叠钢片		钢筋混凝土		砖	
型砂、填砂、粉末冶金、砂轮、陶瓷刀片、硬质合金刀片等		木制胶合板(不分层数)		纵剖面	

材料名称	剖面符号	材料名称	剖面符号	材料名称	剖面符号
玻璃及供观察用的其他透明材料		基础周围的泥土		横剖面	
非金属材料（已有规定剖面符号除外）		格网（筛网、过滤网）		液体	

注：(1) 剖面符号仅表示材料的类别，材料的名称和代号必须另行注明。

(2) 用细实线绘制液面。

在机械图样中，金属材料使用最多，国家标准规定用简明易画的平行细实线作为剖面符号，又称剖面线。绘制剖面线时，同一机械图样中同一零件的剖面线方向相同且等距，间距应按剖面区域的大小选定，方向与主要轮廓或剖面区域的对称线成 45°，左右倾斜均可（当图形倾斜近 45°时，可用 30°或 60°的剖面线）。剖面线的画法如图 6.6（d）所示。

3. 剖视图的画法及标注

结合图 6.7（a）所示机件，说明剖视图的画法。

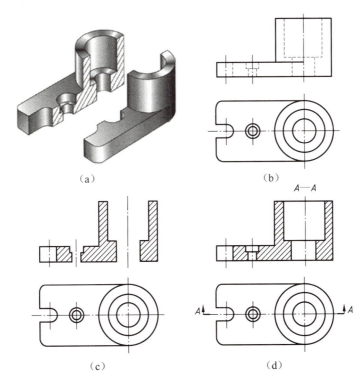

图 6.7 剖视图的画法

(1) 根据机件的结构特征，确定剖切面位置。该机件前后对称且有内孔，为表达内部结构，可采用剖视图表达主视图，内孔可见并反映实形，剖切面应通过机件的前后对称面。

（2）画被剖切面切到的实体部分（剖面区域），并在剖面区域画剖面符号，如图6.7（c）所示。

（3）补画剖切面后所有可见部分的投影，一般不画不可见部分，不可漏线，如图6.7（d）所示。

画剖视图的注意事项如下。

（1）由于剖切是假想的，并非真的将机件切去一部分，因此，剖视图以外的其他视图仍应按完整的机件画出，如图6.7（d）中的俯视图。

（2）一般剖切面应通过机件的对称平面或孔、槽等的中心线，且平行或垂直于某投影面，以便反应结构的实形，要避免剖出不完整的结构要素。

（3）应全部画出剖切面后面的所有可见部分的投影，不得遗漏，如图6.7（b）中大孔和小孔的过渡面投影。

（4）在剖视图上表达清楚的内部结构，在其他视图上对应的细虚线一般不画。

（5）在剖视图中，表达不可见轮廓的虚线一般不画，但当只有局部结构没有表达清楚时，为不增加视图，也可以用细虚线画出，如图6.8所示。

为判断剖切面的位置和剖切后的投射方向，确定各相应视图之间的投影关系，需对剖视图进行标注。剖视图的标注包括剖切符号、投射方向和剖视图名称。

（1）一般用剖切符号在有关视图上标出剖切平面的剖切位置；在符号的起止点和转折处标注相同的大写拉丁字母"×"，不能与图形轮廓线相交，并在对应的剖视图上方用同一字母标注"×—×"；

（2）在剖切符号起止点的外侧画出与之垂直的箭头，表示剖切后的投射方向。

（3）可在剖切符号的附近用水平大写拉丁字母表示剖视图名称，并在剖视图上方中间位置用相同字母标注；当一张图上有多个剖视图时，其名称应按拉丁字母顺序排列，不可重复。

在下列情况，剖视图的标注内容可简化或省略。

（1）当单一剖切面通过机件的对称平面或基本对称平面，且剖视图按投影关系配置、中间没有其他图形隔开时，可省略标注，如图6.8所示。

（2）当剖视图按投影关系配置，且中间没有其他图形隔开时，可省略箭头，如图6.9所示。

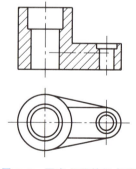

图6.8　画出必要的细虚线

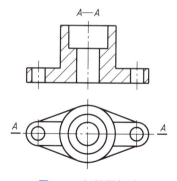

图6.9　剖视图标注

6.2.2 剖视图的种类

剖视图可分为全剖视图、半剖视图和局部剖视图。上述剖视图画法及标注规定均适用于此三种剖视图。

1. 全剖视图

用剖切面完全剖开机件所得剖视图称为全剖视图，简称全剖，如图 6.10 所示。

全剖视图主要适用于不对称、外形简单、内形相对复杂的机件；当机件的外形复杂且内部结构较复杂时，可采用外形图加一个全剖视图。一般不在全剖视图上画细虚线。

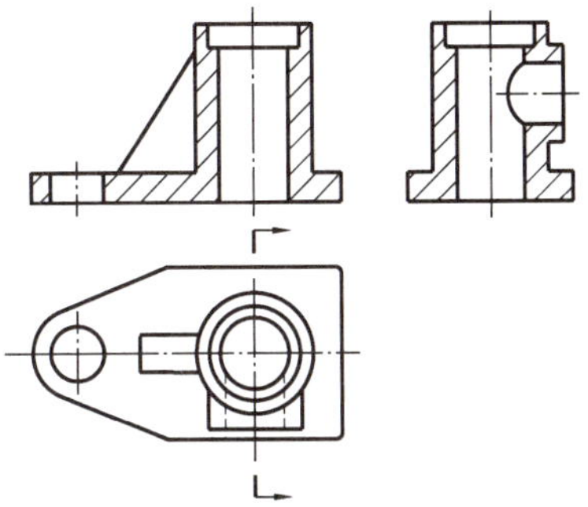

2. 半剖视图

当机件具有对称平面时，在垂直对称平面的投影面上投影，以对称中心线为界，一半画成剖视图，另一半画成视图，这种剖视图称为半剖视图。半剖视图通常用于内、外形状均需表达的对称机件。

如图 6.11（a）所示机件，根据机件结构左右对称的特点，主视图可采用半剖视图表达机件的内部结构，且凸台及圆孔的外形结构位置清晰。同理，为表达上、下法兰盘的外部结构和凸台圆孔的内部结构，俯视图也可采用半剖视图，如图 6.11（b）所示。

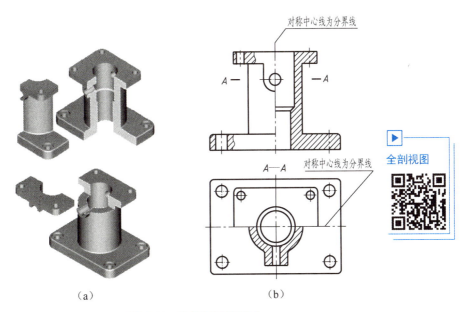

图 6.10 全剖视图

(a)　　(b)

图 6.11 半剖视图的形成

画半剖视图的注意事项如下。

（1）在半剖视图中，剖视图与视图的分界线为机件的对称中心线。

（2）半剖视图表达清楚的机件内、外部结构，在表达外形的视图中不必画出表达内形的细虚线。

（3）当机件的结构形状接近对称，且不对称的部分在其他视图中表达清楚时，也可采用半剖视图，如图6.12所示。

（4）半剖视图的标注规定与全剖视图的标注规定相同。

3. 局部剖视图

用剖切面局部剖开机件所得剖视图称为局部剖视图，简称局部剖视，可用于机件只需表示局部内形且不宜采用全剖视图的情况，如图6.13所示。

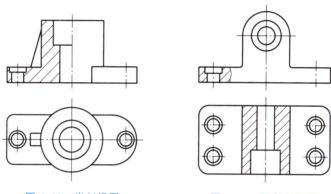

图6.12 半剖视图　　　　图6.13 局部剖视图

局部剖视图表达灵活、便捷，可根据实际需要确定剖切位置和范围。但表达同一机件时不宜采用过多局部剖视图，会使图形零乱，影响读图。

画局部剖视图的注意事项如下。

（1）局部剖视图的剖视部分与视图部分以波浪线分界，表示机件断裂处的边界轮廓线。波浪线应画在机件的实体部分，不能超出视图的轮廓线，如图6.14所示；波浪线不应与图样上其他图线或其延长线重合，以免引起误解，如图6.15、图6.16所示。

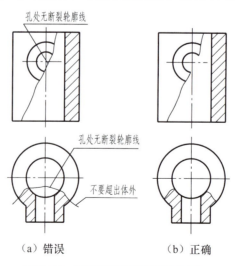

图6.14 局部剖视图波浪线的画法1

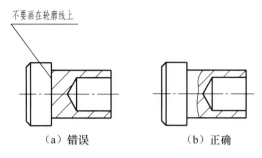

图 6.15 局部剖视图波浪线的画法 2

（2）当被剖结构为回转体时，允许将结构的中心线作为局部剖视图与视图的分界线，如图 6.17 的主视图所示。

（3）当剖切位置较明显时，一般不标注，如图 6.17 所示。

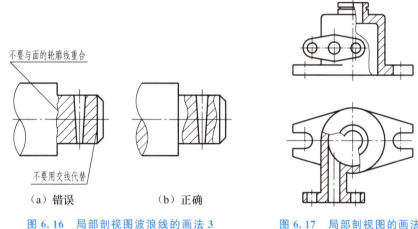

图 6.16 局部剖视图波浪线的画法 3　　图 6.17 局部剖视图的画法

6.2.3 剖切面的种类

剖切面可以是平面或曲面，也可以是单一剖切面或组合剖切面。绘图时，可根据机件的结构特点恰当地选择，绘制机件的全剖视图、半剖视图或局部剖视图。

1. 单一剖切面

单一剖切面即用一个剖切面剖开机件。当剖切面是平面时，又有剖切面与投影面平行和剖切面与投影面不平行两种剖切方式。

（1）剖切面与投影面平行。

采用单一剖切面（与投影面平行）剖切得到剖视图是常用的剖切方法。图 6.10 和图 6.12 即分别采用此方法获得的全剖视图和半剖视图。

（2）剖切面与投影面不平行。

图 6.18 所示为用单一斜剖切面完全剖开机件得到的斜剖视图，用于表达机件上倾斜部分的结构形状。用单一斜剖切面获得的剖视图称为斜剖视图，一般按投影关系配置，也

可平移至适当位置。水平注写图名"×—×",且标注在图形上方中间位置。必要时,允许将图形旋转配置,在图形上方水平标注旋转符号"⌒"或"⌒",在靠近箭头一侧水平注写大写拉丁字母。此类视图必须标注,不得省略。

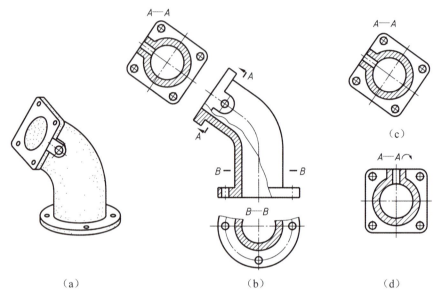

图 6.18　斜剖视图

(3) 采用柱面剖切。

采用柱面剖切时,剖视图应展开绘制。绘图时,可以只画剖面展开图,或采用简化画法,将剖切面后面物体的有关结构形状省略。图 6.19 所示为采用单一柱面剖切的全剖视图。

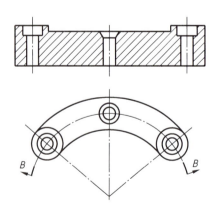

图 6.19　采用单一柱面剖切的全剖视图

2. 几个平行的剖切面

当物体有若干不在同一平面上且需要表达的内部结构时,可采用几个平行的剖切面剖开,各剖切面的转折处成直角,剖切面需是某投影面的平行面。如图 6.20 所示,采用两个相互平行的剖切面,可在同一视图中同时清楚地表达机件上、下两个内孔及螺钉孔的结构形状。这种剖切方法适用于外形简单、内形较复杂、难以用单一剖切面剖切表达的机件。

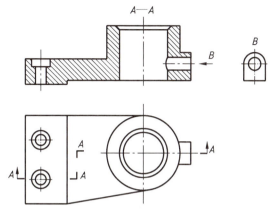

图 6.20 平行剖切面剖切

采用几个平行的剖切面剖切时，必须对剖视图进行标注，在剖切面的起止点和转折处用带相同大写拉丁字母的剖切符号表示剖切面位置，用箭头表示投射方向，并在剖视图上方中间位置标注剖视图名称，如图 6.20 所示。

采用几个平行的剖切面剖切的注意事项如下。

（1）不应画出剖切平面转折处的分界线，如图 6.21（a）所示。

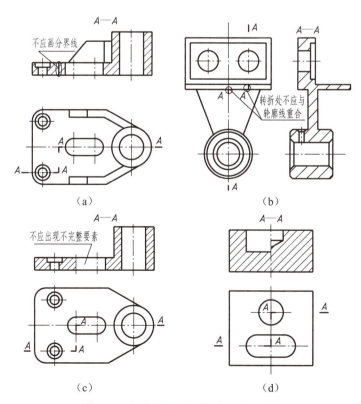

图 6.21 平行剖切面剖切应注意的问题

（2）剖切面的转折处不应画在与图形轮廓线重合的位置，如图 6.21（b）所示。在图形内不应出现不完整要素，如图 6.21（c）所示；仅当两个要素在图形上具有公共对称中心线或轴线时，可以各画一半且以对称中心线或轴线为界，如图 6.21（d）所示。

3．几个相交的剖切面（交线垂直于某基本投影面）

采用相交剖切面剖开机件时，先假想按剖切位置剖开机件，再将被倾斜剖切面剖开的结构及其有关部分旋转到与选定基本投影面平行的位置进行投射，得到用两个相交剖切面剖切的全剖视图，如图 6.22 所示。

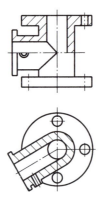

图 6.22 两个相交剖切面剖切的画法

这种剖切方法主要用于表达具有公共回转轴线的机件内形和盘、盖、轮等机件呈辐射状分布的孔、槽等内部结构，如图 6.23 所示。

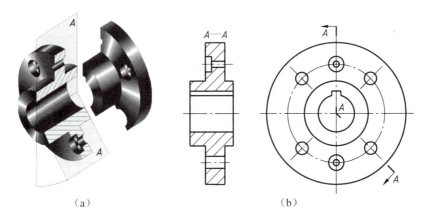

图 6.23 两个相交剖切面剖切轮盘的画法

采用相交剖切平面剖切的注意事项如下。

（1）如图 6.22 所示，必须保证几个相交剖切面的交线与机件上的回转轴线重合，并垂直于某基本投影面。剖切面后的其他结构一般按原来位置投影画出，如图 6.23 中的油孔。

（2）必须对剖视图进行标注，其标注形式及内容与几个平行剖切面剖切的剖视图相同，如图 6.23 所示。

(3) 当采用三个及三个以上相交剖切面剖切机件时,应采用展开画法画剖视图,即画图时各轴线间的距离不变,并在图形上方中间位置注写"×—×展开",也可称为展开绘制的剖视图。图 6.24 所示为几个相交剖切面剖切机件的展开画法。

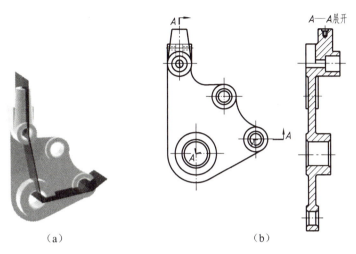

图 6.24 几个相交剖切面剖切机件的展开画法

6.2.4 剖视图中的规定画法

1. 肋板和轮辐在剖视图中的规定画法

对于机件的肋板、轮辐及薄壁等结构,若纵向剖切,则不画剖面符号,而用粗实线将其与连接部分分开,如图 6.25 中的左视图、图 6.26 中的主视图所示。

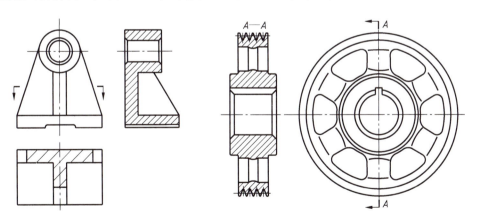

图 6.25 肋板的剖视规定画法　　　图 6.26 轮辐的剖视规定画法

如图 6.25 所示,当左视图采用全剖视图时,剖切面通过肋板纵向对称面,在肋板的轮廓范围内不画剖面符号,应用粗实线画出其与其余部分的分界线。在 A—A 剖视图中,由于剖切面与肋板和支承板垂直,因此仍要画出剖面符号。

剖视图绘制

2. 回转体上均匀分布的肋板、孔、轮辐等的规定画法

假想将这些结构旋转到剖切面上画出，对于均匀分布的孔，可以只画出一个，其余孔用对称中心线占位即可。

如图 6.27（a）所示机件，均匀分布的孔和肋板各剖切到一个，但剖视图中左边要对称地画出肋板；在图 6.27（b）中，虽然没剖切到四个均匀分布的孔，但要将小孔旋转到剖切面位置投射，采用简化画法画小孔，即只画一个孔的投影，其余孔只画中心线。

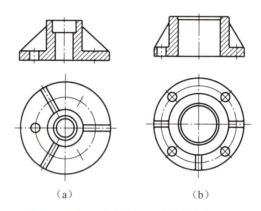

图 6.27　均匀分布的孔、肋板的剖视画法

6.3　断　面　图

6.3.1　断面图的概念及分类

1. 断面图的概念

假想用剖切面把机件的某处切断，仅画出断面的图形称为断面图，简称断面，如图 6.28 所示 $A—A$ 断面图。断面图仅需画出断面的图形；剖视图除要画断面的形状外，还需画出剖切平面后边的可见部分轮廓。断面图主要表达机件的断面形状，剖视图主要表达机件的内部结构和形状。

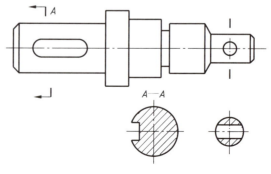

图 6.28　断面图

2. 断面图的分类

根据在图中的位置不同，断面图分为移出断面图和重合断面图。

（1）移出断面图。画在视图轮廓外的断面图称为移出断面图，如图 6.29 所示。

（2）重合断面图。画在视图轮廓内的断面图称为重合断面图，如图 6.30 所示。

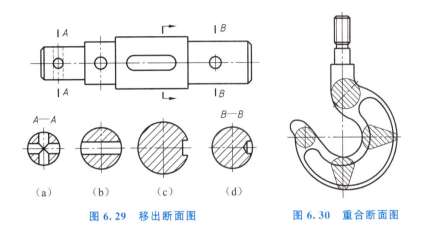

图 6.29 移出断面图　　　　　图 6.30 重合断面图

6.3.2 断面图的画法及标注

1. 移出断面图

移出断面图画在视图外，用粗实线画轮廓，并在断面上画规定的剖面符号。移出断面图应尽量配置在剖切符号或剖切面迹线（细点画线）的延长线上，如图 6.29（b）和图 6.29（c）所示。必要时，移出断面图可配置在其他适当位置，如图 6.29（a）和图 6.29（d）中的 $A—A$ 断面图和 $B—B$ 断面图；当移出断面是对称断面时，可画在视图中断处，如图 6.31 所示；由两个或两个以上相交剖切面剖切机件得到的移出断面图，图形中间应断开，用波浪线表示断裂线，如图 6.32 所示；当剖切面通过回转面形成的孔或凹坑的轴线时，应按剖视图绘制，如图 6.33（a）和图 6.33（b）所示；当剖切面通过非回转面，但会导致出现完全分离的两个断面时，应按剖视图绘制，允许将图形旋转（加注旋转符号），如图 6.33（c）所示。

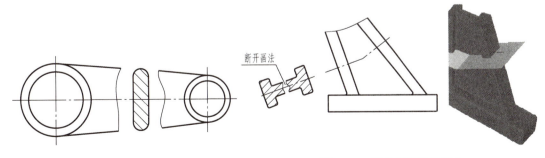

图 6.31 移出断面图画法 1　　　　　图 6.32 移出断面图画法 2

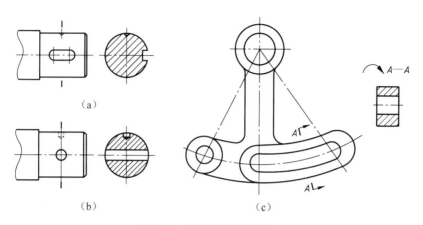

图 6.33　移出断面图画法 3

一般用剖面符号表示移出断面图的剖切位置，用箭头表示投射方向，水平注写大写拉丁字母，在断面图的上方用相同字母标注"×—×"，如图 6.28 所示。对于配置在剖面符号延长线上的不对称移出断面图，可省略字母，如图 6.29（b）和图 6.29（c）所示；当不对称移出断面按投影关系配置［图 6.33（a）］或移出断面对称［图 6.29（a）和图 6.29（b）］时，对称的移出断面图配置在剖面符号延长线上，如图 6.29（b）、图 6.32 所示；当对称的移出断面图配置在视图中断处（图 6.31）时，剖面符号、箭头、字母均可省略。

2．重合断面图

画在视图内的断面称为重合断面。画在视图轮廓内的断面图称为重合断面图，如图 6.30 所示。用细实线画重合断面的轮廓。当视图中的轮廓线与重合断面的图线重合时，视图中的轮廓线仍应连续画出，不可中断。对称的重合断面图不必标注，不对称的重合断面图可省略标注。

6.4　局部放大图及其简化画法

为了方便读图和简化绘图，除用视图、剖视图和断面图表达机件外，还有其他表示法。下面介绍局部放大图及其简化画法。

6.4.1　局部放大图

将图样中所表示的物体部分结构用大于原图形的比例所绘出的图形称为局部放大图，如图 6.34 所示。

局部放大图可画成视图、剖视图、断面图，它与被放大部分在原图形中采用的表达方式无关。除螺纹牙型、齿轮和链轮齿型外，应用适当大小的细实线圆（或椭圆）圈出放大部位，如图 6.34 所示。

局部放大图应尽量画在放大部位附近。当同一机件有多个放大部位时，必须用罗马数

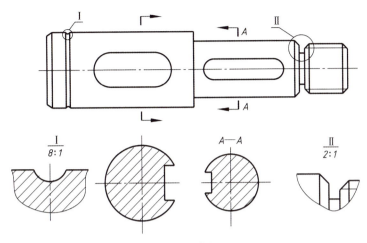

图 6.34 局部放大图 1

字依次标注,并在局部放大图的上方标注相应的罗马数字和采用的比例,如图 6.34 中的Ⅰ、Ⅱ所示。在局部放大图上,用波浪线画出局部范围的断裂分界线,剖面符号应与原图形中的剖面符号一致。

当机件上仅有一个放大部位时,在局部放大图上只标注采用的比例,如图 6.35 所示。在局部放大图表达完整的前提下,允许在原图形中简化放大部位的图形。同一机件上不同部位的局部放大图,当图形相同或对称时,只需画出一个,并在几个放大部位标注同一罗马数字,如图 6.36 所示。

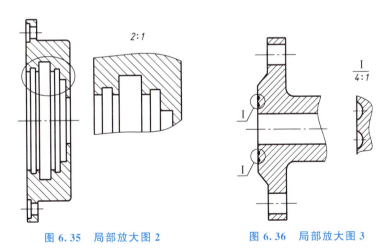

图 6.35 局部放大图 2　　　图 6.36 局部放大图 3

6.4.2 局部放大图的简化画法

简化的原则如下。

(1) 简化时必须保证不致引起误解,不会产生理解的多意性。

(2) 便于识读和绘制,注重简化的综合效果。

(3) 在考虑便于徒手绘图和计算机制图的同时,还要考虑缩微制图的要求。

1. 相同要素的简化画法

（1）当机件具有若干相同结构（如齿、槽等）并按一定规律分布时，只需画出几个完整的结构，其余用细实线连接，并在零件图中注明结构数量，如图6.37所示。

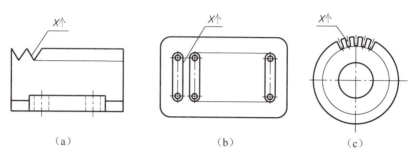

图6.37 按一定规律分布的相同结构

（2）当机件具有若干直径相等且按规律分布的孔（圆孔、螺纹孔、沉孔等）时，可以仅画出一个或少量几个，其余的用细点画线或"✛"表示中心位置，但应在零件图中注明数量，如图6.38所示。

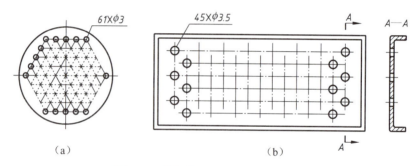

图6.38 按规律分布的直径相等的孔

2. 按圆周分布的孔的简化画法

圆盘形法兰和类似结构上按圆周均匀分布的孔可按图6.39表示。

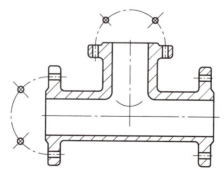

图6.39 法兰上按圆周均匀分布孔的简化画法

3. 网状物及滚花表面的画法

网状物、编织物或机件上的滚花部分，可在轮廓线内画出部分细实线，并加旁注或在技术要求中注明具体要求。滚花的简化画法如图6.40所示。

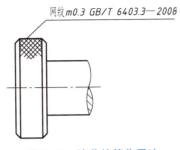

图6.40 滚花的简化画法

4. 机件上细小结构的简化画法

（1）在不会引起误解的情况下，可以在图上省略机件上的小圆角、小倒角或45°小倒角，但必须注明其尺寸或在技术要求中说明，如图6.41所示。

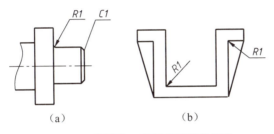

图6.41 小圆角、小倒角的简化画法

（2）如果在一个图形中表达清楚斜度不大的结构，则其他图形可按小端画出，如图6.42所示。

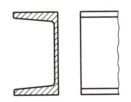

图6.42 斜度不大结构的简化画法

（3）当在图形中不能充分表达机件上的小平面时，可用平面符号（相交的两条细实线）表示，如图6.43所示。

（4）当有视图表达清楚某些细小结构时，在其他视图上的投影可以简化，如图6.44所示的小平面和小锥孔。

（5）在不会引起误解的情况下，非圆曲线的过渡线及相贯线允许简化为圆弧或直线，如图6.45所示。

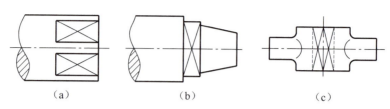

图 6.43　小平面的简化画法

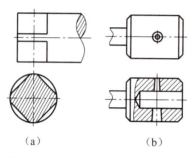

图 6.44　机件细小结构的简化画法

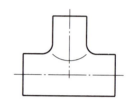

图 6.45　相贯线的简化画法

（6）对于对称结构（如键槽、方孔等）的局部视图，在不致引起误解的情况下，可按图 6.46 所示表示。

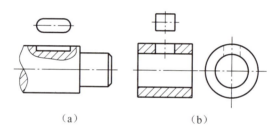

图 6.46　对称结构的局部视图的简化画法

（7）对投影面倾斜角度小于或等于 30°的圆或圆弧，在该投影面上的投影可用圆或圆弧代替，如图 6.47 所示。

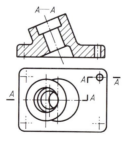

图 6.47　倾角小于或等于 30°的圆或圆弧的简化画法

5. 对称机件的简化画法

在不致引起误解的情况下，对称机件的视图可只画出一半或 1/4，并在对称中心线的两端画出两条与其垂直的平行细实线,如图6.48(a)所示。有时还可用略大于一半画出,如图6.48(b)所示。

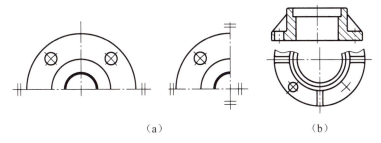

图6.48 对称机件的简化画法

6. 断裂的画法

当较长的机件(如轴、杆件、型材、连杆等)沿长度方向的形状一致或按一定规律变化时,可断开后缩短绘制,但必须按照原来的实际长度标注尺寸。用波浪线表示断裂线,如图6.49(a)所示;也可用两条平行的细双点画线表示,如图6.49(b)所示;当断裂线较长时,可用细折线表示。

7. 假想画法

当需要表示剖切面前面的结构时,按假想投影的轮廓线(细双点画线)画出这些结构,如图6.50所示。

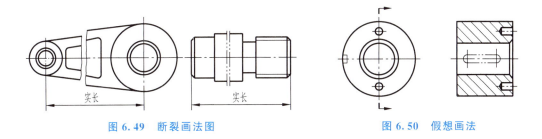

图6.49 断裂画法图   图6.50 假想画法

6.5 表达方法综合举例

机件的形状复杂多样,在绘制机械图样过程中应根据具体结构形状选用恰当的表达方法,同一机件可有多种表达方案。选择表达方案的总体原则如下:在完整、清晰表达的前提下,力求简洁、便于读图及标注尺寸。下面以图6.51所示泵体为例,说明选择机件表达方案的方法和步骤。

1. 形体分析

依据形体分析法,泵体大致分为套筒、泵腔、底板和肋板四个部分。此外,还有凸台、通孔、螺纹孔等结构。

2. 选择机件的表达方案

图 6.51 泵体

选择最能表达机件内外结构的形状特征和位置特征方向作为主视图的投射方向绘制主视图；围绕主视图，选择其他视图补充说明。图 6.51 所示泵体的表达方案如下。

（1）选择图 6.51 所示的箭头方向为主视图投射方向，由于机件左、右不对称，因此采用全剖视图表达各形体间的相对位置及内部形状。

（2）左视图采用局部剖视图，既可表达前、后两凸台的内部结构，又可清楚地表达泵腔左端面上小孔的分布情况。

（3）俯视图采用 B—B 剖视图，表达底板的形状及连接肋板的形状和位置。

采用以上三个剖视图，泵体的主要结构基本表达清楚，另选 C 向视图表达套筒右端面小孔的分布情况。泵体表达方案如图 6.52 所示。

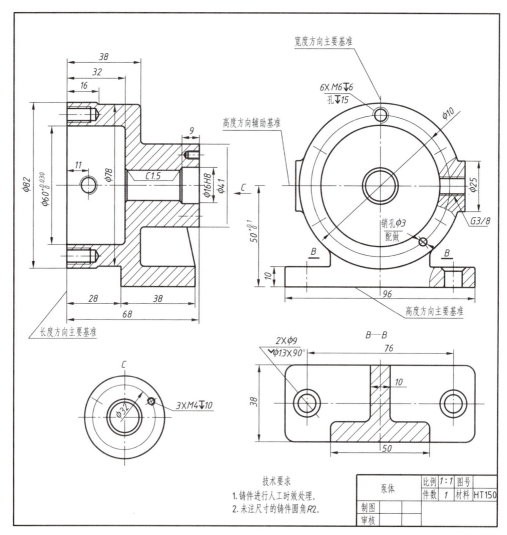

图 6.52 泵体表达方案

3. 标注尺寸

标注尺寸时，一般选择重要孔的轴线、中心线、对称平面或较大的加工面等作为长度、宽度、高度方向的主要基准。如图 6.52 所示，左端面为长度方向主要基准，尺寸 16 确定 ϕ82 结构的长度，尺寸 32 确定 ϕ60 孔深，尺寸 28 确定底板长度；高度方向以泵体底面为主要基准，以尺寸 50 确定各回转体轴线位置，然后以该轴线为辅助基准标注各回转体的直径；宽度方向以泵体对称面为主要基准，标注底板定形尺寸 96、底板安装孔的定位尺寸 76 等。

素养提升

在本章我们学习了机械制图的投影理论和图样的基本表示法，掌握了绘制机械图样的理论基础，要想绘制符合规范且清晰明了的图样，需要反复练习。每次绘图时都要认真对待，要具备工匠精神，精雕细磨，努力做到少出错或不出错；力求做到每条线条的画法、每个数字和字母的写法都严格按照国家标准的规定执行。

徐立平是中国航天科技集团有限公司第四研究院 7416 厂的高级技师、航天特级技师。固体燃料发动机是战略战术导弹装备的心脏，也是发射载人飞船火箭的关键部件。其制造过程有上千道工序，发动机固体燃料的微整形是要求较高的工序之一。雕刻固体燃料，极其危险，稍有不慎就会擦出火花，从而引起燃烧甚至爆炸。火药整形是世界难题，无法完全用机器进行。下刀的力道完全靠工人自己判断，火药整形不可逆，一旦切多了或者留下刀痕，药面精度与设计不符，发动机点火之后，火药就不能按照预定走向燃烧，发动机可能偏离轨道甚至爆炸。0.5mm 是固体发动机药面精度允许的最大误差，而徐立平雕刻出的火药药面精度误差不超过 0.2mm。

建议学生课后搜索观看《时代楷模》《大国工匠》节目。

第 7 章 标准件与常用件

在机器或仪器中，有些大量使用的零件（如螺栓、螺钉、螺母、键、销、滚动轴承等）用于紧固和连接，它们的结构、尺寸、规格、标记和技术要求等均标准化，此类零件统称标准件；另外，齿轮、弹簧等零件大量用于机械的传动、支承或减振，它们的部分参数实行标准化、系列化，称为常用件。本章主要介绍这些零件的结构、规定画法和标注方法。

本章要求熟练掌握螺纹及螺纹紧固件、键、销等标准件，齿轮、弹簧等常用件的结构、规定画法和标注方法。

组成部件或机器的零件（如螺纹紧固件及其他连接件）在装配、安装中使用广泛，齿轮、滚动轴承、弹簧等零件也经常用于机械的传动或支承。这些零件应用范围广、需求量大，为了便于制造和使用、提高生产效率，将它们的结构、形式、画法、尺寸精度等全部或部分地进行了标准化。本章主要介绍这些标准件与常用件的结构、规定画法和标注方法。

螺纹

7.1 螺 纹

7.1.1 螺纹的形成及要素

螺纹是指在圆柱（圆锥）等回转体的内、外表面上，沿着螺旋线形成的具有相同断面形状（如三角形、矩形、锯齿形等）的连续凸起和凹槽结构。实际上，可认为螺纹是平面图形绕与其共面的回转轴做螺旋运动的轨迹。在圆柱表面形成的螺纹为圆柱螺纹；在圆锥表面形成的螺纹为圆锥螺纹。其中，在外表面形成的螺纹称为外螺纹（如螺栓）；在内表面形成的螺纹称为内螺纹（如螺母），内、外螺纹需配对使用。

螺纹的加工方法较多，如在车床上车削，也可用成形刀具（如板牙、丝锥）加工，如图7.1所示。

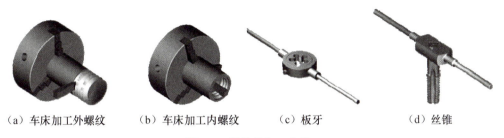

（a）车床加工外螺纹　　（b）车床加工内螺纹　　（c）板牙　　（d）丝锥

图 7.1　螺纹的加工方法

加工直径比较小的内螺纹时，先用钻头钻出光孔，再用丝锥攻螺纹。因钻头的钻尖顶角为118°，为画图方便起见，规定盲孔（没穿通的孔）的锥顶角应画成120°，如图7.2所示。内、外螺纹配对使用，可用于机械连接。

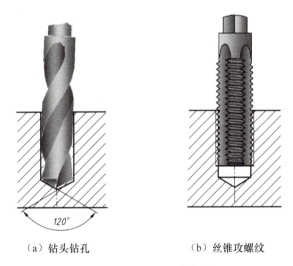

（a）钻头钻孔　　　　　（b）丝锥攻螺纹

图 7.2　丝锥加工内螺纹

螺纹由牙型、直径、线数、螺距和导程、旋向五个要素确定。内、外螺纹配对使用，其五个要素只有完全相同才能相互旋合。

1. 牙型

在加工螺纹的过程中，刀具的切入（或压入）构成了凸起和凹槽两部分，凸起的顶端称为螺纹的牙顶，凹槽的底部称为螺纹的牙底。在通过螺纹轴线的断面上，螺纹的轮廓形状称为牙型。常见的螺纹牙型有三角形、梯形、锯齿形、矩形等，如图7.3所示，不同的牙型有不同的用途。

2. 直径

螺纹的直径分为大径、中径、小径（外螺纹直径代号为小写字母 d，内螺纹直径代号

为大写字母 D），如图 7.4 所示。

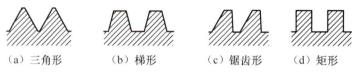

(a) 三角形　　(b) 梯形　　(c) 锯齿形　　(d) 矩形

图 7.3　常见的螺纹牙型

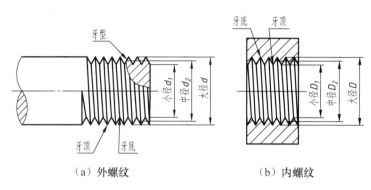

(a) 外螺纹　　　　　　(b) 内螺纹

图 7.4　螺纹的直径

与外螺纹牙顶或内螺纹牙底相切的假想圆柱面的直径称为大径（d 或 D）；与外螺纹牙底或内螺纹牙顶相切的假想圆柱面的直径称为小径（d_1 或 D_1）；在大径和小径之间，通过牙型上凸起和凹槽轴向厚度和宽度相等处的假想圆柱面的直径称为中径（d_2 或 D_2）。除管螺纹外，螺纹的公称直径通常是指大径。

3. 线数

螺纹有单线和多线之分。沿一条螺旋线形成的螺纹称为单线螺纹，如图 7.5（a）所示；沿两条或两条以上螺旋线形成且在轴向等距分布的螺纹称为多线螺纹，如图 7.5（b）所示。

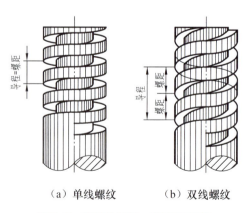

(a) 单线螺纹　　(b) 双线螺纹

图 7.5　螺纹的线数、螺距和导程

4. 螺距和导程

如图 7.5 所示，相邻两牙在螺纹中径线上对应两点间的轴向距离称为螺距，用 P 表示；同一条螺旋线上相邻两牙在中径线上对应两点间的轴向距离称为导程，用 Ph 表示。对于单线螺纹，$Ph=P$；对于多线螺纹，$Ph=nP$，n 为线数。

5. 旋向

旋向是指螺纹旋转时旋入的方向。如图 7.6 所示，顺时针旋转时旋入的螺纹称为右旋螺纹，逆时针旋转时旋入的螺纹称为左旋螺纹，工程中常采用右旋螺纹。判断旋向时，还可以将外螺纹轴线垂直放置，螺纹可见部分左低右高为右旋，反之为左旋。

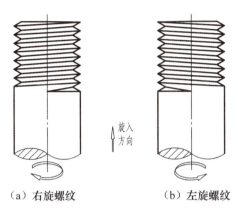

图 7.6 螺纹的旋向

牙型、公称直径和螺距是决定螺纹的基本要素，该三要素都符合国家标准的称为标准螺纹；牙型符合国家标准，而公称直径、螺距不符合国家标准的称为特殊螺纹；牙型不符合国家标准的螺纹称为非标准螺纹。

7.1.2 螺纹的规定画法

《机械制图 螺纹及螺纹紧固件表示法》（GB/T 4459.1—1995）规定了螺纹及螺纹紧固件在图样中的表示方法。

1. 外螺纹的画法

（1）螺纹的大径（牙顶）和螺纹终止线用粗实线绘制，螺纹的小径（牙底）用细实线绘制，在轴向视图中倒角或倒圆内部的细实线也应画出，如图 7.7（a）所示。

（2）在端面（投影为圆）视图中，大径（牙顶）画粗实线圆，小径（牙底）画 3/4 圈细实线圆，直径通常画成 $0.85d$，倒角圆省略不画，如图 7.7（b）和图 7.7（c）所示。

（3）在剖视图中，螺纹终止线只画出大径和小径之间的一段粗实线；剖面线穿过小径线（细实线），而终止于大径线（粗实线），如图 7.7（c）所示。

2. 内螺纹的画法

（1）内螺纹轴向剖视图如图 7.8（a）所示。内螺纹的大径用细实线绘制，小径和螺纹终止线用粗实线绘制，剖面线穿过大径线（细实线）而终止于小径线（粗实线）。在端面（周向）视图中，小径用粗实线绘制；大径用细实线绘制，只画 3/4 圈；倒角圆省略不画。

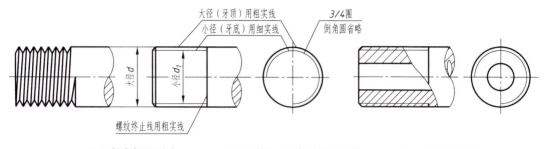

图 7.7 外螺纹的画法

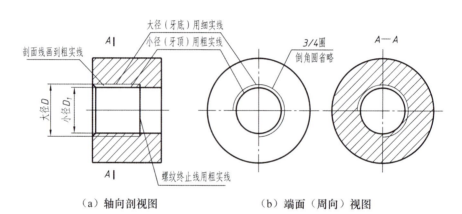

图 7.8 内螺纹的画法

(2) 绘制内螺纹盲孔时,如图 7.9(a) 所示,钻孔深度和螺纹孔深度应分别画出,钻孔底部的锥顶角画成 120°;一般钻孔比螺纹孔深 $(0.2 \sim 0.5)D$。

(3) 当螺纹孔与光孔相贯或两螺纹孔相贯时,其相贯线按螺纹的小径画出,如图 7.9(b) 和图 7.9(c) 所示。

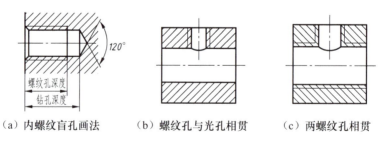

图 7.9 不通螺纹孔及螺纹孔相贯的画法

3. 内、外螺纹连接的画法

在剖视图中,内、外螺纹旋合部分按外螺纹画法绘制,其余非旋合部分按各自规定画法绘制。当螺杆是实心杆件时,轴向剖视图按不剖绘制;同时,内螺纹的大径与外螺纹的大径、内螺纹的小径与外螺纹的小径(相应的粗实线、细实线)应分别对齐,剖面线终止于粗实线处,如图 7.10 所示。

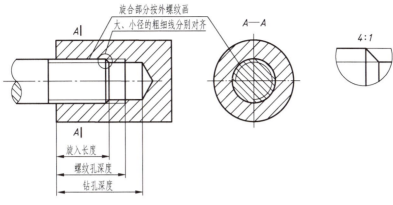

图 7.10 内、外螺纹连接的画法

7.1.3 螺纹的种类

螺纹按用途分为连接螺纹和传动螺纹两大类。

连接螺纹主要用于连接，分为普通螺纹和管螺纹。普通螺纹又分为普通粗牙螺纹和普通细牙螺纹两种，在大径相等的情况下，细牙螺纹的螺距和高度都比粗牙螺纹的小。管螺纹主要用于管路的连接和密封。梯形螺纹和锯齿形螺纹是常用的传动螺纹，主要用于传递动力和运动，前者可传递双向动力，后者只能传递单向动力。

常用螺纹见表 7-1。

表 7-1 常用螺纹

螺纹种类			特征代号	牙型	说明
连接螺纹	普通螺纹	普通粗牙螺纹	M		用于一般零件的连接，是最常用的连接螺纹
		普通细牙螺纹			用于细小的精密零件或薄壁零件的连接
	管螺纹	非螺纹密封的管螺纹	G		用于水管、油管、气管等一般低压的管路连接
		用螺纹密封的管螺纹 圆锥外螺纹	R		用于密封性要求高的水管、油管、气管等中、高压的管路连接
		圆锥内螺纹	Rc		
		圆柱内螺纹	Rp		

续表

螺纹种类		特征代号	牙型	说明
传动螺纹	梯形螺纹	Tr	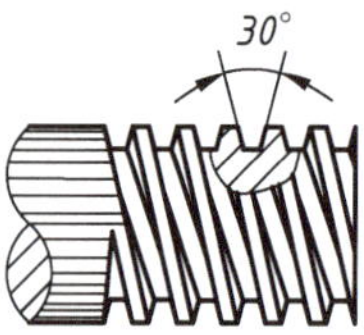 30° 形状	用于承受两个方向轴向力的场合，如机床的传动丝杠等
	锯齿形螺纹	B	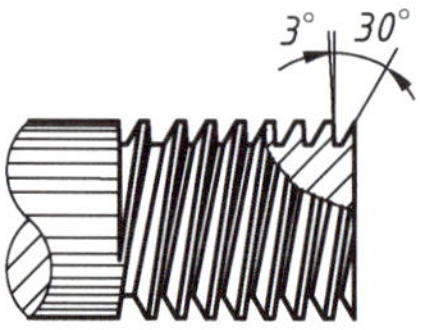 3° 30° 形状	用于只承受单方向力的场合，如虎钳、千斤顶的丝杠等

7.1.4 螺纹的标注

各种螺纹采用规定画法后基本相同，无法表示种类和要素，必须按国家标准规定标注。常用螺纹的标注见表 7-2。

表 7-2 常用螺纹的标注

螺纹种类		标注示例	说明
普通螺纹	粗牙	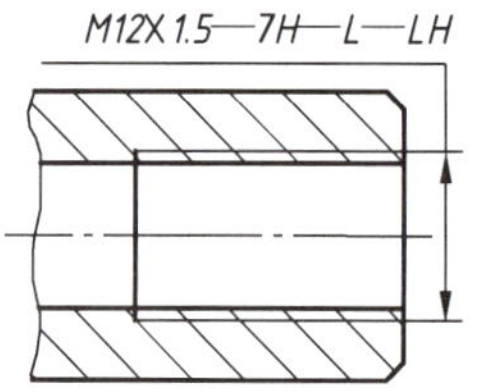 M12×1.5—7H—L—LH 图示	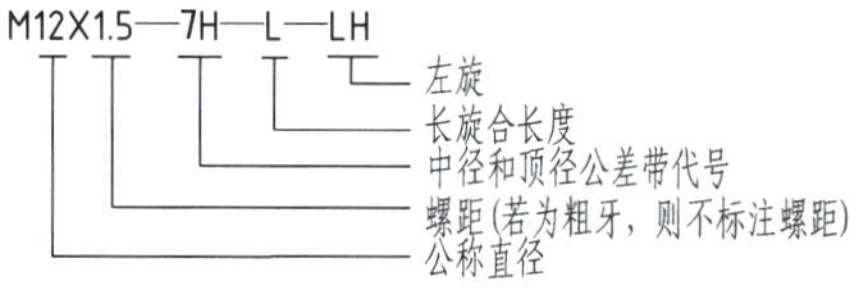 M12×1.5—7H—L—LH ——左旋 ——长旋合长度 ——中径和顶径公差带代号 ——螺距（若为粗牙，则不标注螺距） ——公称直径 公称直径为 12，左旋，中径和顶径公差带代号为 7H，长旋合长度细牙的普通内螺纹
	细牙	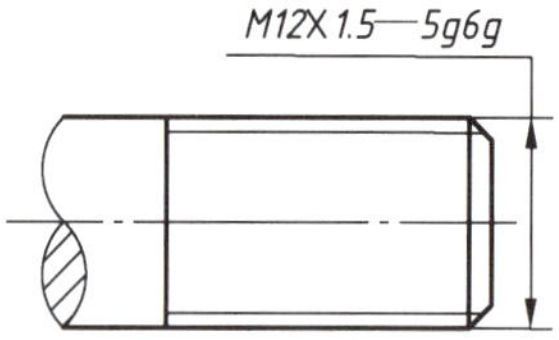 M12×1.5—5g6g 图示	公称直径为 12，螺距为 1.5，右旋，中径和顶径公差带代号为 5g、6g，中等旋合长度细牙的普通外螺纹
管螺纹	55°非密封管螺纹	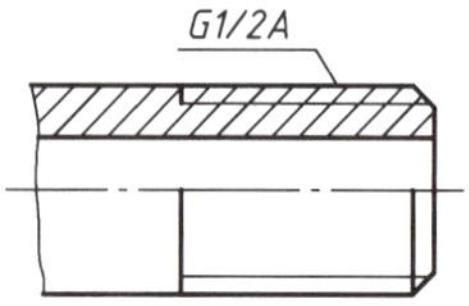 G1/2A 图示	尺寸代号为 1/2，右旋，公差等级为 A 级的非密封管螺纹
	55°密封管螺纹	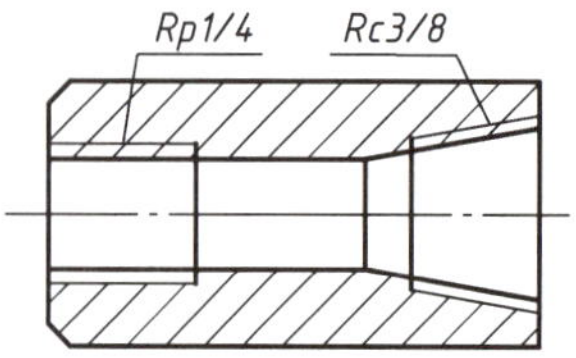 Rp1/4 Rc3/8 图示	（1）尺寸代号为 1/4，右旋，用螺纹密封的圆柱内螺纹。 （2）尺寸代号为 3/8，右旋，用螺纹密封的圆锥内螺纹

续表

螺纹种类	标注示例	说明
梯形螺纹	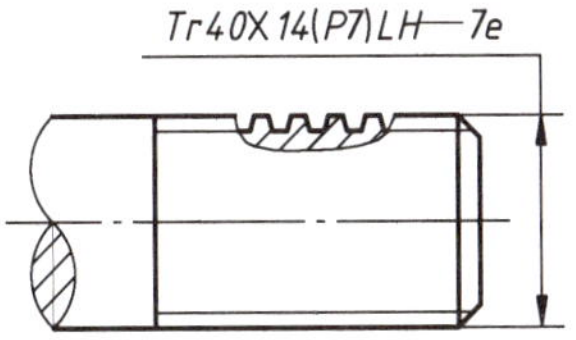 Tr40×14(P7)LH—7e	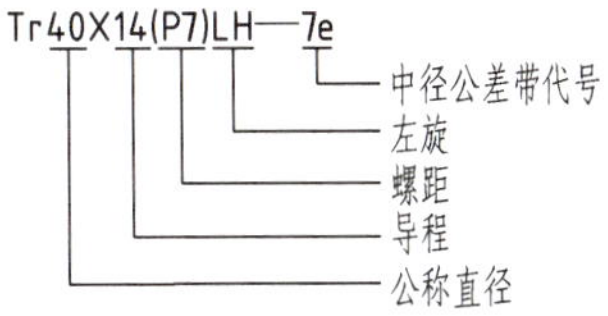 Tr40×14(P7)LH—7e 中径公差带代号 左旋 螺距 导程 公称直径 公称直径为40，导程为14，螺距为7，左旋，中径公差带代号为7e，中等旋和长度，双线梯形外螺纹
锯齿形螺纹	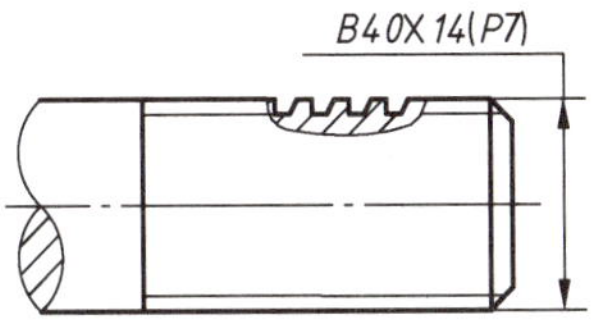 B40×14(P7)	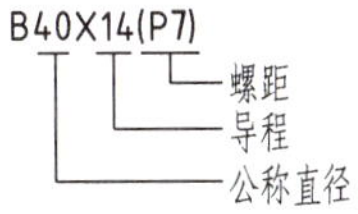 B40×14(P7) 螺距 导程 公称直径 公称直径为40，导程为14，螺距为7，右旋，中等旋和长度，双线锯齿形外螺纹
矩形螺纹	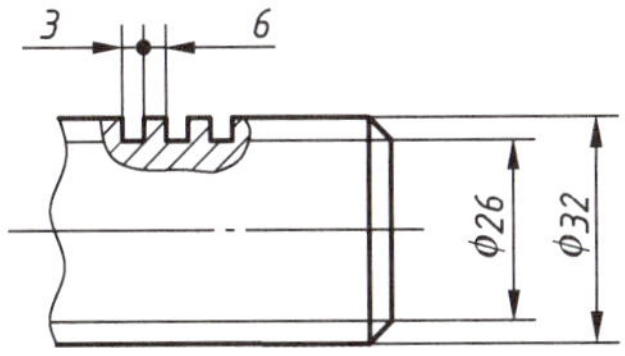 3 6 ⌀26 ⌀32	矩形螺纹为非标准螺纹，无特征代号和螺纹标记，要标注螺纹的所有尺寸；单线，右旋；螺纹尺寸如图所示

注：普通螺纹各部分尺寸可参阅附录 A1，管螺纹各部分尺寸可参阅附录 A2，梯形螺纹各部分尺寸可参阅附录 A3。

1. 普通螺纹、梯形螺纹和锯齿形螺纹的标注

普通螺纹、梯形螺纹和锯齿形螺纹都直接标注在螺纹大径尺寸线或其引出线上，其标注内容及格式如下。

普通螺纹：

  螺纹特征代号 尺寸代号—公差带代号—旋合长度代号—旋向代号

梯形螺纹和锯齿形螺纹：

  螺纹特征代号 尺寸代号 旋向代号—公差带代号—旋合长度代号

其中，尺寸代号为"公称直径×导程（螺距）"，螺纹线数隐含在导程（螺距）中。

以上各项说明如下。

（1）螺纹特征代号：见表 7-1，普通螺纹、梯形螺纹和锯齿形螺纹分别为 M、Tr、B。

（2）公称直径：螺纹大径。

（3）螺距：普通粗牙螺纹不标注，普通细牙螺纹必须标注；单线螺纹标螺距，多线螺纹标导程。

（4）旋向：左旋标注 LH，右旋省略旋向标注。

(5) 公差带代号：表示尺寸允许误差的范围，由表示其大小的公差等级数字和基本偏差代号组成，如 7H、5g 等。基本偏差代号，内螺纹用大写字母，外螺纹用小写字母；普通螺纹有中径公差带代号和顶径公差带代号两项，当中径和顶径公差带相同时只标注一个代号，如 M12—6g；当代号不相同时分别标注，如 M12—5g6g；梯形螺纹和锯齿形螺纹只标注中径公差带代号。

(6) 旋合长度代号：螺纹旋合长度是指内、外螺纹旋合部分轴线方向的长度，分为短（S）、中（N）、长（L）三种。当旋合长度为 N 时，省略标注。

当内、外螺纹旋合构成螺纹副时，一般不需要标注。如需标注，如图 7.11 所示，可注写为 M12×1.5—6H/6g。

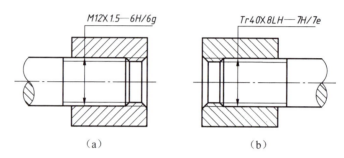

图 7.11　螺纹副的标注

内螺纹的公差带在前，外螺纹的公差带在后，二者中间用"/"隔开。梯形螺纹和锯齿形螺纹的螺纹副标记示例如下。

$$\text{Tr}40\times 8\text{LH}—7\text{H}/7\text{e}；\text{B}40\times 7—7\text{H}/7\text{e}$$

2. 管螺纹的标注

标注管螺纹时，要用指引线标注，且指引线应从大径线上引出，不得与剖面线平行。其标注内容及格式如下。

|螺纹特征代号|　|尺寸代号|—|公差等级代号|—|旋向代号|

(1) 螺纹特征代号：管螺纹分为非螺纹密封的内、外管螺纹和用螺纹密封的圆锥、圆柱管螺纹，其代号见表 7-1。其中，R1 为与圆柱内螺纹（Rp）配合的圆锥外螺纹代号，R2 为与圆锥内螺纹（Rc）配合的圆锥外螺纹代号。

(2) 尺寸代号：不是螺纹大径，是指管子通径的数值（英制，单位为 in，但不标注单位）。

(3) 公差等级代号：管螺纹中的非螺纹密封外螺纹（G）需要标注公差等级 A 级或 B 级，其他管螺纹都不需要标注公差等级，见表 7-2。

(4) 旋向代号：右旋螺纹省略不标注，左旋螺纹标注 LH。

7.2　螺纹紧固件

常用的螺纹紧固件有螺栓、双头螺柱、螺钉、螺母和垫圈等，如图 7.12 所示。这些标准件由专门的工厂生产，一般不画出它们的零件图，只需按规定标记即可从国家标准中查到它们的结构形式和尺寸数据。表 7-3 列举出一些常用螺纹紧固件的简化画法，其详细结构及尺寸见附录 B。

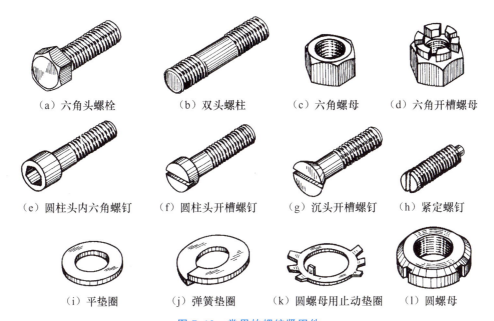

图 7.12 常用的螺纹紧固件

表 7-3 常用螺纹紧固件的简化画法

名称	简化画法	螺纹标记及说明
六角头螺栓		螺栓 GB/T 5782 M12×40 A 级六角头螺栓，公称直径为 12，公称长度为 40，其余尺寸可从国家标准中查出，其中公称长度可根据设计要求查标准选定
双头螺柱		螺柱 GB 898 M12×50 B 型双头螺柱，公称直径为 12，公称长度为 50，其余尺寸可从国家标准中查出，旋入端长度 b_m 根据零件材料确定
沉头开槽螺钉		螺钉 GB/T 68 M10×45 开槽沉头螺钉，公称直径为 10，公称长度为 45，其余尺寸可从国家标准中查出，其中公称长度可根据设计要求查标准选定

续表

名称	简化画法	螺纹标记及说明
圆柱头开槽螺钉	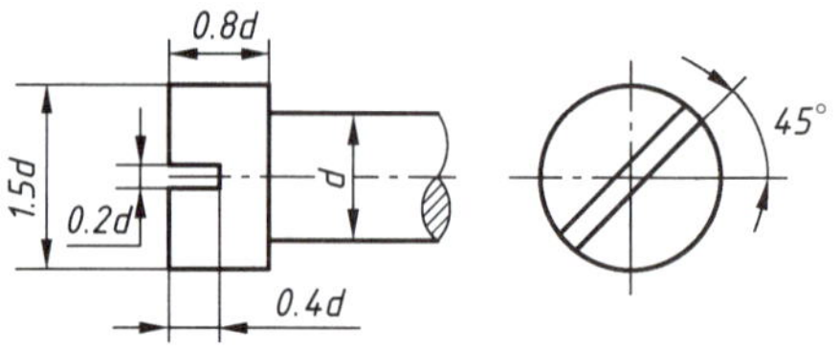	螺钉 GB/T 65　M10×45 开槽圆柱头螺钉，公称直径为10，公称长度为45，其余尺寸可从国家标准中查出，其中公称长度可根据设计要求查标准选定
圆柱头内六角螺钉	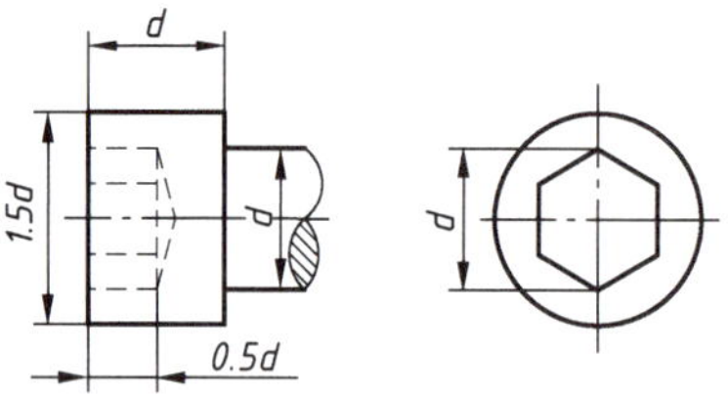	螺钉 GB/T 70.1　M10×45 内六角圆柱头螺钉，公称直径为10，公称长度为45，其余尺寸可从国家标准中查出，其中公称长度可根据设计要求查标准选定
六角螺母	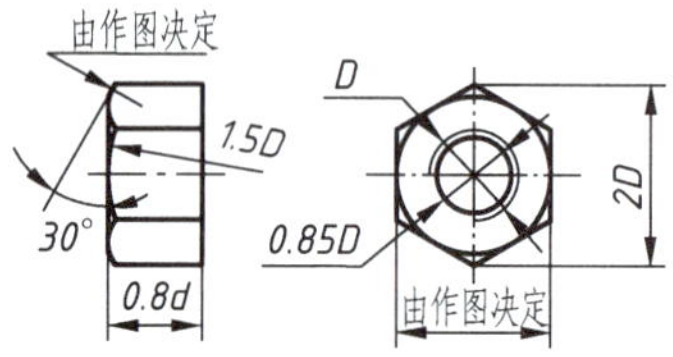	螺母 GB/T 6170　M12 A 级 1 型六角螺母，螺纹规格为 M12，可从国家标准中查出其余尺寸
平垫圈	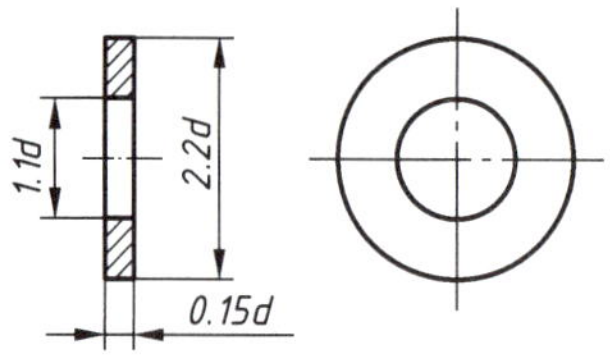	垫圈 GB/T 97.1　16 A 级平垫圈，公称规格 16
弹簧垫圈	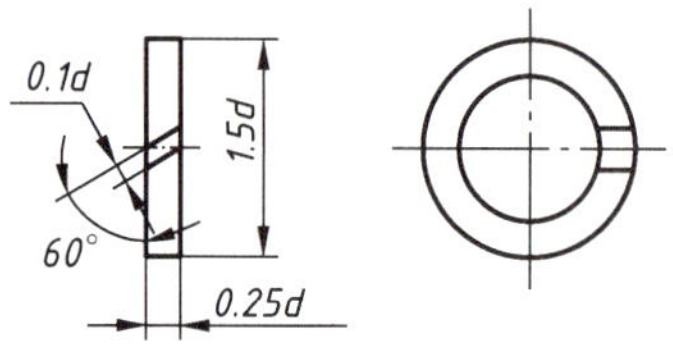	垫圈 GB 93—87　16 标准型弹簧垫圈，公称尺寸 16 是指与其匹配的螺纹大径 16mm，可从国家标准中查出其余尺寸

　　螺纹紧固件连接属于可拆卸连接，是工程上应用最多的连接方式，其公称长度由被连接零件的有关厚度决定。常用的螺纹连接有螺栓连接、双头螺柱连接、螺钉连接，如图 7.13 所示。

　　绘制螺纹连接时，需遵守以下基本规定。

　　（1）相邻两零件表面接触时，只画一条粗实线；不接触时，按各自尺寸画出两条粗实线，如果间隙太小，则可夸大画出。

　　（2）在剖视图中，相邻两零件的剖面线应不同（方向相反或间隔不相等）。在同一张图纸上，同一个零件的剖面线方向与间隔在所有视图中均应一致。

　　（3）在剖视图中，当剖切平面通过螺纹紧固件或实心杆件的轴线时，这些零件按不剖绘制。

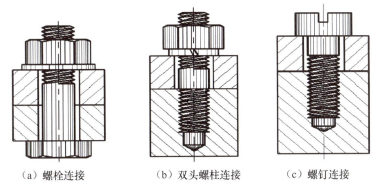

(a)螺栓连接　　　　(b)双头螺柱连接　　　　(c)螺钉连接

图 7.13　螺纹紧固件连接的基本形式

7.2.1　螺栓连接

螺栓连接适用于被连接件厚度不大、允许钻成通孔且要求连接力较大的情况。常用的螺纹紧固件有螺栓、螺母、垫圈。装配时，先在被连接件上加工出螺栓孔，孔径 d_0 应大于螺栓直径，一般取 $d_0=1.1d$；再将螺栓插入螺栓孔，垫上垫圈，拧紧螺母，完成螺栓连接。

螺栓连接画法如图 7.14 所示。

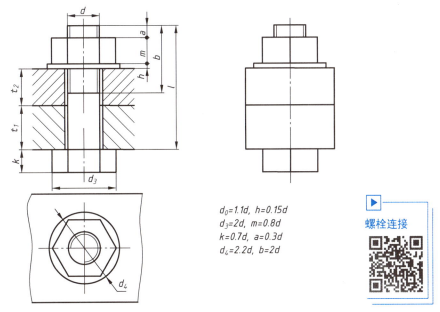

$d_0=1.1d$, $h=0.15d$
$d_3=2d$, $m=0.8d$
$k=0.7d$, $a=0.3d$
$d_4=2.2d$, $b=2d$

图 7.14　螺栓连接画法

螺栓连接按照以下步骤绘制。

（1）根据螺栓、螺母、垫圈的标记，查附录后绘制；或参照表 7-3 中的比例简化确定全部尺寸后，按比例关系绘制（螺栓及螺母的圆弧可简化）。此时，除被连接件厚度、螺栓公称长度 l 外，其他尺寸都以 d 为依据。

（2）确定螺栓的公称长度 l。由图 7.14 可知，螺栓的公称长度 l 可按下式估算：

$$l \geqslant t_1 + t_2 + h + m + a$$

式中，t_1、t_2——被连接件的厚度（已知条件）；

h——平垫圈厚度，$h = 0.15d$；

m——螺母高度，$m = 0.8d$；

a——螺栓末端超出螺母的高度，$a = 0.3d$。

由 l 的初算值，参阅附录表 B1，在螺栓标准的公称长度系列值中选取一个与之接近的值。按比例关系计算的画图尺寸不能作为螺纹紧固件的尺寸进行标注。

画螺栓连接装配图时，应注意以下问题。

（1）被连接件的孔径必须大于螺栓的大径，一般取 $d_0 = 1.1d$。

（2）在螺栓连接剖视图中，被连接件的接触面画到螺栓大径处。

（3）螺母及螺栓的六角头的三个视图应符合投影关系。

（4）螺栓的螺纹终止线必须画到垫圈之下、被连接件接触面之上。

7.2.2 双头螺柱连接

双头螺柱连接适用于被连接件之一较厚、不宜加工成通孔或受结构的限制不宜用螺栓连接且要求连接力较大的场合，通常在较厚零件上加工成不通的螺纹孔，在较薄零件上加工成通孔。

双头螺柱两端都有螺纹，连接时，一端必须全部旋入被连接件的螺纹孔，称为旋入端，其长度用 b_m 表示；另一端穿过另一被连接件的通孔，套上垫圈，旋紧螺母，此时大多采用弹簧垫圈，它依靠弹性增大摩擦力，防止螺母因振动而松脱。

双头螺柱连接常采用比例画法，除被连接件厚度、旋入端长度及螺柱公称直径 d 外，其他尺寸都可取与 d 成一定比例的数值绘制，其画法如图 7.15 所示。

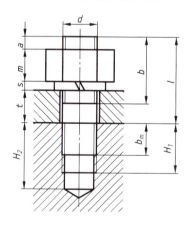

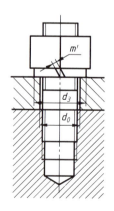

$d_0 = 1.1d$, $b = 2d$
$d_3 = 1.5d$, $m' = 0.1d$
$s = 0.25d$, $H_1 = b_m + 0.5d$
$m = 0.8d$, $H_2 = b_m + d$
$a = 0.3d$

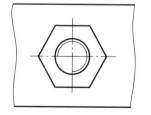

图 7.15 双头螺柱连接画法

螺柱的公称长度 l 按下式计算后取标准长度：
$$l \geqslant t+s+m+a$$
式中，t——较薄零件厚度（已知条件）；
  s——弹簧垫圈厚度，取 $s=0.25d$；
  m——螺母高度，$m=0.8d$；
  a——螺栓末端超出螺母的高度，$a=0.3d$。
查附录表 B3，选取相近的标准长度 l。

画双头螺柱连接时，应注意以下几点。

（1）双头螺柱旋入端的螺纹终止线与两个零件的接触面必须画成一条线，表示螺纹全部旋入。

（2）双头螺柱旋入端长度 b_m 与被连接件的材料有关，国家标准规定有四种，按表 7-4 选取。

表 7-4 双头螺柱旋入端长度参考值

被旋入零件的材料	旋入端长度 b_m	国家标准
钢、青铜	$b_m = d$	GB 897—1988
铸铁	$b_m = (1.25 \sim 1.5)d$	GB 898—1988 或 GB 899—1988
铝等轻金属	$b_m = 2d$	GB/T 900—1988

（3）为确保旋入端全部旋入，螺纹孔的螺纹深度应大于旋入端长度 b_m。画图时，螺纹的螺纹深度可按 $H_1 = b_m + 0.5d$ 画出；钻孔深度可按 $H_2 = b_m + d$ 画出。

7.2.3 螺钉连接

螺钉连接一般用于受力不大且不经常拆装的场合。与双头螺柱连接类似，将较厚连接件加工成不通的螺纹孔，将较薄零件加工成通孔。连接时，直接用螺钉杆穿过一个零件的通孔而旋入另一个零件的螺纹孔，将两个零件固定在一起。

螺钉种类较多，按照用途可分为连接螺钉和紧定螺钉。不同连接螺钉的区别主要是头部结构，其有圆柱头开槽、沉头开槽、圆头开槽等形式，如图 7.16 所示。

螺钉的公称长度 l 按下式计算后取标准长度：
$$l \geqslant t + b_m$$
式中，t——较薄零件厚度（已知条件）；
  b_m——与被连接零件的材料有关，其取值与双头螺柱连接中的 b_m 相同，按表 7-4 选取。

螺钉连接的装配画法与双头螺柱旋入端画法基本相同，应注意以下几点。

（1）根据初步计算出的 l 值，参考附录表 B2，选取与其相近的螺钉长度的标准值。

（2）螺钉的螺纹长度和螺纹孔的螺纹长度都应大于旋入深度 b_m，螺纹孔的螺纹长度可取 $b_m + 0.5d$，即螺钉的螺纹终止线应高出螺孔的端面或在螺杆的全长都有螺纹。

（3）螺钉头部的一字槽在俯视图上画成与中心线成 45°。当图形中的槽宽小于或等于 2mm 时，可涂黑表示。

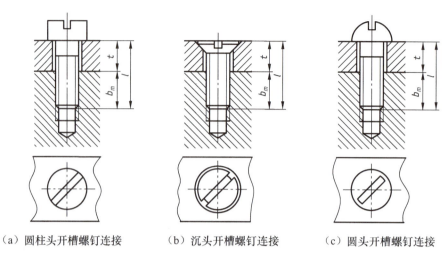

(a)圆柱头开槽螺钉连接　　　（b）沉头开槽螺钉连接　　　（c）圆头开槽螺钉连接

图 7.16　常见螺钉连接及画法

紧定螺钉用来确定两个零件的相对位置，使零件不产生相对运动，一般用于受力较小的场合，起定位、防松作用。如图 7.17 所示的轴和齿轮（图中齿轮只画出轮毂部分），用一个开槽锥端紧定螺钉旋入轮毂的螺纹孔，使螺钉端部的 90°锥顶角与轴上的 90°锥坑压紧，从而确定轴和齿轮的相对位置。

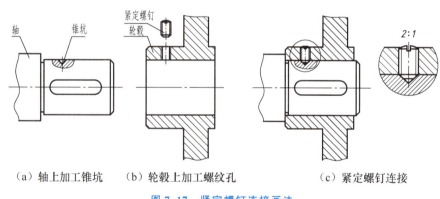

（a）轴上加工锥坑　　　（b）轮毂上加工螺纹孔　　　（c）紧定螺钉连接

图 7.17　紧定螺钉连接画法

7.3　齿　　轮

齿轮是机械传动中广泛应用的传动零件，它可以用来传递动力、改变转速和旋转方向。其常见传动形式有圆柱齿轮传动、锥齿轮传动、螺轮蜗杆、齿轮齿条传动，如图 7.18 所示。

按轮齿是否符合标准规定，齿轮分为标准齿轮和非标准齿轮，轮齿符合标准规定的为标准齿轮。在传动中为了运动平稳、啮合正确，齿轮轮齿的齿廓曲线可以制成渐开线、摆线或圆弧。按轮齿方向的不同，齿轮可分为直齿、斜齿、人字齿或弧形齿，其中直齿应用最多。下面主要介绍齿廓曲线为

（a）圆柱齿轮传动　　（b）锥齿轮传动　　（c）蜗轮蜗杆传动　　（d）齿轮齿条传动

图 7.18　常见的齿轮传动

渐开线的标准直齿圆柱齿轮的基本知识和规定画法。

7.3.1　圆柱齿轮

常见的圆柱齿轮有直齿轮、斜齿轮、人字齿轮等，如图 7.19 所示。下面主要介绍直齿圆柱齿轮。

（a）直齿轮　　　（b）斜齿轮　　　（c）人字齿轮

图 7.19　常见的圆柱齿轮

1. 直齿圆柱齿轮的参数

直齿圆柱齿轮的齿向与齿轮轴线平行。图 7.20 所示为直齿圆柱齿轮的参数。

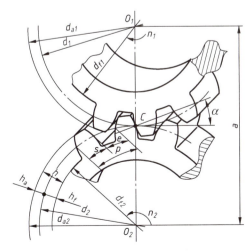

图 7.20　直齿圆柱齿轮的参数

(1) 齿顶圆：通过齿轮轮齿顶端的圆，其直径用 d_a 表示。

(2) 齿根圆：通过齿轮轮齿根部的圆，其直径用 d_f 表示。

(3) 分度圆：在齿轮上有一个设计和加工时计算尺寸的基准圆，它是在齿顶圆与齿根圆之间假想的圆，也是设计、制造齿轮时进行计算的基准圆。在该圆上，齿厚 s 与齿槽宽 e 相等，其直径用 d 表示。

(4) 齿顶高：齿顶圆与分度圆之间的径向距离，用 h_a 表示。

(5) 齿根高：齿根圆与分度圆之间的径向距离，用 h_f 表示。

(6) 齿高：齿顶圆与齿根圆之间的径向距离，用 h 表示，$h=h_a+h_f$。

(7) 齿厚：在分度圆上，同一齿两侧齿廓之间的弧长，用 s 表示。

(8) 槽宽：在分度圆上，齿槽宽度的弧长，用 e 表示。

(9) 齿距：在分度圆上，相邻两齿同侧齿廓之间的弧长，用 p 表示，$p=s+e$。

(10) 齿数：齿轮的轮齿数，用 z 表示。

(11) 压力角：两齿轮啮合时齿廓在节点 C 处的公法线与两节圆的公切线形成的锐角，也称啮合角。我国标准齿轮的分度圆压力角为 20°，用 α 表示。

(12) 模数：当用分度圆分齿时，分度圆周长 $\pi d=pz$，则 $d=pz/\pi$。为了计算和测量方便，令 $m=p/\pi$，则 $d=mz$。式中 m 为模数，是设计和制造齿轮的重要参数，单位为 mm。模数越大，轮齿的高度、厚度越大，承载能力越强；当齿数一定时，模数越大，齿轮直径越大。为了便于设计和加工，模数已经标准化，见表 7-5。

表 7-5　圆柱齿轮的标准模数（GB/T 1357—2008）　　　　　单位：mm

第Ⅰ系列	1，1.25，1.5，2，2.5，3，4，5，6，8，10，12，16，20，25，32，40，50
第Ⅱ系列	1.125，1.375，1.75，2.25，2.75，3.5，4.5，5.5，(6.5)，7，9，11，14，18，22，28，36，45

注：应优先选用第Ⅰ系列；其次选用第Ⅱ系列，括号内的模数尽量不用；对斜齿轮是指法向模数。

一对啮合齿轮的模数 m 和压力角 α 必须相等。

(13) 节圆：一对标准齿轮啮合安装后，在理想状态下，两个分度圆是相切的，此时分度圆也称节圆。因分度圆和节圆重合，故节圆直径 d' 和分度圆直径 d 相等。在图 7.20 中，O_1、O_2 表示两啮合齿轮的中心，在连心线 O_1O_2 上相切的两圆即节圆，齿轮的传动可假想为这两个圆做无滑动的纯滚动。

(14) 中心距：两齿轮回转中心的距离，用 a 表示，$a=(d_1+d_2)/2=m(z_1+z_2)/2$。

(15) 传动比：主动齿轮转速 n_1（r/min）与从动齿轮转速 n_2（r/min）的比值，用 i 表示，即 $i=n_1/n_2$。由于主动齿轮和从动齿轮单位时间里转过的齿数相等，即 $n_1z_1=n_2z_2$，因此 $i=z_2/z_1$。

2. 直齿圆柱齿轮的尺寸计算

标准直齿圆柱齿轮各部分的尺寸都与模数有关。设计齿轮时，先确定模数 m 和齿数 z，再根据表 7-6 中的计算公式计算出各部分尺寸。

表 7-6 直齿圆柱齿轮各部分的计算公式

名 称	代 号	计算公式	计算举例（$m=2$，$z_1=17$，$z_2=38$）
分度圆直径	d	$d_1=mz_1$；$d_2=mz_2$	$d_1=34$；$d_2=76$
齿顶高	h_a	$h_a=m$	$h_a=2$
齿根高	h_f	$h_f=1.25m$	$h_f=2.5$
齿高	h	$h=h_a+h_f=2.25m$	$h=4.5$
齿顶圆直径	d_a	$d_{a1}=m(z_1+2)$；$d_{a2}=m(z_2+2)$	$d_{a1}=38$；$d_{a2}=80$
齿根圆直径	d_f	$d_{f1}=m(z_1-2.5)$；$d_{f2}=m(z_2-2.5)$	$d_{f1}=29$；$d_{f2}=71$
齿距	p	$p=\pi m$	$p\approx 6.2832$
中心距	a	$a=(d_1+d_2)/2=m(z_1+z_2)/2$	$a=55$
传动比	i	$i=n_1/n_2=z_2/z_1$	$i\approx 2.2353$

注：表中 d_a、d_f、d 的计算公式适用于外啮合直齿圆柱齿轮传动。

3. 圆柱齿轮的规定画法

齿轮除轮齿以外，其余轮体的结构和尺寸都由设计要求确定，均应按真实投影绘制；而轮齿部分已经标准化，必须采用规定画法。

(1) 单个圆柱齿轮的画法。

单个圆柱轮齿的画法如图 7.21 所示，齿顶圆和齿顶线用粗实线绘制；分度圆和分度线用细点画线绘制；齿根圆和齿根线用细实线绘制，一般可省略不画；在剖视图中，齿根线用粗实线绘制，当剖切平面通过齿轮的轴线时，轮齿均按不剖处理。

当需要表示轮齿齿向（斜齿、人字齿）时，可用三条与齿向一致的平行细实线表示，如图 7.21 (c) 和图 7.21 (d) 所示。

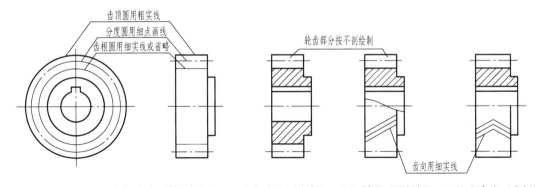

(a) 直齿（外形视图）　(b) 直齿（全剖）　(c) 斜齿（局部剖）　(d) 人字齿（半剖）

图 7.21　单个圆柱齿轮的画法

(2) 圆柱齿轮啮合后的画法。

当两个标准直齿圆柱齿轮正确安装且相互啮合时，两个分度圆相切。非啮合区均按单个齿轮画法绘制，啮合区的规定画法如下。

在轴向剖视图中，两齿轮的节线在啮合区内重合，只画一条细点画线；两齿轮的齿根线都用粗实线绘制；一个齿轮的齿顶线用粗实线绘制，另一个齿轮的齿顶线用细虚线绘制（通常是从动轮），齿顶线与齿根线之间有 $0.25m$（m 为模数）的间隙，如图 7.22（a）所示。

在端面视图（周向视图）中，两个节圆相切，用细点画线绘制；两个齿顶圆均用粗实线绘制，在啮合区域可以省略不画；两个齿根圆用细实线绘制或省略不画，如图 7.22（b）和图 7.22（c）所示。

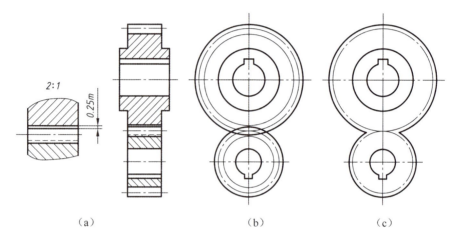

图 7.22 直齿圆柱齿轮啮合的画法

在非圆（轴向）的外形视图中，两齿轮啮合区内的齿顶线、齿根线都不必画出，节线改用粗实线绘制，如图 7.23（a）所示。需要表示轮齿的方向时，用三条与轮齿方向一致的细实线表示，画法与单个齿轮相同，如图 7.23（b）和图 7.23（c）所示。

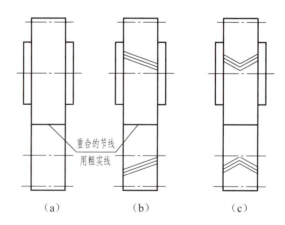

图 7.23 圆柱齿轮啮合的外形画法

（3）圆柱齿轮的零件图。

单个齿轮的零件图一般用轴向视图（剖视图）和周向视图（或轮孔的局部视图）表示。为了方便齿轮的制造和检验，齿轮的模数、齿数、压力角、精度等级等重要参数均要求列表标注在零件图的右上角，如图 7.24 所示。

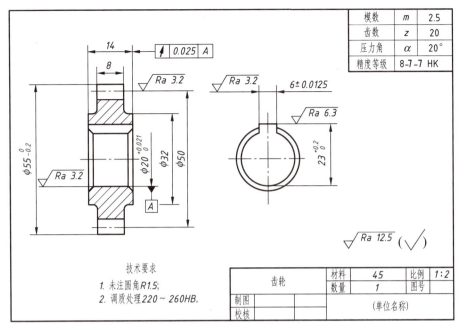

图 7.24　圆柱齿轮零件图示例

7.3.2　锥齿轮

1. 直齿锥齿轮的参数和尺寸计算

直齿锥齿轮用于垂直相交两轴之间的传动。由于直齿锥齿轮的轮齿分布在圆锥面上，因此齿厚、齿高、模数和直径由大端到小端是逐渐减小的。为了便于设计制造，规定直齿锥齿轮的大端端面模数为标准模数，用来计算和决定齿轮的其他各部分尺寸。其中齿顶高、齿根高沿大端背锥素线量取，其背锥素线与分锥素线垂直。直齿锥齿轮的结构要素如图 7.25 所示。

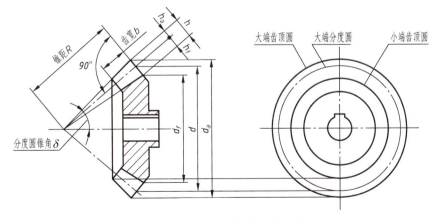

图 7.25　直齿锥齿轮的结构要素

直齿锥齿轮各部尺寸都与大端模数和齿数有关。轴线相交成 90°的直齿锥齿轮的计算公式见表 7-7。

表 7-7 直齿锥齿轮的计算公式

名　称	代　号	计算公式
分度圆直径	d	$d_1=mz_1;d_2=mz_2$
齿顶高	h_a	$h_a=m$
齿根高	h_f	$h_f=1.2m$
齿高	h	$h=h_a+h_f=2.2m$
齿顶圆直径	d_a	$d_{a1}=d_1+2m;d_{a2}=d_2+2m$
齿根圆直径	d_f	$d_{f1}=d_1-2.4m;d_{f2}=d_2-2.4m$
锥距	R	$R=mz/2\sin\delta$
分度圆锥角	δ	$\tan\delta_1=z_1/z_2,\tan\delta_2=z_2/z_1,\delta_1+\delta_2=90°$
齿宽	b	$b\leqslant R/3$

2. 直齿锥齿轮的画法

（1）单个直齿锥齿轮的画法。

单个直齿锥齿轮的画法与直齿圆柱齿轮的画法基本相同。主视图多用全剖视图，左视图中大端、小端齿顶圆用粗实线绘制，大端分度圆用细点画线绘制，齿根圆和小端分度圆省略不画。

（2）直齿锥齿轮啮合的画法（图 7.26）。

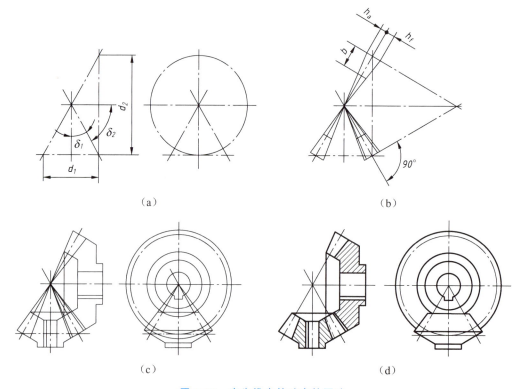

图 7.26 直齿锥齿轮啮合的画法

7.3.3 蜗轮和蜗杆

蜗杆和蜗轮通常用于垂直交叉的两轴之间的传动。蜗杆是主动件,蜗轮是从动件。蜗杆的齿数称为头数,相当于螺杆上螺纹的线数,有单头和多头之分。蜗杆传动的传动比较大,传动平稳,但效率较低。

相互啮合的蜗轮蜗杆的模数必须相等。蜗杆的导程角与蜗轮的螺旋角大小相等、方向相同。

1. 蜗杆的画法

蜗杆的画法与直齿圆柱齿轮的画法基本相同,为了表达蜗杆上的牙型,一般采用局部放大图,如图 7.27 所示。

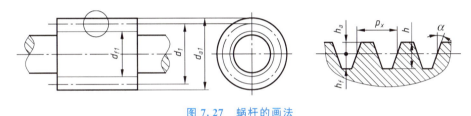

图 7.27 蜗杆的画法

2. 蜗轮的画法

蜗轮的画法如图 7.28 所示。在剖视图中,轮齿的画法与直齿圆柱齿轮的画法基本相同;在投影为圆的视图上只画出分度圆和外圆,齿顶圆和齿根圆不画。

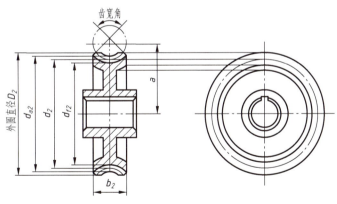

图 7.28 蜗轮的画法

3. 蜗轮蜗杆啮合的画法

蜗轮蜗杆啮合的画法如图 7.29 所示。在蜗轮投影为非圆的视图上,通常作剖视图,当剖切平面通过蜗轮轴线且垂直于蜗杆轴线时,在啮合区蜗轮的外圆、齿顶圆可以省略不画,蜗杆的齿顶线也可以省略不画。在蜗轮投影为圆的视图上,蜗杆的节线与蜗轮的节圆画成相切。

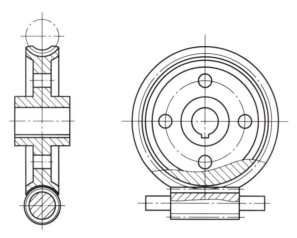

图 7.29　蜗轮蜗杆啮合的画法

7.4　键与销

7.4.1　键连接

键是标准件，主要用来连接轴和轴上的传动件（如齿轮、带轮等），使轴与传动件之间不发生相对转动，起到传递扭矩的作用。通常在轴和轮毂上分别加工出键槽，再将键装入键槽，可实现轮和轴的共同转动。

键的种类很多，常用的有普通平键、半圆键和钩头型楔键等。普通平键又分为 A 型（双圆头）平键、B 型（方头）平键、C 型（单圆头）平键三种。常用的键及键连接如图 7.30 所示。

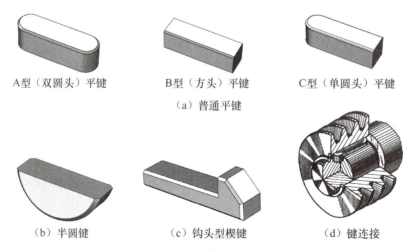

图 7.30　常用的键及键连接

常用键及其标记示例见表 7-8。

表 7-8 常用键及其标记示例

名称	图例	标记示例
普通平键 GB/T 1096—2003		GB/T 1096 键 $b \times h \times L$ 例如：$b=12$mm，$h=8$mm，$L=50$mm 普通 B 型平键的标记为 "GB/T 1096 键 B12×8×50"，A 型普通平键不标注 "A"
半圆键 GB/T 1099.1—2003		GB/T 1099.1 键 $b \times h \times d_1$ 例如：$b=6$mm，$h=10$mm，$L=25$mm，通型半圆键的标记为 "GB/T 1099.1 键 6×10×25"
钩头型楔键 GB/T 1565—2003		GB/T 1565 键 $b \times L$ 例如：$b=16$mm，$h=10$mm，$L=100$mm，钩头型楔键的标记为 "GB/T 1565 键 16×100"

键的基本尺寸如宽 b 和高 h 均为标准值，查国家标准（见附录表 B6.1 和附录表 B6.2）确定；键的长度 L 取决于所传递的扭矩大小，选取相近的标准长度（见附录表 B6.1 和附录表 B6.2）。

1. 普通平键

(1) 普通平键键槽的画法及尺寸标注。

用键连接轴和轮必须在轴和轮上加工出键槽。装配时，部分键嵌在轴上的键槽内，另一部分键嵌在轮的键槽内，以保证轴和轮一起转动。

键槽的画法和尺寸标注如图 7.31 所示。标注时，轴上键槽应标注键宽 b 和键槽深 $d-t_1$，轮毂键槽应标注键宽 b 和键槽深 $d+t_2$。键和键槽的尺寸可根据轴的直径在附录表 B6.1 中查到。

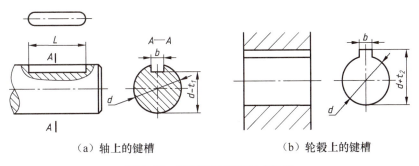

(a) 轴上的键槽　　　　　　(b) 轮毂上的键槽

图 7.31 键槽的画法和尺寸标注

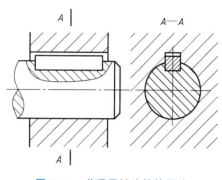

图 7.32 普通平键连接的画法

(2) 普通平键连接的画法。

键连接一般采用剖视图表达，在轴向视图中，轴通常采用局部剖，键属于纵向剖切，按不剖绘制；在端面（周向）视图中，轴、轮、键都被横向剖切，都应画出剖面线。

因为普通平键的两侧面为键的工作表面，所以键与键槽侧面之间不留间隙，应在接触面上画一条轮廓线；键的上表面是非工作面，它与轮毂键槽底面之间应留间隙，画两条轮廓线，如图 7.32 所示。

2. 半圆键及钩头楔键

半圆键常用在载荷不大的传动轴上，其连接情况、画图要求与普通平键相似，同样两侧面为键的工作表面，键的两侧和键底应与轴和轮的键槽表面接触，顶面应有间隙，如图 7.33（a）所示。

钩头型楔键的顶面有 1∶100 的斜度，连接时，将键打入键槽是靠键的上、下表面与轮毂键槽和轴键槽之间的摩擦力连接的。画图时，上、下表面与键槽接触，没有间隙，如图 7.33（b）所示。

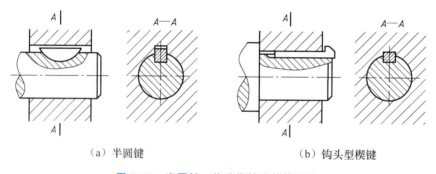

（a）半圆键　　　　　　　　　　（b）钩头型楔键

图 7.33　半圆键、钩头楔键连接的画法

7.4.2　销连接

销主要用于零件间的连接或定位。常用的销有圆柱销、圆锥销和开口销等，如图 7.34 所示。圆柱销和圆锥销用于零件间的连接或定位；开口销通常和开槽螺母配合使用，用来锁紧螺母，防止松动或固定其他零件。

（a）圆柱销　　　　（b）圆锥销　　　　（c）开口销

图 7.34　常用的销

销是标准件，其规格、尺寸可从标准中查到。见表7-9。

表7-9 常用销的图例及标记示例

名称	图例及标记示例	连接画法
圆柱销 GB/T 119.2—2000	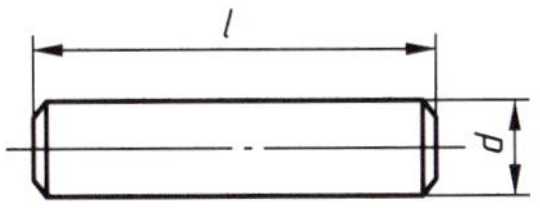 销 GB/T 119.2 $d \times l$ $d=6$mm、公差为m6、$l=30$mm、材料为钢、进行普通淬火和表面氧化处理的A型圆柱销的标记为"销 GB/T 119.2 6×30"	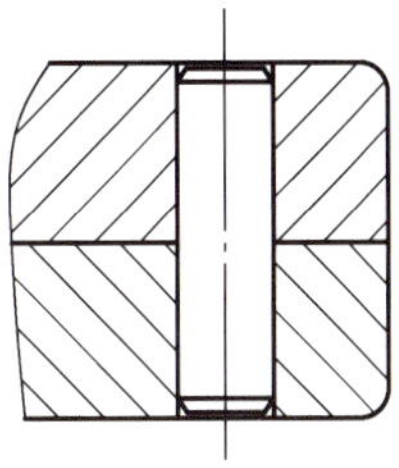
圆锥销 GB/T 117—2000	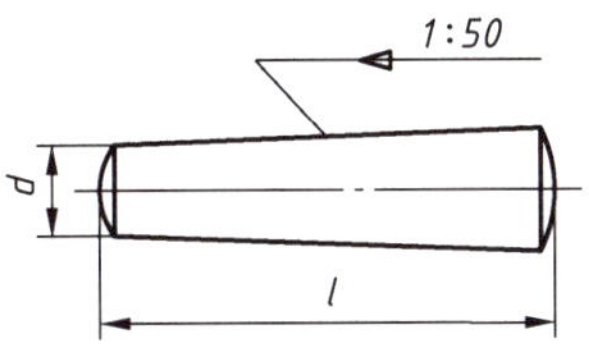 销 GB/T 117 $d \times l$ $d=10$mm、$l=60$mm、材料为35钢、热处理硬度为28～38HRC、进行表面氧化处理的A型圆锥销标记为"销 GB/T 117 10×60"	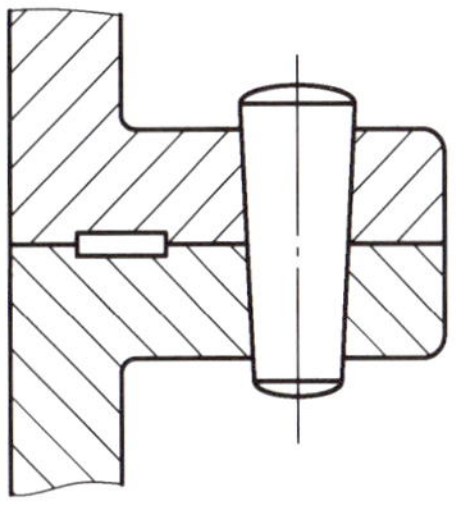
开口销 GB/T 91—2000	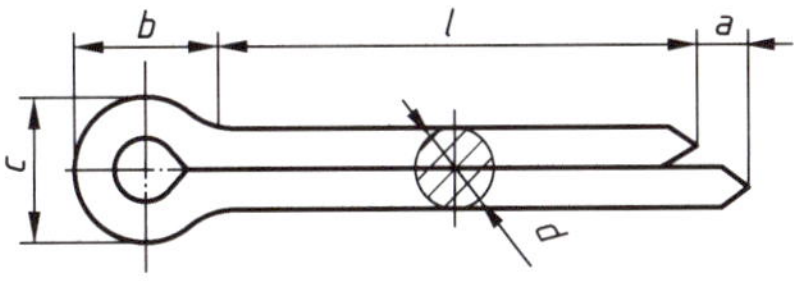 销 GB/T 91 $d \times l$ $d=5$mm、$l=50$mm、材料为碳素钢Q215或Q235、不经表面处理的开口销标记为"销 GB/T 91 5×50"	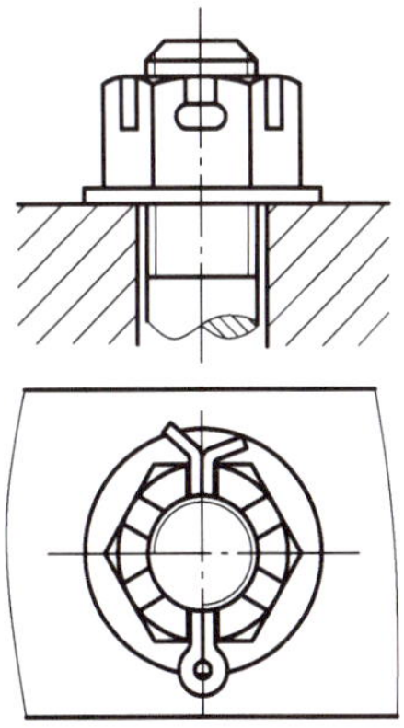

圆柱销或圆锥销的装配要求较高，用销连接的两个零件上的销孔通常要在装配时同时加工。因此，在相应的零件图中标注销孔时一般要注明"与××件配作"；加工锥销孔时，按公称直径先钻孔，再选用定值铰刀扩铰成锥孔，因此它的公称直径 d 是指小端直径，标注时通常引出标注，标注形式如图7.35所示。

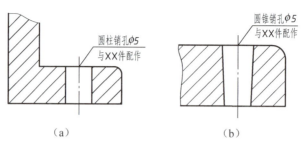

图 7.35 销孔的尺寸标注

7.5 滚动轴承

7.5.1 滚动轴承的结构、分类和代号

滚动轴承是支承旋转轴的一种标准（组）件，具有结构紧凑、摩擦阻力小等特点，能在较大的载荷、转速及较高精度范围内工作，广泛应用在机器、仪表等产品中。滚动轴承的种类很多，但结构大体相同，一般都是由外圈、内圈、滚动体和保持架组成的。通常外圈装在机座的孔内且固定不动，而内圈套在转动的轴上随轴一起转动。

1. 滚动轴承的类型

滚动轴承的种类很多，按受力方向可分为向心轴承、推力轴承、向心推力轴承。

（1）向心轴承：主要用于承受径向载荷，如图 7.36（a）所示。

（2）推力轴承：主要用于承受轴向载荷，如图 7.36（b）所示。

（3）向心推力轴承：主要用于同时承受径向载荷和轴向载荷，如图 7.36（c）所示。

（a）向心轴承　　　（b）推力轴承　　　（c）向心推力轴承

图 7.36 滚动轴承

2. 滚动轴承的代号

滚动轴承的代号是用字母加数字表示滚动轴承的结构、尺寸、公差等级、技术性能等特征的产品符号。它由前置代号、基本代号和后置代号构成。其中前置代号和后置代号是轴承在结构形状、尺寸、公差、技术要求等改变时，在基本代号左右添加的补充代号。前置代号用字母表示，后置代号用字母或加数字表示，详见 GB/T 272—2017《滚动轴承 代

号方法》。如无特殊要求，只标记基本代号。

基本代号由类型代号、尺寸系列代号、内径代号组成，其中尺寸系列代号由宽度（或高度）系列代号和直径系列代号组成。

① 类型代号用阿拉伯数字或大写拉丁字母表示，见表7-10。

表7-10 类型代号（GB/T 272—2017）

代号	轴承类型	代号	轴承类型
0	双列角接触球轴承	7	角接触球轴承
1	调心球轴承	8	推力圆柱滚子轴承
2	调心滚子轴承和推力调心滚子轴承	N	圆柱滚子轴承，双列或多列用字母NN表示
3	圆锥滚子轴承	U	外球面球轴承
4	双列深沟球轴承	QJ	四点接触球轴承
5	推力球轴承	C	长弧面滚子轴承（圆环轴承）
6	深沟球轴承		

② 尺寸系列代号由轴承的宽（高）度系列代号和直径系列代号组成，它反映了同种轴承在内径相等时内、外圈宽度和厚度的不同及滚动体的尺寸不同，因而承载能力也不同，见表7-11。

表7-11 尺寸系列代号（GB/T 272—2017）

直径系列代号	向心轴承								推力轴承			
	宽度系列代号								高度系列代号			
	8	0	1	2	3	4	5	6	7	9	1	2
	尺寸系列代号											
7	—	—	17	—	37	—	—	—	—	—	—	—
8	—	08	18	28	38	48	58	68	—	—	—	—
9	—	09	19	29	39	49	59	69	—	—	—	—
0	—	00	10	20	30	40	50	60	70	90	10	—
1	—	01	11	21	31	41	51	61	71	91	11	—
2	82	02	12	22	32	42	52	62	72	92	12	22
3	83	03	13	23	33	—	—	—	73	93	13	23
4	—	04	—	24	—	—	—	—	74	94	14	24
5	—	—	—	—	—	—	—	—	—	95	—	—

③ 内径代号表示轴承的公称内径，一般用数字表示，见表7-12。

轴承内径代号示例如下。

A. 轴承6204。

其中，6——类型代号，表示深沟球轴承；
2——尺寸系列代号，表示02系列（0省略）；
04——内径代号，$d=4\times 5\text{mm}=20\text{mm}$。

B. 轴承 N2210。

N——类型代号，表示圆柱滚子轴承；

22——尺寸系列代号，表示22系列；

10——内径代号，$d=10\times 5\text{mm}=50\text{mm}$。

表 7-12　内径代号（摘自 GB/T 272—2017）

轴承公称内径 d/mm	内径代号		示例
0.6～10（非整数）	用公称内径毫米数直接表示，在其与尺寸系列代号之间用"/"分开		深沟球轴承 618/2.5，$d=2.5\text{mm}$
1～9（整数）	用公称内径毫米数直接表示，对深沟球轴承及角接触轴承7、8、9直径系列，内径与尺寸系列代号之间用"/"分开		深沟球轴承 625、618/5，$d=5\text{mm}$
10～17	10	00	深沟球轴承 6200，$d=10\text{mm}$
	12	01	调心球轴承 1201，$d=12\text{mm}$
	15	02	圆柱滚子轴承 NU202，$d=15\text{mm}$
	17	03	推力球轴承 51103，$d=17\text{mm}$
20～480（22、28、32除外）	公称内径除以5的商数，商数为个位数，需在商数左边加"0"，如08		调心滚子轴承 22308，$d=40\text{mm}$
≥500 以及 22、28、32	用公称内径毫米数直接表示，但在与尺寸系列代号之间用"/"分开		调心滚子轴承 230/500，$d=500\text{mm}$ 深沟球轴承 62/22，$d=22\text{mm}$

7.5.2　滚动轴承的画法

滚动轴承是标准组件，不需要画零件图。需要表示时，在装配图中可以采用规定画法、特征画法或通用画法绘制，特征画法及通用画法属于简化画法，在同一图样中，一般只采用一种简化画法。常用滚动轴承的规定画法和特征画法见表 7-13。

表 7-13 常用滚动轴承的规定画法和特征画法

轴承类型及标准号	结构型式	规定画法	特征画法
深沟球轴承 GB/T 276—2013 （6000 型） （主要参数有 D、d、B）		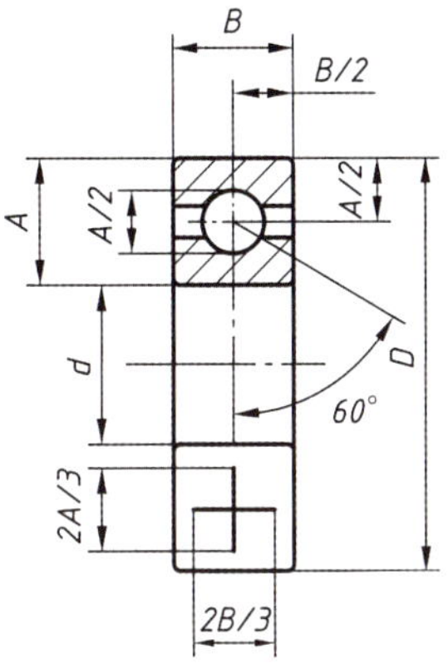	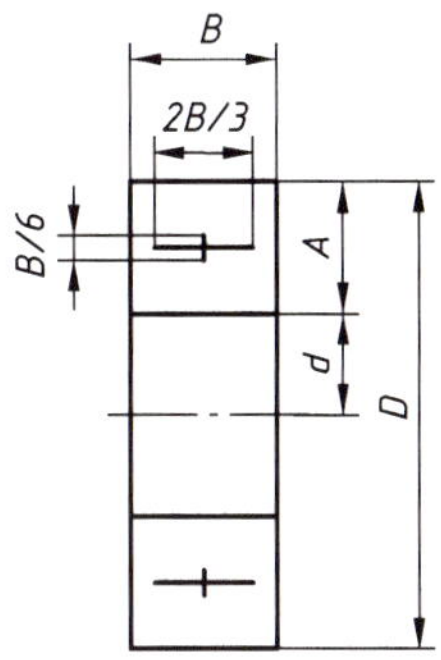
圆锥滚子轴承 GB/T 297—2015 （3000 型） （主要参数有 D、d、T、B、C）	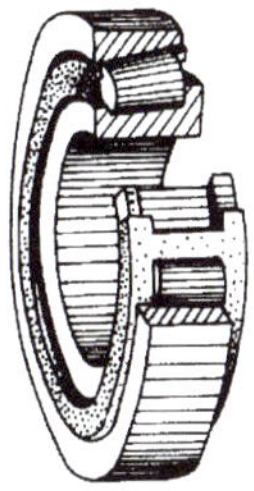	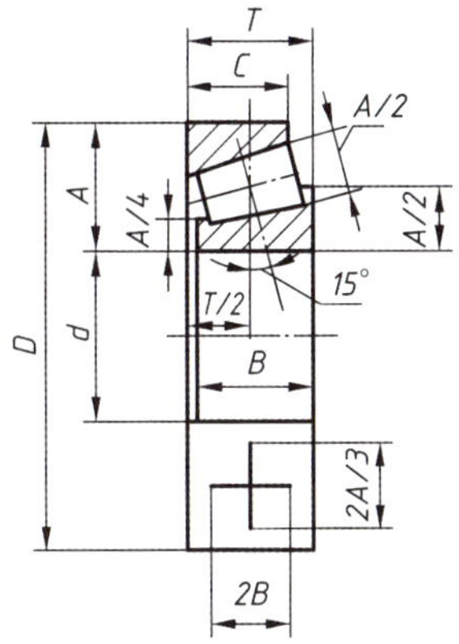	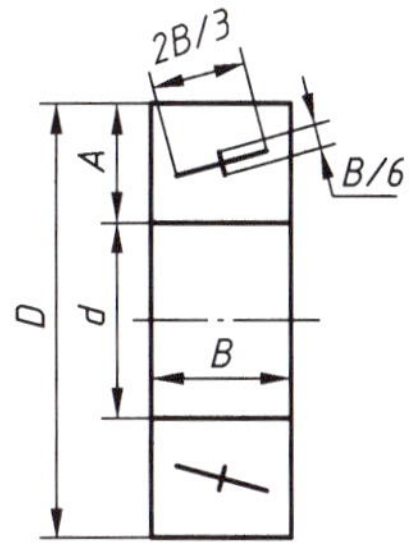
推力球轴承 GB/T 301—2015 （5100 型） （主要参数有 D、d、T）	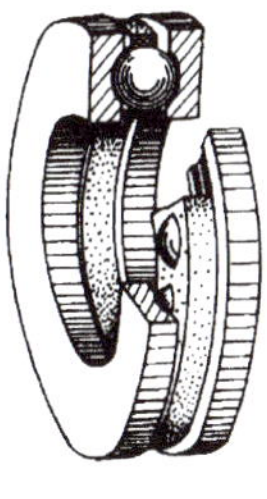	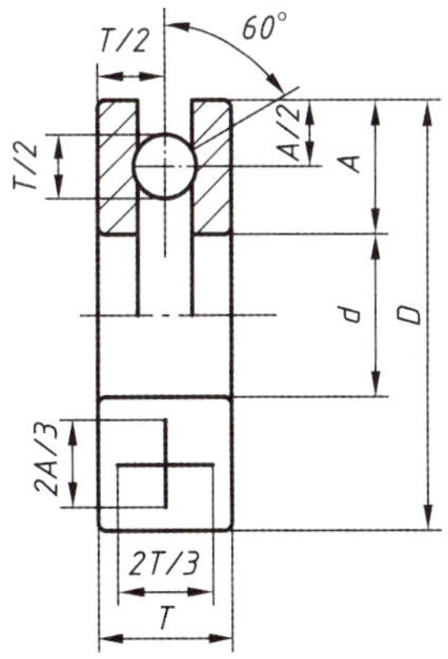	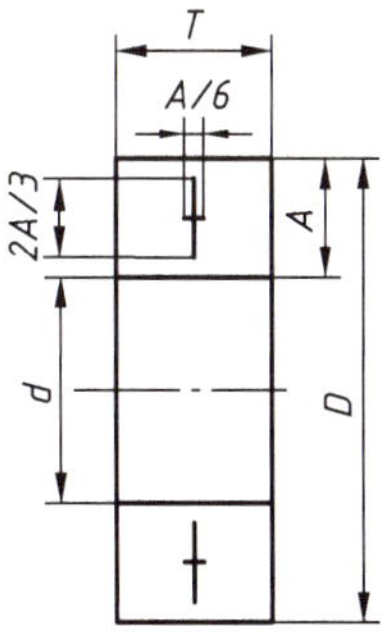

基本规定如下。

（1）各种画法中的符号、矩形线框和轮廓线均用粗实线绘制。以轴承实际的外轮廓尺寸绘制轴承的剖视图轮廓，而轮廓内可采用规定画法和特征画法。

（2）在装配图中，当需要详细表达轴承的主要结构特征时可采用规定画法；当简单表达轴承的主要结构，不需要确切表示外形轮廓、载荷特征、结构特征时可采用通用画法，如图 7.37（a）所示。

(3) 同一图样中应采用同一种画法。

画图时，轴承内径 d、外径 D、宽度 B 等主要尺寸根据轴承代号查附录表 B8.1 至附录表 B8.3 或有关手册确定。画装配图时，可以轴的一侧采用规定画法，另一侧采用通用画法，如图 7.37（b）所示。

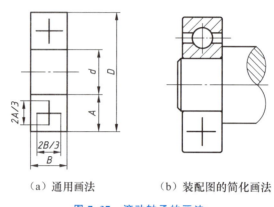

（a）通用画法　　　（b）装配图的简化画法

图 7.37　滚动轴承的画法

7.6　弹　　簧

弹簧是常用件，在机器、仪表和电器等产品中起到减振、储能和测量等作用。弹簧的种类很多，常见的有螺旋弹簧、板弹簧和蜗卷弹簧等。螺旋弹簧按用途又分为压缩弹簧、拉伸弹簧和扭转弹簧。常见的弹簧如图 7.38 所示。本节主要介绍圆柱螺旋压缩弹簧的参数和画法，其他弹簧的画法可参阅有关标准。

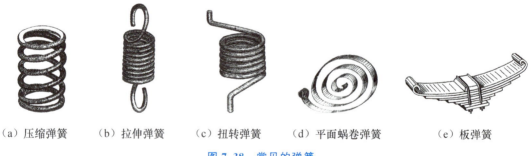

（a）压缩弹簧　　（b）拉伸弹簧　　（c）扭转弹簧　　（d）平面蜗卷弹簧　　（e）板弹簧

图 7.38　常见的弹簧

7.6.1　圆柱螺旋压缩弹簧的参数及尺寸计算

圆柱螺旋压缩弹簧由金属丝绕成，一般将两端并紧后磨平，其端面与轴线垂直，便于支承。不产生弹性变形的并紧磨平的圈数称为支承圈数 n_0，通常有 1.5 圈、2 圈、2.5 圈三种；产生弹性变形参与有效工作的圈数称为有效圈数 n；并紧磨平后，在不受外力情况下的全部高度称为自由高度 H_0。圆柱螺旋压缩弹簧的名称、含义及尺寸关系见表 7-14。

表 7-14 圆柱螺旋压缩弹簧的名称、含义及尺寸关系

分类	名称	含义	尺寸关系
直径	簧丝直径 d	制造弹簧所用金属丝的直径	
	弹簧外径 D	弹簧的最大直径	
	弹簧内径 D_1	弹簧的最小直径	$D_1 = D - 2d$
	弹簧中径 D_2	弹簧内径和外径的平均值	$D_2 = D - d = D_1 + d$
圈数	有效圈数 n	保持相等节距参与工作的圈数	
	支承圈数 n_0	弹簧两端并紧磨平的圈数	
	总圈数 n_1	有效圈数和支承圈数之和	$n_1 = n + n_0$
其他	节距 t	相邻两有效圈数上对应点间的轴向距离	
	自由高度 H_0	弹簧不受载荷时的高度	$H0 = nt + (n_0 - 0.5)d$
	展开长度 L	弹簧金属丝展开后的长度	$L = n_1\sqrt{(\pi D_2)^2 + t^2} \approx n_1 \pi D_2$
	旋向	分为左旋和右旋	

圆柱螺旋压缩弹簧的参数如图 7.39 所示。

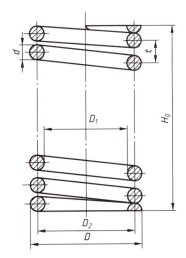

图 7.39 圆柱螺旋压缩弹簧的参数

圆柱螺旋压缩弹簧的尺寸系列参阅附录表 B9。

7.6.2 圆柱螺旋压缩弹簧的规定画法

1. 单个弹簧的画法

根据 GB/T 4459.4—2003《机械制图 弹簧表示法》中的规定，单个弹簧的画法如下。

（1）在平行于螺旋弹簧轴线的投影面上的图形可用视图表达，也可用剖视图表达。其各圈的螺旋线应简化成直线。

（2）螺旋弹簧均可画成右旋。但对左旋的螺旋弹簧，无论是画成左旋还是右旋，一律加注旋向"左"字。

（3）由于弹簧画法实际上只起一个符号的作用，因此弹簧两端的支撑圈可按实际结构绘制，且均按支承圈数为 2.5 绘制。

（4）有效圈数大于 4 圈的螺旋弹簧，其中间部分可以省略，允许适当减小图形长度。圆柱螺旋压缩弹簧的画图步骤见表 7-15。

表 7-15　圆柱螺旋压缩弹簧的画图步骤

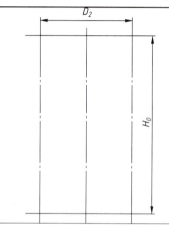	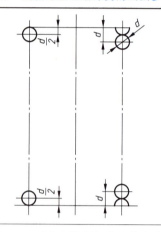	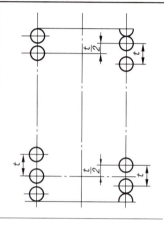
（a）根据 D_2 画出中径，定出自由高度 H_0	（b）画出支撑圈部分，作出直径与弹簧簧丝直径相等的圆	（c）画出有效圈数部分，其直径与弹簧簧丝直径相等
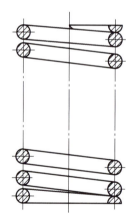	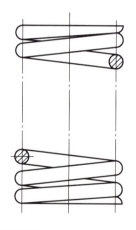	
（d）按右旋方向作相应圆的公切线，再画上剖面符号，完成作图	（e）若不画成剖视图，则可按右旋方向作相应圆的公切线，完成外形图	

2. 弹簧在装配图中的画法

（1）在装配图中，弹簧被视为实心结构，一般不必画出被弹簧挡住的结构。可见部分应从弹簧的外轮廓线或弹簧钢丝剖面的中心线画起，如图 7.40（a）所示。

（2）弹簧被剖切时，若簧丝直径≤2mm，则其断面可涂黑表示，如图 7.40（b）

所示。

(3) 弹簧被剖切时,若簧丝直径≤1mm,则其断面可采用示意画法,如图7.40(c)所示。

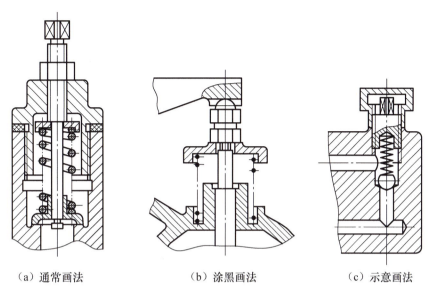

(a)通常画法　　　　　　(b)涂黑画法　　　　　　(c)示意画法

图7.40　装配图中弹簧的画法

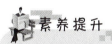素养提升

　　本章我们学习了机器设备中应用较广泛的标准件与常用件的表达方法。要求学生在绘制工程图样的过程中严格贯彻执行国家标准。严谨的优良品质会反映在学生的日常生活中:自觉遵守法律法规、学校的各种规章制度等,以此为标准规范言行举止,做到遵纪守法。国有国法,家有家规,一个国家、一个组织、一个家庭都有自己的标准,我们作为集体中的一员,一定要遵守法规,更要有责任意识和责任担当,做事要尽职尽责、严谨认真。

　　在制造业高质量发展的今天,如何成为合格的技术工人呢?河南中原特钢装备制造有限公司"钳工状元"——金其福的回答是"要有一股轴劲儿"。这个从"两眼一抹黑"的学徒工成长起来的省级"钳工状元"从业以来,几乎都在做一件事——与机械设备改造和维修难题较劲。

　　建议学生课后搜索观看《时代楷模》《大国工匠》节目。

第 8 章 零件图

阅读和绘制机械工程图样是学习"机械制图"课程的目标,而零件图是本课程的重点内容。设计机器时,要落实到每个零件的设计;制造机器时,要以零件为基本制造单元,先制造出零件,再装配成部件和整机。零件图是表达设计信息的主要载体,也是加工制造和检验零件的依据。培养学生阅读和绘制零件图的基本能力是本课程的主要任务。

通过学习本章内容,学生应了解零件图的作用和内容,重点掌握零件的结构表达和分析,掌握典型零件的视图选择和零件图的尺寸标注,了解零件图的技术要求,掌握读零件图的方法和步骤,了解零件测绘。

零件图

8.1 零件图的作用和内容

8.1.1 零件的分类

根据零件在机器或部件中的作用不同,零件一般可以分为一般零件、传动零件、标准件。

(1) 一般零件。一般零件包括轴、箱盖、箱体、轴承座等,这类零件的形状、结构、大小都必须符合部件的工作性能和结构要求。一般零件可以分为轴套类零件、盘盖类零件、箱体类零件、叉架类零件等。设计一般零件时要画出零件图,供加工生产时使用。

(2) 传动零件。传动零件包括圆柱齿轮、蜗轮蜗杆等,这类零件主要起传递动力的作用,其部分结构要素已经标准化并有规定画法。设计传动零件时要画出零件图,供加工生产时使用。

(3）标准件。标准件包括螺纹紧固件、滚动轴承、键、销等，这类零件主要起连接、支承、油封等作用。标准件由专业厂家生产，设计时不必画出零件图，只要写出其规定标记，从专业厂家或标准件商店购买，其全部尺寸和画法可在相关标准中查到。

8.1.2 零件图的作用

在机械工程制造领域使用的工程图样一般分为零件图和装配图两大类。零件是组成机器和部件的最小单元。零件图是设计部门提交给生产部门的重要技术文件，也是表达单个零件结构、大小、加工方法及技术要求的图样。它反映了设计者的意图，表达了对零件的要求（包括对零件的结构要求和制造工艺的可能性、合理性要求等），是制造和检验零件的重要依据，且直接服务于生产实际。

例如，要生产图 8.1 所示的泵套零件，就必须根据图 8.1 中标明的材料、比例和数量等要求准备材料，然后根据图样提供的形状、大小、技术要求进行生产、加工和产品检验。

8.1.3 零件图的内容

零件图一般应包括以下四方面内容。

（1）一组视图：采用机件表达方法及其他规定画法正确、完整、清晰地表达出零件的结构形状。

（2）完整的尺寸：正确、完整、清晰、合理地标注出制造和检验零件所需的全部尺寸。

（3）技术要求：用国家标准中规定的符号、数字、字母和文字等标注或说明零件在制造、检验和安装时应达到的技术要求，如表面粗糙度、尺寸公差、几何公差、热处理要求等。

（4）标题栏：填写零件的名称、材料、数量、比例、审核、日期等内容。

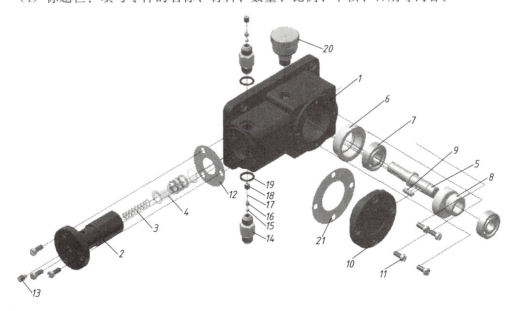

1—泵体；2—泵套；3—弹簧；4—柱塞；5—轴；6—轴承座；7—滚动轴承；8—凸轮；9—键；
10—泵盖；11, 13—螺钉；12—垫片；14～19—单向阀；20—油塞；21—垫片。

（a）柱塞泵分解图

图 8.1　柱塞泵分解图及泵套零件图

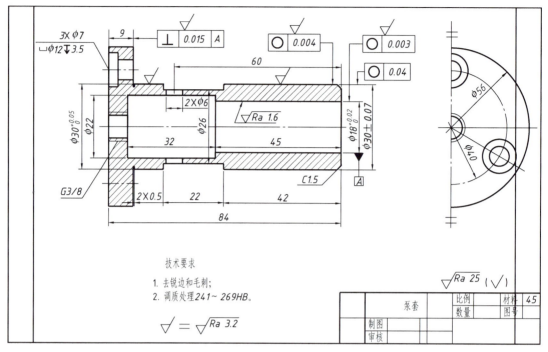

(b)泵套零件图

图 8.1 柱塞泵分解图及泵套零件图（续）

8.2 零件的结构表达和分析

零件的结构形状应满足零件在机器或部件中的设计要求，还要考虑零件在加工制造过程中的工艺要求。根据设计要求，零件在机器或部件中可以起到支承、包容、传动、连接、安装、定位、密封和防松等作用，这是决定零件主要结构的依据。从工艺要求角度看，为了使铸造零件的加工制造、测量、装配和调试等过程顺利，应设计铸造工艺结构。常见的零件工艺结构大多是通过铸造（或锻造）及机械加工获得的。

8.2.1 常见的零件工艺结构

1. 铸造圆角

铸件造型时，为了满足工艺要求，避免从砂型中起模时砂型转角处落砂及浇注时铁水将砂型转角冲毁；同时金属冷却时要收缩，为了防止铸件转角处产生裂纹、组织疏松和缩孔等铸造缺陷，铸件上各表面相交处应做成圆角，如图 8.2、图 8.3 所示。

铸造圆角半径一般取壁厚的 20%～40%。同一铸件的圆角半径应尽量相等，如图 8.4 所示。

按图样的简化原则，除确需表示的圆角外，其他圆角在零件图中均可不画出，但必须标注尺寸或在技术要求中注明。

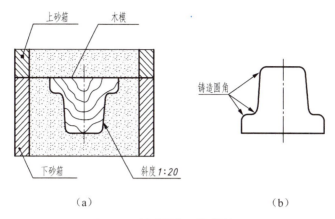

图 8.2 铸造圆角及起模斜度

图 8.3 铸造圆角　　　　　　　图 8.4 铸造圆角半径尽量相等

2. 起模斜度

造型时,为了便于从砂型中取出木模,在铸件的内、外壁上沿拔模方向设计出 1°～3° 的斜度,称为起模斜度,如图 8.2 所示。

3. 铸件壁厚

浇注零件时,为了避免由铸件冷却速度不同造成裂纹或缩孔,铸件壁厚应均匀或逐渐过渡(图 8.5),铸件内、外结构形状应简化(图 8.6)。

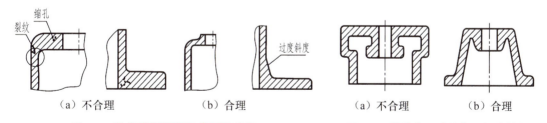

图 8.5 铸件壁厚要均匀或逐渐过渡　　　图 8.6 铸件内、外结构形状应简化

4. 过渡线

铸造圆角使得铸件表面的交线不够明显,为了便于读图时区分不同表面,仍要画出图中交线,这种交线通常称为过渡线。铸件表面过渡线用细实线画出。

常见过渡线的画法如下。

(1) 两曲面相交的过渡线:不应与圆角轮廓线接触,画到理论交点处为止,如图 8.7 所示。

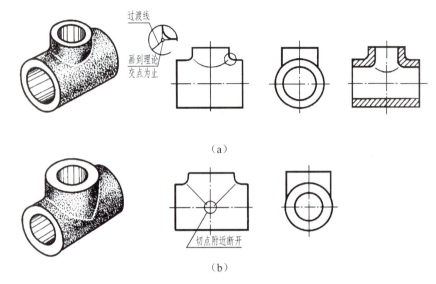

图 8.7 两曲面相交的过渡线画法

（2）平面与平面或平面与曲面相交的过渡线：应在转角处断开并加画小圆弧，其弯向应与铸造圆角的弯向一致，如图 8.8 所示。

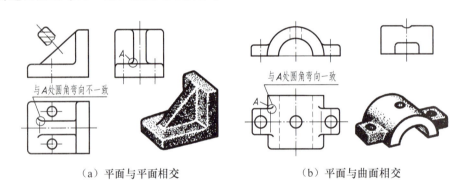

（a）平面与平面相交　　　　（b）平面与曲面相交

图 8.8 平面与平面、平面与曲面相交的过渡线画法

（3）肋板与圆柱相交、相切的过渡线：其形状取决于肋板的断面形状及相切或相交的关系，如图 8.9 所示。

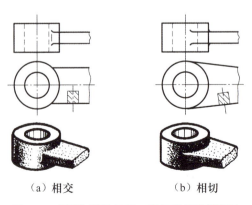

（a）相交　　　　（b）相切

图 8.9 肋板与圆柱相交、相切的过渡线画法

5. 倒角和倒圆

为了便于装配和保护装配面，去除零件的毛刺、锐边，一般将轴、孔的端部加工成45°圆台面，称为倒角。为了避免因应力集中而产生裂纹，往往将轴肩处加工成圆角，称为倒圆，如图8.10所示。倒角和倒圆尺寸可查阅相关标准。

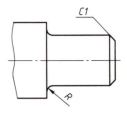

图 8.10 倒角与倒圆

6. 退刀槽和越程槽

为了在切削或磨削零件时便于退出刀具，保证加工质量及装配时与相邻零件靠紧，通常预先在零件加工表面的台肩处加工出退刀槽或越程槽。常见的有螺纹退刀槽、砂轮越程槽、刨削越程槽等。退刀槽和越程槽如图8.11所示，其结构尺寸 a、b、c 等数值可从相关标准中查取。

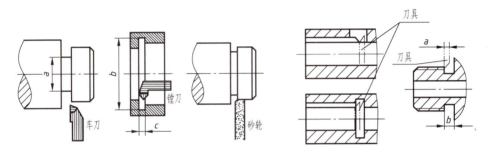

图 8.11 退刀槽和越程槽

一般退刀槽（或越程槽）的尺寸可按"槽宽×直径"或"槽宽×槽深"的形式标注，如图8.12所示。

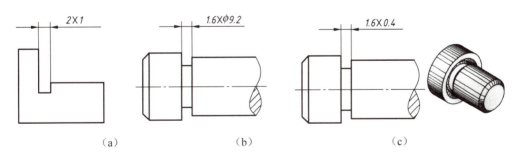

图 8.12 退刀槽的尺寸标注

7. 钻孔处结构

零件上钻孔处的合理结构如图8.13（a）所示。用钻头钻孔时，要求钻头尽量与钻孔端面垂直，避免钻头单边受力而产生偏斜或折断。如果孔端面是曲面或斜面，则应先在钻孔端部制成平台或铣出平坑，再钻孔。

8. 凸台或凹坑

零件上要求与其他零件接触的表面经过机械加工。为了保证其接触性能良好、减小加工面积、降低成本,通常在铸件上设计凸台或凹坑,如图8.14所示。

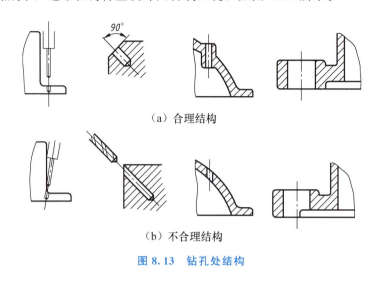

(a) 合理结构

(b) 不合理结构

图 8.13 钻孔处结构

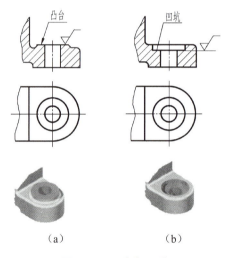

(a)　　　　　(b)

图 8.14 凸台与凹坑

8.3 典型零件的视图选择

零件的视图选择是指在便于读图和画图的前提下对零件进行结构分析,确定零件的表达方法,完整、清晰地表达零件的内、外结构形状。

8.3.1 主视图的选择

主视图是零件图中的重要视图,画图也是从主视图开始的。主视图的选择原则主要从安放位置和投射方向两方面考虑。选择主视图时,先确定零件的安放位置,再确定投射方向。

1. 零件的安放位置

零件的安放位置是指零件在加工过程中的工作位置或加工位置。此时主视图的选择原则如下。

（1）工作位置原则。

工作位置是指零件在机器或部件中安装或工作时的位置。主视图的安放位置与零件工作位置一致，便于想象零件的工作状况，利于读图。吊钩的工作位置如图 8.15 所示。叉架类零件、箱体类零件常按工作位置选择主视图。

（2）加工位置原则。

加工位置是指零件在机床上的装夹位置。主视图的安放位置与零件加工位置一致，便于加工时对照图样加工和检测尺寸。轴套类零件、盘盖类零件主要在

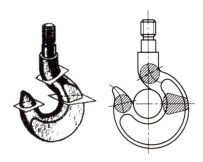

图 8.15　吊钩的工作位置

车床上加工，装夹零件时，它们的轴线都是水平的，因此选择轴线水平为其主视图的安放位置，如图 8.16 所示。

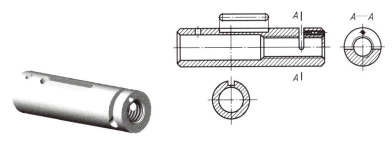

图 8.16　轴的加工位置

2. 主视图的投射方向

确定零件的安放位置后，还应选定主视图的投射方向，又称形状特征原则。将最能反映零件形体特征的方向作为主视图的投射方向，即在主视图上尽量多地反映出零件内、外结构形状及其相对位置关系。

8.3.2　其他视图的选择

确定主视图后，还要选择适当数量的其他视图和恰当的表达方法。视图的数量应恰当，表达方法应正确、合理，各视图之间相互补充且不重复。

下面以图 8.17 所示的齿轮油泵为例进行讲解。

（1）分析零件的结构形状。

分析零件的结构形状，可知其为箱体类零件。

（2）选择主视图。

根据工作位置原则选择主视图，如图 8.18 所示。其中，主视图采用了三个局部剖视图，因剖切位置明显，故未加标注。

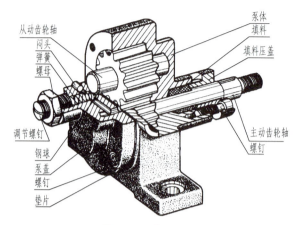

图 8.17 齿轮油泵

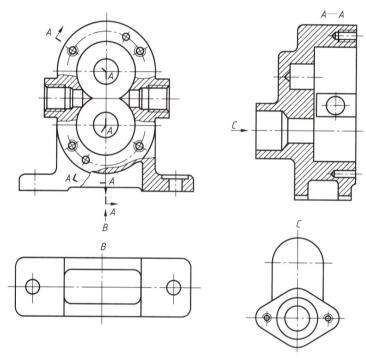

图 8.18 齿轮油泵泵体的最终表达方案

（3）选择其他视图，初定表达方案。

左视图采用了 $A—A$ 旋转剖视图，B 为仰视方向的局部视图，C 为后视方向的局部视图。

（4）确定表达方案。

图 8.18 中的表达方案视图较少，且视图之间相互补充。

8.3.3 零件的表达方案举例

【例 8.1】轴承座如图 8.19 所示，确定其表达方案。

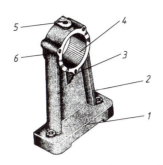

1—底板；2—支承板；3—肋板；4—轴承孔；
5—油杯孔；6—螺纹孔。
图 8.19 轴承座

结构分析：图 8.19 所示轴承座用来支承轴及轴上零件，它由底板、支承板、肋板、轴承孔、油杯孔和螺纹孔组成。

表达方案：轴承座属于叉架类零件，一般为铸件或锻件，零件结构较复杂，按照工作位置原则选择主视图。三种表达方案如图 8.20 所示。

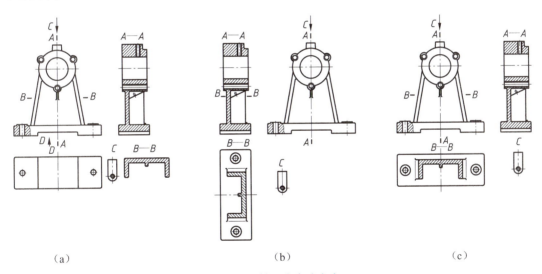

图 8.20 轴承座表达方案

方案一：主视图表达了零件的主要结构轴承孔的形状特征、轴承座各组成部分的相对位置、三个螺钉孔及凸台；全剖左视图表达了轴承孔的内部结构及肋板形状；D 向局部视图表达了底板的形状和孔的分布；移出断面图表达了支承板断面及肋板断面的形状；C 向局部视图表达了上面凸台的形状。

方案二：将方案一的主视图和左视图位置对调；俯视图选用 $B—B$ 剖视图，表达了底板、支承板及肋板断面的形状；C 向局部视图表达了上面凸台的形状。方案一与方案二相比视图少，但俯视图前后方向较长，图纸幅面安排欠佳。

方案三：俯视图采用 $B—B$ 剖视图，其余视图与方案一相同。

比较、分析三个表达方案，图 8.20（c）所示表达方案最好。

8.4 零件图的尺寸标注

8.4.1 零件图尺寸标注的基本要求

在零件图中，尺寸是零件图的主要内容。零件的尺寸标注要做到正确、完整、清晰、合理。前面已经介绍前三项要求，下面主要讨论尺寸标注的合理性。

尺寸标注的合理性是指所注尺寸既要符合设计要求，保证机器的使用性能，又要满足加工工艺要求，以便于零件的加工、测量和检验。合理地标注尺寸需要有一定的生产实践经验和掌握有关专业知识。

8.4.2 正确选择尺寸基准

基准是指零件在设计、制造和测量时，确定尺寸位置的一些点、线、面。基准的选择直接影响零件达到设计要求，以及加工的可行性、方便性。零件的长度、宽度、高度三个方向至少有一个尺寸基准，当同一方向有多个基准时，其中一个为主要基准，其余为辅助基准。基准按作用分为设计基准和工艺基准。

1. 设计基准

用以保证零件的设计要求而选择的基准，即确定零件在机器中正确位置的点、线、面的称为设计基准。一般选择重要的接触面、对称面、端面和回转面的轴线等为设计基准。

图 8.21 所示的轴承架在机器中是用接触面Ⅰ、Ⅱ和对称面Ⅲ定位的，这三个面分别是轴承架长度、宽度和高度方向的设计基准，用来保证轴孔的轴线与对面轴承架（或其他零件）轴孔的轴线在同一直线上，并使相对的两个轴孔的端面距离达到一定精确度。

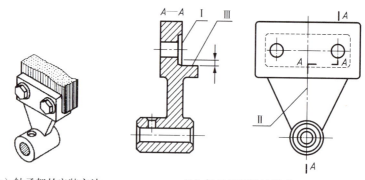

（a）轴承架的安装方法　　　（b）轴承架的设计基准

图 8.21　轴承架的安装方法和设计基准

2. 工艺基准

工艺基准是指确定零件在机床上加工时的装夹位置，以及测量零件尺寸时利用的点、线、面。

图 8.22 所示的套在机床上加工时，以其左端大圆柱面为径向定位面；测量轴向尺寸 a、b、c 时，以右端面为起点。因此，这两个面就是工艺基准。

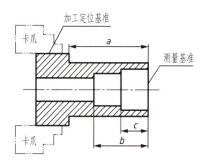

图 8.22 套的工艺基准

3. 基准的选择原则

标注尺寸时，最好能把设计基准和工艺基准统一起来，当不能统一时，主要尺寸应从设计基准出发标注。任何零件都有长度、宽度、高度三个方向的尺寸，根据设计、加工、测量的要求，每个方向上都只能有一个主要基准。根据需要，还可以有若干辅助基准，主要基准和辅助基准间要有一个联系尺寸。

轴承座如图 8.23（a）所示，由于底座在长度方向上左右对称，因此在长度方向上的结构尺寸（如螺栓孔、长圆孔的定位尺寸 65、140，凹槽Ⅰ的配合尺寸 70H8，以及 180、20 等）选择对称中心线为零件长度方向的基准，为主要基准。长度方向上的辅助基准为两螺栓孔的轴线，长圆孔的对称中心线，底板的左、右端面等。尺寸 $\phi 12$、$R14$、45、6 等分别从这些辅助基准出发标注，如图 8.23（b）所示。

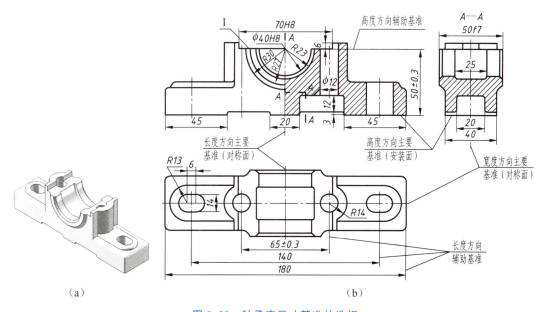

图 8.23 轴承座尺寸基准的选择

由于底面是底座的安装面,因此选择底面作为底座高度方向上的主要基准。从底面为高度方向设计基准标注底座半圆孔的轴线到底面距离的尺寸 50±0.3。高度方向上的辅助基准为凹槽的底面,用来确定凹槽的深度尺寸 6。

由于底座前、后方向具有对称面,因此选择该对称面作为宽度方向上的主要基准。宽度方向的结构尺寸 50f7、40、20、25 均以此为基准标注。

8.4.3 合理标注尺寸应注意的问题

1. 主要尺寸直接标注

零件的主要尺寸是指功能尺寸,如零件间的配合尺寸、重要的安装定位尺寸。为了满足设计要求,应该直接标注主要尺寸。轴承架的主要尺寸如图 8.24 所示。

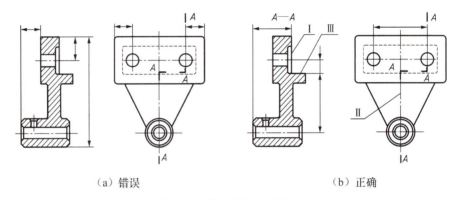

(a) 错误　　　　　　　　　　(b) 正确

图 8.24　轴承架的主要尺寸

2. 相关零件的尺寸协调一致

对于部件中有相互配合、连接、传动等关系的相关零件的相关尺寸,应尽可能做到尺寸基准、尺寸标注形式及其内容等协调一致(孔和轴配合、内外螺纹连接、键和键槽),如图 8.25 所示的尾座与导板。

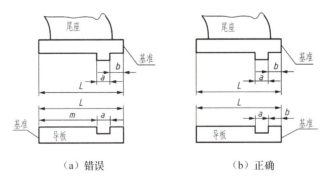

(a) 错误　　　　　　　　　　(b) 正确

图 8.25　相关零件的尺寸协调一致

3. 避免标注成封闭尺寸链

封闭尺寸链是首尾相连、形成一个封闭圈的一组尺寸。图 8.26(a) 所示是错误标注,每个尺寸的精度都受到其他尺寸的影响，尺寸链中任一环的尺寸误差都等于其他各环的尺寸误差之和。

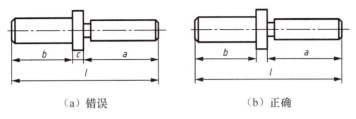

(a) 错误　　　　　　　(b) 正确

图 8.26　避免标注成封闭尺寸链

解决方法是选择一个相对不重要的尺寸不标注，称为开口环，使误差累积到不重要的开口环上（加工时不测量），从而保证其他各段标注尺寸的精度，如图 8.26（b）所示。

4. 标注尺寸便于测量

当没有结构要求或其他重要的要求时，标注尺寸要尽量考虑便于加工和测量，且易保证加工精度。在满足设计要求的前提下，标注尺寸应尽量做到使用普通量具就能测量，以减少专用量具的设计和制造，如图 8.27 所示。

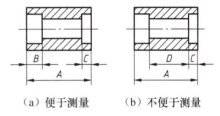

(a) 便于测量　　(b) 不便于测量

图 8.27　标注尺寸便于测量

5. 考虑加工方法和加工顺序

如图 8.28 所示，因为铸件、锻件的不加工面（毛坯面）的尺寸精度只能在铸造、锻造时保证，因此标注零件毛坯面的尺寸时，在同一方向上的加工面与毛坯面之间一般只能有一个尺寸联系，其余为毛坯面与毛坯面之间或加工面与加工面之间尺寸联系，从而易保证加工面的尺寸精度要求。

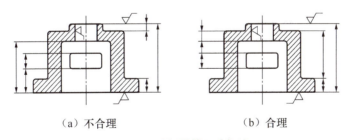

(a) 不合理　　　　　　(b) 合理

图 8.28　毛坯面的尺寸标注

标注尺寸要符合加工顺序。如图 8.29 所示，按加工顺序标注尺寸，符合加工过程，方便加工和测量，便于读图。

6. 零件图上常见结构的尺寸标注

零件图上常见结构的尺寸标注见表 8-1。为保持图面清晰，零件上小孔尺寸应采用简化画法。

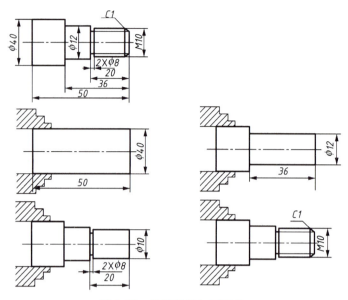

图 8.29 阶梯轴的加工顺序

表 8-1 零件图上常见结构的尺寸标注

序号	类型	简化标注法		一般标注法	说明
1	光孔	4×φ4↓10	4×φ4↓10	4×φ4	4 个均匀分布的 φ4 孔，深度为 10
2		4×φ4H7↓10 孔↓12	4×φ4H7↓10 孔↓12	4×φ4H7	4 个均匀分布的 φ4 盲孔，钻孔深度为 12，精加工孔深度为 10
3	螺孔	3×M6-7H	3×M6-7H	3×M6-7H	3 个均匀分布的 M6-7H 内螺纹通孔
4		3×M6-7H↓10 孔↓12	3×M6-7H↓10 孔↓12	3×M6-7H	3 个均匀分布的 M6-7H 内螺纹孔，螺孔深度为 10，光孔深度为 12

续表

序号	类型	简化标注法	一般标注法	说明
5	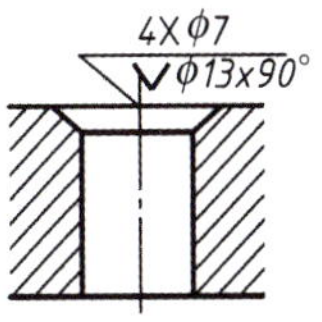 沉孔	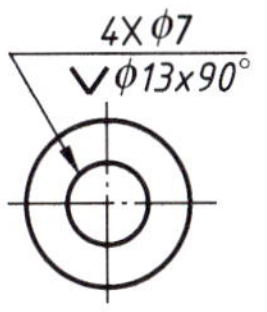 4×φ7 ⌵φ13×90°	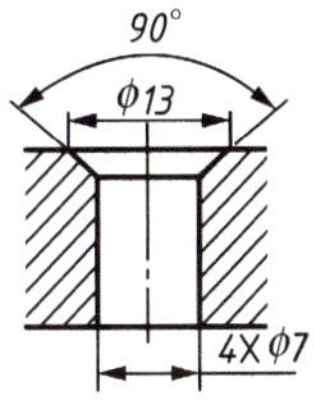 4×φ7 ⌵φ13×90°	4个φ7带锥形沉头孔，锥孔为φ13的孔，锥面顶角为90°
6	沉孔	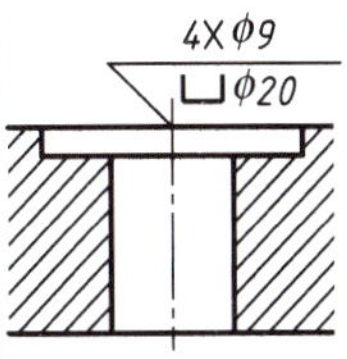 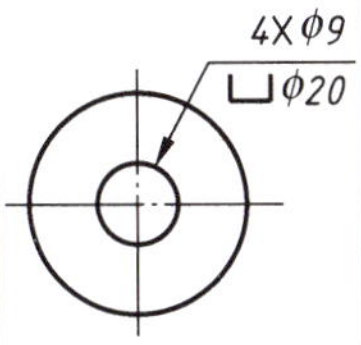 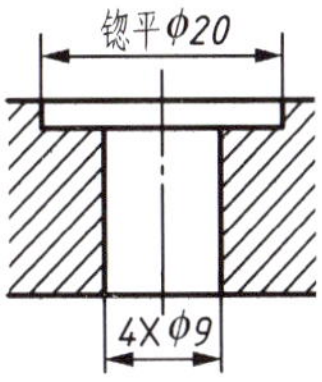 4×φ9 ⌴φ20	4×φ9 ⌴φ20	4个φ9带锪平孔，锪平孔为φ20的孔。锪平孔不需要标注深度，一般锪平到不见毛面为止
7	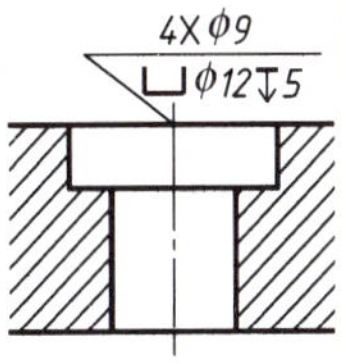 沉孔	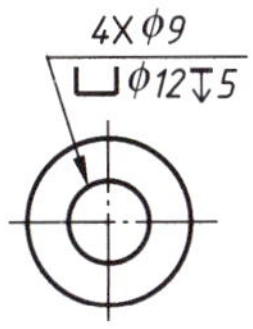 4×φ9 ⌴φ12↧5	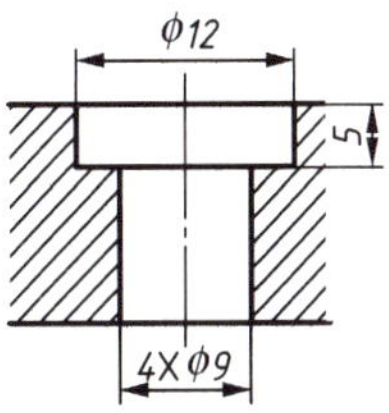 4×φ9 ⌴φ12↧5	4个φ9带圆柱形沉头孔，沉孔为φ12的孔，深度为5

序号	类型	标注方法
8	45°倒角标注法	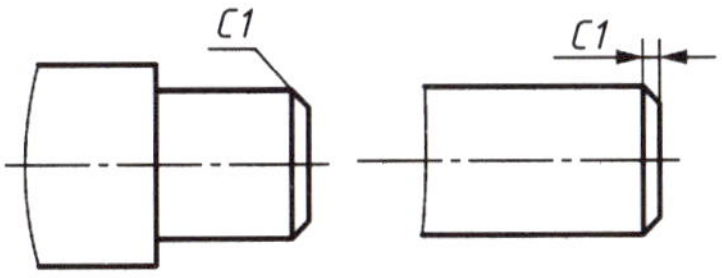
9	30°倒角标注法	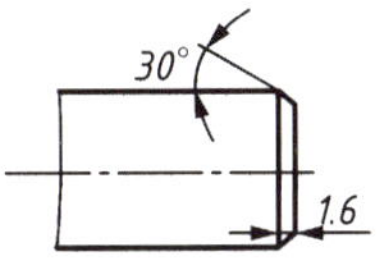
10	退刀槽、砂轮越程槽标注法	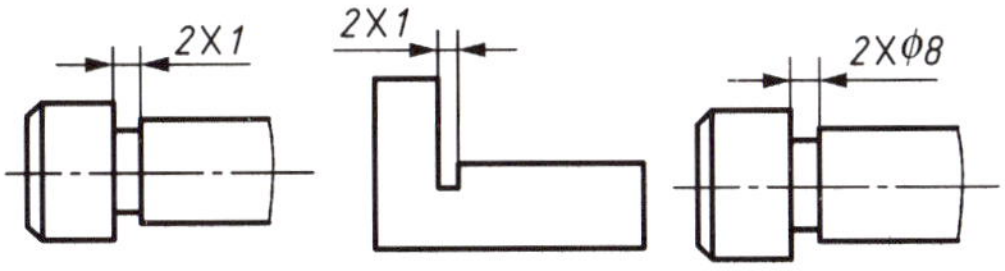

7. 尺寸的简化标注

简化标注的主要原则如下：在不致引起误解的前提下，应便于阅读和绘制，注重简化的综合效果。

简化标注的基本要求如下。

(1) 当图样中的尺寸和公差全部相同或某尺寸和公差占多数时，可在图样空白处作出总的说明，如"全部倒角 C2""其余圆角 R4"等。

（2）标注尺寸时，应尽可能使用符号或缩写词，见表 8-2。

表 8-2 简化标注常用的符号和缩写词

含 义	符号或缩写词	含 义	符号或缩写词
厚度	t	沉孔或锪平	⊔
正方形	□	埋头孔	∨
45°倒角	C	均匀分布	EQS
深度	↓	展开长	⌒

【例 8.2】减速器轴的尺寸标注如图 8.30 所示。按轴的工作情况和加工特点，轴线为径向尺寸主要基准，端面 A 为长度方向主要基准，设计基准与工艺基准是统一的，端面 C、端面 D、端面 B 为长度方向辅助基准。

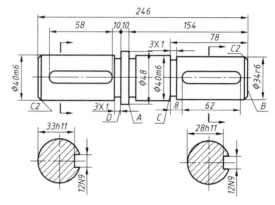

图 8.30 减速器轴的尺寸标注

8.5 零件图的技术要求

零件在加工制造过程中会受到各种因素的影响，其表面具有各种不规则形态，形成工件的几何特性。几何特性包括尺寸误差、形状误差、表面粗糙度等。它们严重影响产品的质量和使用寿命，必须在零件图上标注或说明零件在加工制造过程中的技术要求，如尺寸公差、表面粗糙度、几何公差及热处理方面的要求等。技术要求在零件图中的表示方法有两种，一种是用规定的代（符）号标注在视图中；另一种是在"技术要求"标题下用文字说明。下面介绍零件图中技术要求的内容、选用原则和在图样上的标注方法。

8.5.1 表面粗糙度

1. 基本概念

如图 8.31 所示，在微观状态下观察零件表面，总会看到高低不平的状况，零件表面的这种由具有较小间距和微小峰谷组成的微观几何形状特征称为表面粗糙度。它与零件的加工方法、材料性质等因素有关。

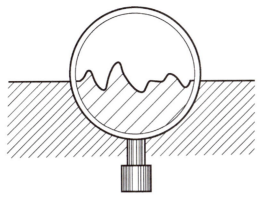

图 8.31 表面粗糙度

表面粗糙度是衡量零件表面质量的标准之一，它对零件的配合性质、耐磨性、抗疲劳强度、耐蚀性、密封性、表面涂层的质量、产品外观等都有较大影响。表面粗糙度数值越小，表面越光滑，加工成本也越高。因此，在满足零件使用要求的前提下，应合理选用表面粗糙度。

GB/T 3505—2009《产品几何技术规范（GPS） 表面结构 轮廓法 术语、定义及表面结构参数》中规定了表面粗糙度术语、评定参数及其数值系列等。评定表面粗糙度参数的指标有评定轮廓的算术平均偏差 Ra（图 8.32）和轮廓的最大高度 Rz。在常用的参数值范围内，推荐选用评定轮廓的算术平均偏差 Ra。它是指在一个取样长度内纵坐标值 $Z(x)$ 绝对值的算术平均值，用公式表示为

$$Ra = \frac{1}{l} \int_0^l |Z(x)| \, dx$$

式中，Z 为轮廓线上的点到基准线（中线）之间的距离；l 为取样长度，依据不同的情况，$l=lp$、lr 或 lw；X 轴为基准线。评定轮廓的算术平均偏差可用电动轮廓仪测量，由仪器自动完成运算过程，其数值见表 8-3。Ra 值有两个系列，优先采用第一系列。显然，Ra 值大的表面粗糙，Ra 值小的表面光滑。

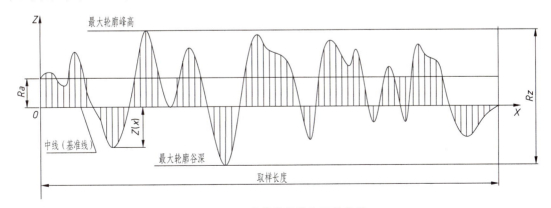

图 8.32 评定轮廓的算术平均偏差

表 8-3　评定轮廓的算术平均偏差 Ra

Ra/μm		Ra/μm		Ra/μm		Ra/μm	
第一系列	第二系列	第一系列	第二系列	第一系列	第二系列	第一系列	第二系列
	0.008		0.125		2.0		32
	0.010		0.160		2.5		40
0.012		0.2		3.2		50	
	0.016		0.25		4.0		63
	0.020		0.32		5.0		80
0.025		0.4		6.3		100	
	0.032		0.5		8.0		
	0.040		0.63		10.0		
0.05		0.8		12.5			
	0.063		1.00		16.0		
	0.080		1.25		20		
0.1		1.6		25			

注：优先选用第一系列。

2. 表面粗糙度符号

GB/T 131—2006《产品几何技术规范（GPS）　技术产品文件中表面结构的表示法》规定了表面粗糙度符号、代号及其在图样上的标注方法。在图样上标注的表面粗糙度符号、代号是该表面完工后的要求。表面粗糙度的符号画法、符号、代号见表 8-4。

表 8-4　表面粗糙度的符号画法、符号、代号

基本图形符号		对表面结构有要求的图形符号，仅用于简化代号标注，没有补充说明时不能单独使用。符号粗细为 $h/10$，$h=$ 字体高度
扩展图形符号		对表面结构有指定要求（去除材料）的图形符号，在基本图形符号上加一个短横，表示指定表面是用去除材料的方法获得的，如通过机械加工（车、铣、刨、磨、抛光、腐蚀、电火花加工、气割等）获得
		对表面结构有指定要求（不去除材料）的图形符号，在基本图形符号上加一个圆圈，表示指定表面是不用去除材料的方法获得的，如铸、锻、冲压变形、热轧、冷轧、粉末冶金等，包括保持上一道工序的状况

续表

完整图形符号	⌵ ⌵ ⌵	对基本图形符号或扩展图形符号扩充后的图形符号，当要求标注表面结构特征的补充信息时，在基本图形符号或扩展图形符号的长边上加一个横线
代号标注举例	$\sqrt{Ra\ 3.2}$	用任何方法获得的表面粗糙度，Ra 的上限值为 $3.2\mu m$
	$\sqrt{Ra\ 3.2}$	用去除材料方法获得的表面粗糙度，Ra 的上限值为 $3.2\mu m$
	$\sqrt{Ramax\ 3.2}$	用去除材料方法获得的表面粗糙度，Ra 的上限值为 $3.2\mu m$，最大规则（评判）
	$\sqrt{\begin{array}{l}U\ Ra\ 3.2\\ L\ Ra\ 0.8\end{array}}$	用去除材料方法获得的表面粗糙度，Ra 的上限值为 $3.2\mu m$，下限值为 $0.8\mu m$

3. 表面粗糙度符号在图样上的标注

表面粗糙度的注写和读取方向与尺寸的注写和读取方向一致，字母与数字间空一格；不同的表面粗糙度应直接标注在图形中，如图 8.33（a）和图 8.33（b）；如果工件的多数表面有相同的表面粗糙度，则表面粗糙度代号可统一标注在紧邻标题栏的右上方，并在其后面的圆括号内标出无任何其他标注的基本符号，如图 8.33（c）所示。

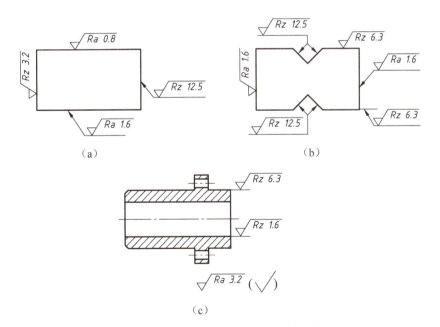

图 8.33 表面粗糙度在图样中的标注

4. 表面粗糙度参数的应用

表面粗糙度是保证零件表面质量的技术要求，选用时既要满足零件表面的功用，又要考虑零件加工的经济合理性。因此，在满足功用的前提下，尽量选用较大的数值，以降低生产成本。选用时常采用类比法，工作表面的表面粗糙度应小于非工作表面的表面粗糙度，配合表面的表面粗糙度应小于非配合表面的表面粗糙度，运动速度高的表面的表面粗糙度应小于运动速度低的表面的表面粗糙度。见表8-5。

表8-5 表面粗糙度数值与其相应的加工方法和应用举例

Ra/μm	表面特征	加工方法	应用举例
50	明显可见刀痕	粗车、粗铣、粗刨、钻、粗纹锉刀和粗砂轮加工	粗加工表面，一般很少应用
25	可见刀痕		
12.5	微见刀痕	粗车、刨、立铣、平铣、钻	不接触表面、不重要的接触面，如螺钉孔、倒角、机座底面等
6.3	可见加工痕迹	精车、精铣、精刨、铰、镗、粗磨等	没有相对运动的零件接触面，如箱、盖、套要求紧贴的表面、键和键槽工作表面；运动速度不高的接触面，如支架孔、衬套、带轮轴孔的工作表面
3.2	微见加工痕迹		
1.6	看不见加工痕迹		
0.8	可辨加工痕迹方向	精车、精铰、精拉、精镗、精磨等	要求密合很好的接触面，如与滚动轴承配合的表面、圆锥销孔等；运动速度较高的接触面，如滑动轴承的配合表面、齿轮轮齿的工作表面等
0.4	微辨加工痕迹方向		
0.2	不可辨加工痕迹方向		
0.1	暗光泽面	研磨、抛光、超级精细研磨等	精密量具的表面、极重要零件的摩擦面，如气缸的内表面、精密机床的主轴颈、坐标镗床的主轴颈等
0.05	亮光泽面		
0.025	镜状光泽面		
0.012	雾状镜面		
0.006	镜面		

8.5.2 尺寸公差（GB/T 1800.1—2020）

尺寸公差是检验产品质量的技术指标、保证使用性能和实现互换性生产的前提、零件图和装配图中的一项重要技术要求。

1. 互换性概念

同一规格的一批零件，只需按照零件图的要求加工，任取一件，不需要经过附加的选择、修配或调整并装配到机器上，就能满足使用性能要求，零件的这种性质称为互换性。零件具有互换性，便于装配和维修，利于组织生产协作，从而提高经济效益。

2. 公差的有关术语和定义

在加工零件的过程中，受机床精度、刀具磨损、测量误差等因素的影响，不可能把零件的尺寸加工得绝对准确。为了保证互换性，需要对零件尺寸规定一个允许的范围，这个变动范围称为尺寸公差（简称公差）。公差的术语及公差带图如图 8.34 所示。

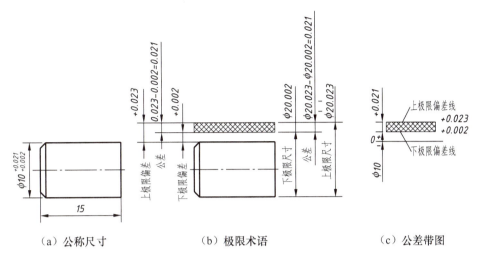

（a）公称尺寸　　　　　　　（b）极限术语　　　　　　　（c）公差带图

图 8.34　公差的术语及公差带图

（1）公称尺寸：由图样规范定义的理想形状要素的尺寸。

（2）实际尺寸：拟合组成要素的尺寸。

（3）极限尺寸：尺寸要素的尺寸所允许的极限值。最大的为上极限尺寸，最小的为下极限尺寸。

（4）尺寸偏差：实际尺寸与公称尺寸之差。尺寸偏差分为上极限偏差和下极限偏差。

$$上极限偏差＝上极限尺寸－公称尺寸$$

$$下极限偏差＝下极限尺寸－公称尺寸$$

上极限偏差和下极限偏差统称极限偏差。它们可以是正值、负值或零。极限偏差为零时必须标注 0，且与另一个偏差的个位数对齐，如 $\phi 25^{+0.021}_{0}$；末端为零时用 0 补齐，如 $\phi 25^{+0.020}_{-0.041}$。孔和轴的上极限偏差分别用 ES 和 es 表示；孔和轴的下极限偏差分别用 EI 和 ei 表示。孔和轴的极限偏差见附表 C。

（5）公差：上极限尺寸与下极限尺寸之差。公差是一个没有符号的绝对值，也可以是上极限偏差与下极限偏差之差。

$$公差＝上极限尺寸－下极限尺寸$$

$$＝上极限偏差－下极限偏差$$

（6）零线：在极限与配合图解中，表示公称尺寸的一条直线，以其为基准确定偏差和尺寸公差。通常零线表示公称尺寸，沿水平方向绘制，正偏差位于其上，负偏差位于其下，如图 8.34（c）所示。

（7）公差带和公差带图：公差带是公差极限之间（包括公差极限）的尺寸变动值，它反映公差的大小和与零线的距离。公差带与公称尺寸的关系按放大比例画成简图，称为公差带图，如图 8.34（c）所示。公差带方框的左、右长度根据需要任意确定。

（8）标准公差：GB/T 1800.1—2020《产品几何技术规范（GPS）　线性尺寸公差 ISO 代号体系　第 1 部分：公差、偏差和配合的基础》规定的用来确定公差带大小的标准化数值。附录表 C6 给出了部分标准公差。

标准公差按公称尺寸范围和标准公差等级确定，有 20 个级别，即 IT01、IT0、IT1～IT18。随着 IT 值的增大，精度降低，公差值也由小变大。IT01、IT0、IT1～IT12 用于配合尺寸，IT13～IT18 用于非配合尺寸。

在保证产品质量的前提下，应选用较低的公差等级。一般机器的配合尺寸中，孔选用 IT6～IT12，轴选用 IT5～IT12。当公差等级高于 IT8 时，由于孔较轴难于加工，因此孔应选用比轴低一级的公差等级。

（9）基本偏差：用来确定公差带相对零线位置的极限偏差，可以是上极限偏差或下极限偏差，一般指靠近零线的极限偏差。当公差带位于零线上方时，基本偏差为下极限偏差；当公差带位于零线下方时，基本偏差为上极限偏差，如图 8.35 所示。

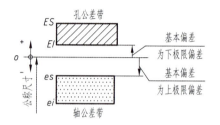

图 8.35 基本偏差

孔和轴分别有 28 个基本偏差，用字母表示，大写字母表示孔，小写字母表示轴。孔用 A，B，…，ZC 表示；轴用 a，b，…，zc 表示。28 个基本偏差按顺序排成了基本偏差系列，如图 8.36 所示。由于图中基本偏差只表示公差带的位置而不表示公差带的大小，因此公差带一端画成开口。

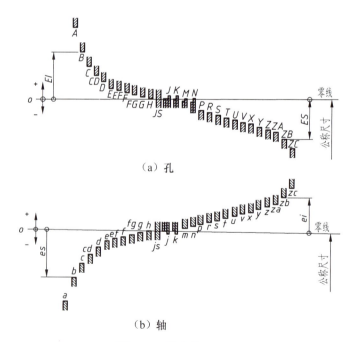

图 8.36 基本偏差系列

孔的基本偏差中 A～H 为下偏差，JS～ZC 为上偏差。孔的基本偏差数值规定见附录表 C1。

轴的基本偏差中 a～h 为上偏差，js～zc 为下偏差。轴的基本偏差数值规定见附录表 C6。

孔 JS 和轴 js 的公差带对称分布于零线两边，其基本偏差为上极限偏差（+IT/2）或下极限偏差（-IT/2）。

（10）公差带代号：孔和轴的公差带代号由基本偏差代号和标准公差等级组成。如 H8、G7 为孔的公差带代号，h7、f8 为轴的公差带代号。基本尺寸和公差代号确定后，可根据本书附录表查得极限偏差值。

例如：轴的公称尺寸和公差带代号为 φ20f7，由轴的极限偏差表查 C6 得上极限偏差为 -0.020，下极限偏差为 -0.041，其公差带图如图 8.37 所示。孔的公称尺寸和公差带代号为 φ20H8，由孔的极限偏差表 C1 查得上极限偏差为 +0.033，下极限偏差为 0，其公差带图如图 8.38 所示。

图 8.37　轴的公差带图　　　　图 8.38　孔的公差带图

3. 配合

配合是指在机器装配中公称尺寸相同，相互结合的孔、轴公差带之间的关系。根据使用要求的不同，孔和轴装配后可能出现不同的松紧程度，即装配后可能产生"间隙"或"过盈"。当孔的实际尺寸减去轴的实际尺寸为正值时称为间隙；当孔的实际尺寸减去轴的实际尺寸为负值时称为过盈。

（1）配合种类。

从零件的工作要求和生产实际出发，孔和轴的配合分为间隙配合、过盈配合、过渡配合三大类。

① 间隙配合：具有间隙（包括最小间隙为零）的配合。此时，孔的公差带位于轴的公差带之上，如图 8.39 所示。

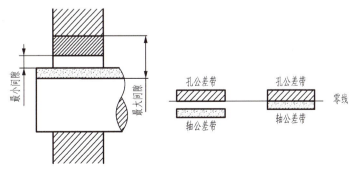

图 8.39　间隙配合

② 过盈配合：具有过盈（包括最小过盈等于零）的配合。此时，孔的公差带位于在轴的公差带之下，如图 8.40 所示。

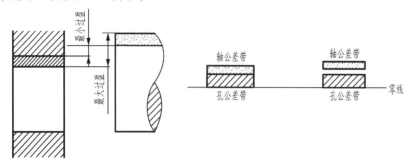

图 8.40 过盈配合

③ 过渡配合：可能具有间隙或过盈的配合。此时，孔的公差带和轴的公差带相互交叠，如图 8.41 所示。

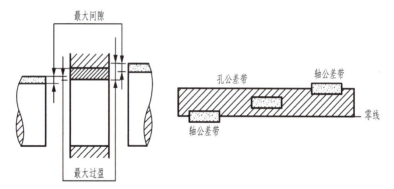

图 8.41 过渡配合

三种配合如图 8.42 所示。

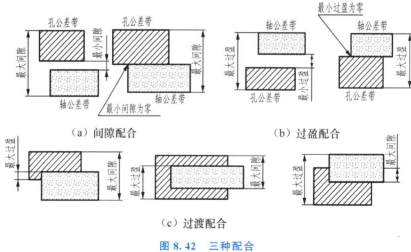

图 8.42 三种配合

(2) 配合基准制。

公称尺寸相同的孔和轴配合,孔和轴的公差带的位置可以产生很多方案。配合制度有基孔制配合和基轴制配合两种。

① 基孔制配合:孔的基本偏差为零的配合,即其下极限偏差等于零,如图 8.43 所示。基孔制配合中的孔称为基准孔,用基本偏差代号 H 表示,其下极限偏差为零。在基孔制中,轴的基本偏差 a~h 用于间隙配合,js~m 用于过渡配合,n~z 用于过盈配合。

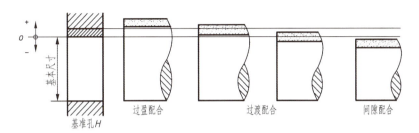

图 8.43　基孔制配合

② 基轴制配合:轴的基本偏差为零的配合,即其上极限偏差等于零,如图 8.44 所示。基轴制配合中的轴称为基准轴,用基本偏差代号 h 表示,其上极限偏差为零。在基轴制中,孔的基本偏差 A~H 用于间隙配合,JS~M 用于过渡配合,N~Z 用于过盈配合。

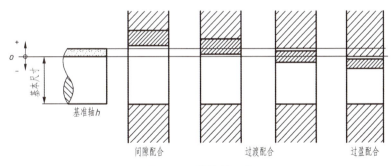

图 8.44　基轴制配合

一般优先采用基孔制,在保证使用要求的前提下,一般选用孔的公差比轴低一级。

在零件与标准件配合时,应按标准件所用的基准制确定(图 8.45),如滚动轴承的轴圈与轴配合为基孔制,座圈与机体孔配合为基轴制。

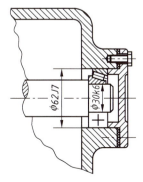

图 8.45　标准件与零件(轴或孔)配合实例

（3）配合代号。

在装配图中，配合代号由两个相互配合的孔、轴公差带代号组成，写成分数形式，分子为孔的公差带代号（用大写字母），分母为轴的公差带代号（用小写字母）。

例如，$\frac{H9}{d9}$ 为基孔制的配合代号，$\frac{R7}{h6}$、$\frac{S7}{h6}$ 为基轴制的配合代号。

（4）极限与配合的标注。

一般在装配图上标注配合代号，如图 8.46 所示。

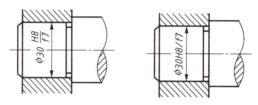

图 8.46 装配图中配合的标注法

在 $\phi 30H8/f7$ 中：$\phi 30$ 为轴孔的公称尺寸；H8 为孔的公差带代号，H 为孔的基本偏差代号，8 为公差等级（8 级）；f7 为轴的公差带代号，f 为轴的基本偏差代号，7 为公差等级（7 级）。

可在零件图上标注公差带代号或极限偏差，如图 8.47 所示。图 8.46（a）所示注法常用于大批量生产中，由于与采用专用量具检验零件统一，因此不需要标注极限偏差。图 8.46（b）所示注法常用于小批量或单件生产中，以便加工检验时对照。

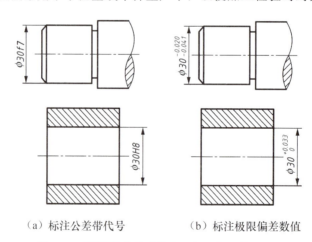

（a）标注公差带代号　　　（b）标注极限偏差数值

图 8.47 零件图中公差代号及极限偏差的注法

在同一张零件图上，只能用一种公差标注形式。

【例 8.3】查表写出 $\phi 30H7/f6$ 的轴、孔偏差数值。

从配合代号中可以看出：孔、轴的公称尺寸为 $\phi 30$，孔为基准孔，公差等级为 7 级；相配合的轴的基本偏差代号为 f，公差等级为 6 级，属于基孔制间隙配合。

（1）查 $\phi 30H7$ 基准孔。在附录表 C1.2 中，由公称尺寸为 24~30 的行与 H7 的列相交处得上极限偏差为 +0.021，下极限偏差为 0。也可在附录表 C7 中查得，在公称尺寸为 18~30 的行与 IT7 的列相交处找到 21μm（0.021mm），可知该基准孔的上极限偏差为

+0.021，下极限偏差为 0。

（2）查 ϕ30f6 轴。在附录表 C6 中，在公称尺寸为 24～30 的行与 f6 的列相交处得上极限偏差为－0.020，下极限偏差为－0.033mm。因此，ϕ30f6 可写成 $\phi 30^{-0.020}_{-0.033}$。

8.5.3 几何公差

评定零件质量的指标是多方面的，零件尺寸、表面形状和相对位置在加工制造过程中不可能绝对准确。为了满足使用要求，零件尺寸由尺寸公差限制，零件的表面形状和相对位置由形状公差和位置公差限制。

1. 形状公差和位置公差的概念

形状公差和位置公差简称几何公差。几何公差的研究对象是构成零件几何特征的点、线、面。这些点、线、面统称几何要素（简称要素）。几何公差如图 8.48 所示。

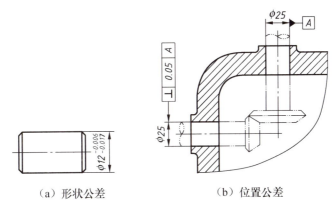

（a）形状公差　　（b）位置公差

图 8.48　几何公差

（1）被测要素：在图样上给出形状公差或位置公差要求的要素，也是检测的对象。

（2）基准要素：确定被测要素方向或位置的要素，即具有几何学意义的要素。它是按照设计要求，由设计图样给定的点、线、面的理想状态。

（3）公差带：限制实际要素变动的区域。公差带有形状、方向、位置、大小（公差值）属性。公差带的定义见表 8-6 和表 8-7，数值表示公差带的宽度或直径，当公差带是圆或圆柱时，应在公差数值前加"ϕ"；当公差带为球时，应在公差数值前加注"Sϕ"。

表 8-6　形状公差带的定义

项目	符号	公差带的定义	标注及解释
直线度	—	由于公差值前加了符号 ϕ，因此公差带为直径 ϕt 的圆柱面所限定的区域	外圆柱面的提取（实际）中心线应限定在直径 ϕ0.04 的圆柱面内

续表

项目	符号	公差带的定义	标注及解释
直线度	—	公差为间距等于公差值 t 的两平行平面所限定的区域 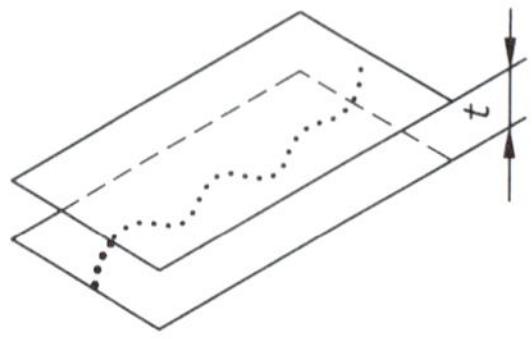	提取（实际）的棱边应限定在间距等于 0.1 的两平行平面之间 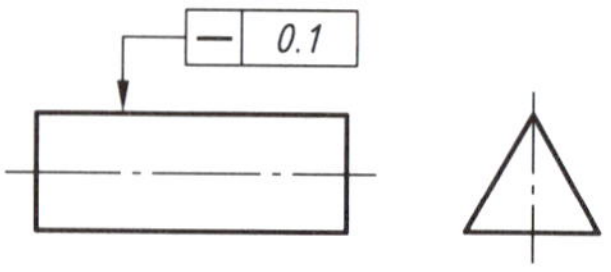 — 0.1
		公差带为在给定平面内和给定方向上，间距等于公称值 t 的两平行直线所限定的区域 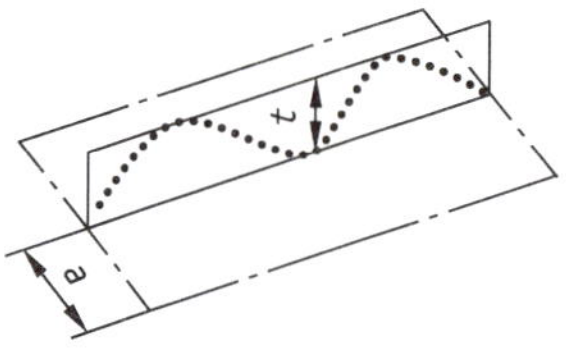 a—任意距离	在任一平行于图示投影面的平面内，上平面的提取（实际）线应限定在间距等于 0.02 的两平行直线之间 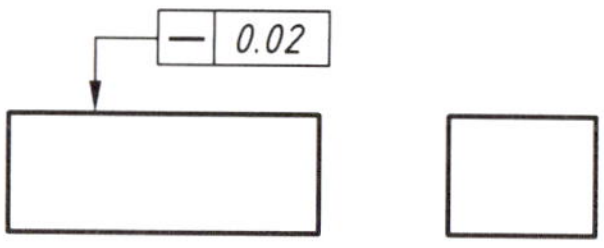 — 0.02
平面度	▱	公差带为间距等于公差值 t 的两平行平面所限定的区域 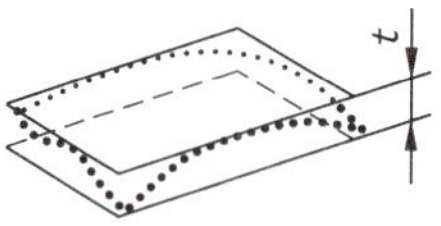	提取（实际）表面应限定在间距等于 0.08 的两平行平面之间 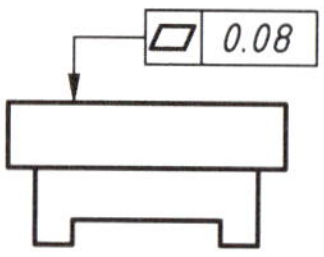 ▱ 0.08
圆度	○	公差带为在任意横截面内半径差等于公差值 t 的两同心圆所限定的区域 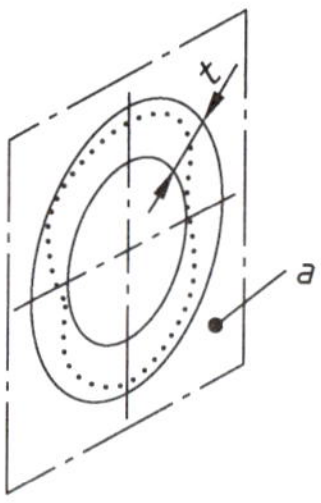 a—任意横截面	在圆柱面的任意横截面内，提取（实际）圆周应限定在半径差为 0.03 的两同心圆之间 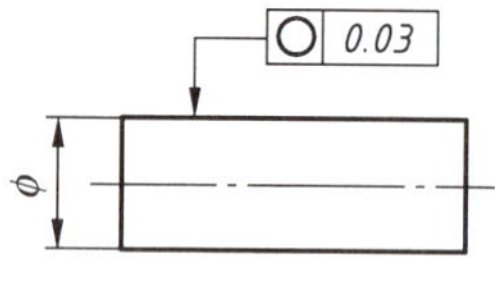 ○ 0.03
圆柱度	⌭	公差带为半径差等于公差值 t 的两同轴圆柱面所限定的区域 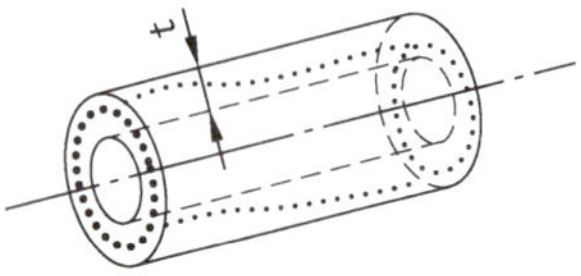	提取（实际）圆柱面应限定在半径差等于 0.01 的两同轴圆柱面之间 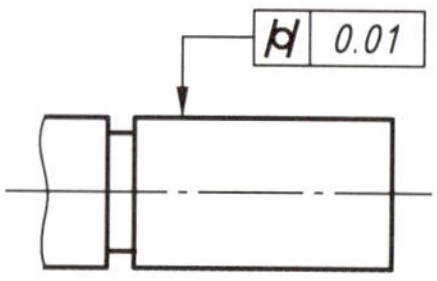 ⌭ 0.01

表 8-7 位置公差带的定义

项目	符号	公差带的定义	标注及解释
平行度	∥	(1) 线对基准线。 ① 给定一个方向。 公差带是间距为公差值 t 且平行于基准轴线的两平行平面所限定的区域	提取（实际）中心线应限定在间距等于 0.1 且平行于基准轴线 A 的两平行平面之间
		② 给定相互垂直的两个方向。 公差带为平行于基准轴线，间距分别等于 t_1 和 t_2 且相互垂直的两组平行平面所限定的区域	提取（实际）中心线应限定在平行于基准轴线 A、间距分别等于 0.2 和 0.1 且相互垂直的两组平行平面之间
		③ 任意方向。 若在公差值前加注 ϕ，则公差带为直径等于公差值 ϕt 且平行于基准轴线的圆柱面内	提取（实际）中心线应限定在平行于基准轴线 A、直径 $\phi 0.1$ 的圆柱面内
		(2) 线对基准面。 公差带为间距等于公差值 t 且平行于基准平面的两平行平面所限定的区域	提取（实际）中心线限定在间距为 0.03 且平行于基准平面 A 的两平行平面之间

续表

项目	符号	公差带的定义	标注及解释
平行度	∥	（3）面对基准线。 公差带是间距为公差值 t 且平行于基准轴线的两平行平面所限定的区域	提取（实际）表面应限定在间距等于 0.04 且平行于基准轴线 A 的两平行平面之间
		（4）面对基准面。 公差带是间距为公差值 t 且平行于基准平面的两平行平面所限定的区域	提取（实际）表面应限定在间距等于 0.1 且平行于基准平面 A 的两平行平面之间
垂直度	⊥	（1）线对基准面。 若公差值前加注 ϕ，则公差带是直径为公差值 ϕt 且垂直于基准平面的圆柱面内	提取（实际）中心线应限定在直径 $\phi 0.1$ 且垂直于基准平面 A 的圆柱面内
		（2）面对基准线。 公差带是间距为公差值 t 且垂直于基准轴线的两平行平面所限定的区域	提取（实际）平面应限定在间距等于 0.2 且垂直于基准轴线 A 的两平行平面之间
		（3）面对基准面。 公差带是间距为公差值 t 且垂直于基准平面的平行平面所限定的区域	提取（实际）平面应限定在间距等于 0.03 且垂直于基准平面 A 的平行平面之间

2. 几何公差项目及符号

常用几何公差项目及符号见表 8-8。

表 8-8 常用几何公差项目及符号

公差		特征项目	符号	公差		特征项目	符号
形状公差	形状公差	直线度	—	位置公差	定向公差	平行度	∥
		平面度	▱			垂直度	⊥
		圆度	○			倾斜度	∠
		圆柱度	⌭		定位公差	同轴（心）度	◎
形状公差或位置公差	轮廓公差	线轮廓度	⌒			对称度	═
						位置度	⌖
		面轮廓度	⌓		跳动公差	圆跳动	↗
						全跳动	⌰

3. 几何公差的注法

GB/T 1182—2018《产品几何技术规范（GPS） 几何公差形状、方向、位置和跳动公差标注》规定，几何公差在图样中应采用代号标注。代号由公差项目符号、框格、指引线、公差数值和其他有关符号组成。

(1) 几何公差框格及其内容。几何公差框格用细实线绘制，可画多格，要水平（或铅垂）放置，框格的高（宽）度是图样中尺寸数字高度的 2 倍。几何公差的第一框格为正方形，第二和第三框格长度根据标注内容的长度或字母宽度而定。其中，h 为机械图样中的字高，框格及指引线、特征符号、公差数字和基准字母、基准符号的线宽为 $h/10$。基准符号为等边三角形，如图 8.49 所示。

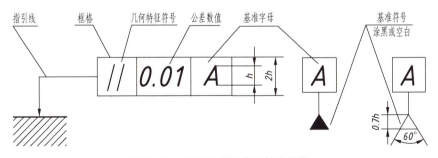

图 8.49 几何公差框格及基准符号

(2) 基准符号。有位置公差要求的零件，在图样上必须注明基准。基准符号如图 8.49 所示，由三角形（实心或空心）、连线和字母组成。正方形高度与连线长度相等，在正方形内填写基准的大写字母并与几何公差框格中的字母一致。无论基准代号在图样上的方向如何，正方形内的字母都应水平书写。正方形和连线用细实线绘制，连线必须与基准要素垂直。

（3）被测要素的注法。被测要素的标注方法见表 8－9。

表 8－9 被测要素的标注方法

序号	解 释	图 例
1	当公差涉及轮廓线或轮廓面时，指引线箭头指向该要素的轮廓线，也可指向轮廓线的延长线，但必须与尺寸线明显错开	
2	当公差涉及要素的中心线、中心面或中心点时，指引线箭头应位于相应尺寸线的延长线上与尺寸线对齐。 被测要素指引线的箭头可代替一个尺寸箭头	
3	公差框格的箭头也可指向引出线的水平线，带黑点的指引线引自被测面	
4	当公差涉及圆锥体的中心线时，指引线应对准圆锥体大端或小端的尺寸线，也可在图上任意处添加一个空白尺寸，将框格标注的箭头画在尺寸线的延长线上	
5	当仅对被测要素的局部提出几何公差要求时，可用粗点画线画出其范围，并标注尺寸	
6	对同一要素有多个几何公差要求时，可将多个框格上下相连、整齐排列	
7	若干分离要素有相同几何公差要求时，可用同一公差框格及多条指引线标注	

（4）基准要素的注法。基准要素的标注方法见表 8-10。

表 8-10 基准要素的标注方法

序号	解 释	图 例
1	当基准要素是轮廓线或轮廓面时，基准三角形放置在要素的轮廓线或其延长线上，必须与尺寸线明显错开	
2	当基准是尺寸要素确定的轴线、中心平面或中心点时，基准三角形应放置在该尺寸线的延长线上。 如果没有足够的位置标注基准要素尺寸的两个尺寸箭头，则其中一个箭头可用基准三角形代替	
3	基准三角形也可放置在轮廓面引出线的水平线上	
4	当仅用要素的局部而不是整体作为基准要素时，可用粗点画线画出其范围，并标注尺寸	

【例 8.4】阀杆几何公差标注综合举例如图 8.50 所示，解读图中的几何公差。

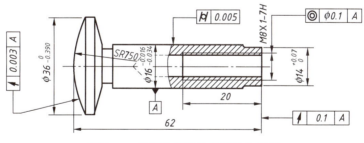

图 8.50 阀杆几何公差标注综合举例

说明如下：$\boxed{\text{⌭}\ 0.005}$ 表示阀杆杆身 $\phi16$ 的圆柱度公差为 0.005mm；$\boxed{\text{◎}\ \phi0.1\ A}$ 表示 M8×1-7H 螺纹孔的轴线对 $\phi16_{-0.034}^{-0.016}$ 轴线的同轴度公差为 $\phi0.1$mm。$\boxed{\text{↗}\ 0.1\ A}$ 表示阀杆右端面对 $\phi16_{-0.034}^{-0.016}$ 轴线的圆跳动公差为 0.1mm。

8.6 读零件图

读零件图就是根据零件图想象出零件的结构形状和各部分之间的相对位置，了解各部分结构的特点和功用以及零件的尺寸标注和技术要求，以便确定零件的制造方法或改进和创新。

8.6.1 读零件图的步骤

1．了解概况

从标题栏了解零件名称、材料、比例等，初步认识零件的类型及其在机器中的作用、加工方法、大小等情况。

2．表达分析，读懂零件的结构形状

从主视图入手，分析各视图的配置及相互之间的投影关系。运用形体分析和线面分析法读懂零件的各部分结构，综合起来想象出零件的整体形状。

3．分析尺寸和技术要求，读懂全图

根据零件的结构和尺寸分析，首先找出零件图上长度、宽度、高度三个方向的尺寸基准，然后从基准出发，采用形体分析法找出各组成部分的定形尺寸、定位尺寸和总体尺寸，分析零件的表面粗糙度、尺寸公差和几何公差等技术要求，以便根据现有加工条件确定合理的制造工艺和加工方法，保证产品质量。

4．综合归纳

零件图表达了零件的结构形式、尺寸及其精度要求等内容，读图时应综合考虑视图、尺寸和技术要求，必要时还可以阅读与零件有关的零件图、装配图和其他技术资料，进一步理解零件结构和技术要求的意图。

8.6.2 典型零件图读图举例

典型零件的分析对比见表8-11。

表8-11 典型零件的分析对比

类别	轴套类零件	轮盘类零件	叉架类零件	箱体类零件
零件示例	轴、杆、套筒、轴套	盘盖类零件通常是指各种轮子（手轮、齿轮、带轮、链轮等）、端盖（轴承盖、压盖等）等	拨叉、拉杆、支架等零件	减速箱体、各种阀体、泵体等零件
结构特征	主要由不同直径的回转体组成。轴一般是用来支承传动件和传递动力的零件；套一般装在轴上，起轴向定位、传动或连接等作用	盘类零件多用于传动、连接等；盖类零件多用于密封、压紧和支承。轮盘类零件的基本形体大多是回转体，周围均匀分布轮辐、肋、小孔等结构	拨叉、拉杆等一般用于机器的变速系统和操作系统中；支架主要起支承和连接作用。这类零件大多由圆筒、底板、支承板、肋板、叉口等组成	箱体类零件是部件的主体零件，一般起容纳、支承、定位和密封等作用。这类零件结构复杂、加工位置多，多为铸件或锻件

续表

类别	轴套类零件	轮盘类零件	叉架类零件	箱体类零件
视图表达	由于轴套类零件主要在车床上加工，主视图的安放位置按主要加工位置和形状特征来确定，即轴线水平放置，一般只取一个主视图，一般采用断面图、局部视图、局部放大图等补充表达局部结构	轮盘类零件主视图的安放位置根据主要加工位置和形状特征确定，一般以轴线水平放置的视图为主视图，采用剖视图。此类零件一般需要两个基本视图表达，并辅以断面图及其他表达方法	叉架类零件的结构比较复杂，主视图按工作位置或其形状特征选择。一般需要两个或两个以上基本视图。另外，还需采用斜视图、向视图、局部视图和断面图等表达	箱体类零件的主视图常根据形状特征和工作位置确定。需要三个基本视图表达。内部结构形状采用剖视图和断面图，外部结构形状采用斜视图、局部视图及其他规定画法和简化画法表达
尺寸标注、技术要求	轴套类零件一般选取零件轴线为径向尺寸基准。其中，轴类零件以台肩端面为轴向（长度方向）的主要基准；套类零件的轴向尺寸应首先保证主要设计尺寸，其他尺寸按加工要求和顺序标注	轮盘类零件一般选取轴线为径向（高度和宽度方向）主要基准，以重要端面为轴向（长度方向）主要基准。此类零件端面往往均匀分布若干小孔或螺纹孔，其孔心所在的分布圆周的直径为定位尺寸	叉架类零件一般以安装基面、对称平面、主要孔、轴中心线为长度、宽度、高度三个方向的主要尺寸基准，且每个方向上除主要基准外，都有若干辅助基准	箱体类零件常以轴孔中心线、对称平面、结合面及安装基面为各方向的主要尺寸基准。定位尺寸很多，有些定位尺寸常有公差要求

各种零件图如图 8.51 至图 8.55 所示。

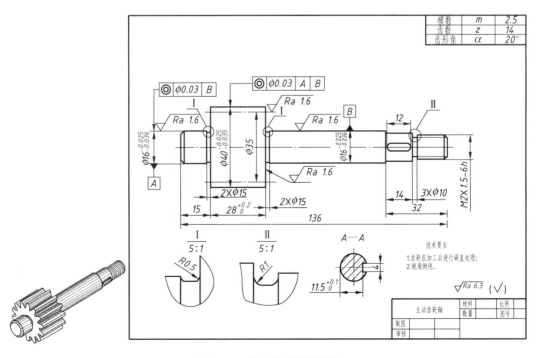

图 8.51 主动齿轮轴零件图

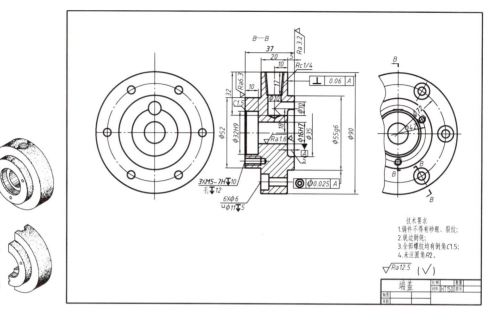

图 8.52 端盖零件图

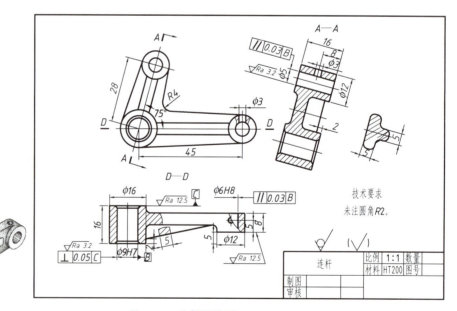

图 8.53 连杆零件图

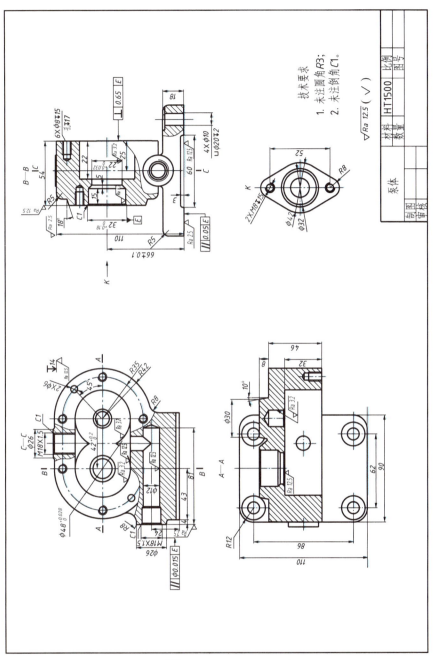

图 8.54 泵体零件图

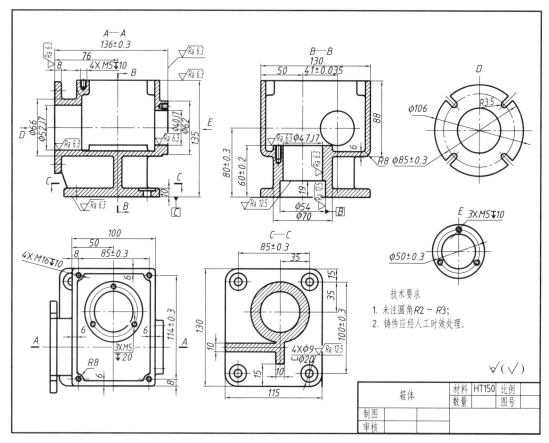

图 8.55 箱体零件图

8.7 零件测绘

零件测绘就是根据已有机器或部件进行测量并画出草图,然后绘制装配图和零件图的过程。设计新产品、引进新技术、对原有设备进行技术革新或修配时常需要进行零件测绘工作。

8.7.1 零件测绘的步骤

测绘零件时,受条件限制,一般先画出零件草图,再由零件草图整理成零件图。零件草图是画装配图和零件图的依据。修理机器时,往往用草图代替零件图直接交付车间制造零件。因此,画草图时必须认真。

零件草图和零件图的内容是相同的。徒手绘制零件草图,目测估计零件各部分的相对大小,以控制视图各部分之间的比例关系。合格的草图应当图形表达完整正确、线型分明、尺寸完整、字体工整、图面整洁、投影关系正确,并注写技术要求和标题栏。

下面以测绘齿轮泵中的泵盖为例,说明零件测绘的步骤。

图 8.56 所示为泵盖轴测图。

图 8.56 泵盖轴测图

1. 分析零件，确定视图表达方案

（1）了解要测绘零件的名称、功用及其在部件或机器中的位置和装配连接关系。泵盖在齿轮泵中起密封和支承主、从动齿轮轴轴端的作用，它位于齿轮泵泵体一侧，加垫片后用四个圆柱头内六角沉头螺钉与泵体连接，并用两个圆柱销定位。

（2）鉴别零件材料。可参照类似图样和有关资料判别零件材料。铸件较易直观鉴别；钢件可直接或取样用火花鉴别，但不要损伤零件。泵盖材料为灰铸铁 HT200。不采用通孔，以支承两轴；还有四个带沉孔的螺钉孔和两个销孔；油孔与泵体油腔相通，与油孔相通的螺孔是安装调节螺钉用的。

（3）对零件进行工艺分析，了解其制造方法。泵盖（与泵体）的结合面、两个支承孔需进行车削加工；两支承孔有配合的公差要求，其两轴线与端面（结合面）应有垂直度要求。螺钉孔及油孔需进行钻削加工，为钻制油孔后使端部密封，应加闷头。需对螺钉孔钻后攻螺纹。销孔需在装配时配钻。除结合面、螺钉孔端面外，泵盖其余外表面不需要进行机械加工。铸件需经时效处理。

2. 确定零件表达方案

（1）选择主视图。泵盖的主视图，考虑形状特征，其投射方向应为与齿轮轴孔轴线平行的方向，并按工作位置安放，使主视图反映的外形和各部分相对位置清楚。

（2）选择其他视图。表达完主视图外形后，选择俯视图和左视图，并用剖视图表达内形。其中，俯视图可用全剖视图；左视图可用多个剖切面剖切，画成全剖视图。为表达安装闷头处的凸缘端面形状，可采用局部视图。

3. 画零件草图

（1）根据零件的总体尺寸和大致比例，确定图幅（画草图应使用淡色方格纸）；画边框线和标题栏；布置图形，确定各视图的位置，画主要轴线、中心线或作图基准线。

（2）目测徒手画图。根据确定的视图表达方案，详细画出零件外部和内部的结构形状。一般先画主体结构，再画局部结构。各视图间要符合投影规律。零件工艺结构（如倒角、铸造圆角、退刀槽等）应全部画出，不得遗漏。在不致引起误解的情况下，零件图中的倒角、圆角可以省略不画，但必须注明尺寸或在技术要求中加以说明。

（3）仔细检查，擦去多余线条；按规定描深；画剖面线；确定尺寸基准，依次画出所有尺寸界线、尺寸线和箭头。泵盖长度方向基准为过两支承孔轴线的平面；宽度方向基准为后端面（结合面）；高度方向基准为两支承孔的任一轴线。

(4) 测量尺寸并逐个填写尺寸数字。测量零件上标准结构要素（如螺纹、键槽等）的尺寸后，应查阅有关标准手册，调整尺寸以符合标准系列。填写标题栏，完成零件草图全部工作。

4．测绘中零件技术要求的确定

(1) 几何公差的确定。测绘时，如果有原始资料，则可照搬；如果没有原始资料，则可以通过精确测量实物确定几何公差。应根据零件功能选取几何公差，不可采取只要能通过测量获得实测值的项目就都标注在图样上，应根据零件要求，结合国家标准合理确定。

(2) 表面粗糙度的确定。① 根据实测数值确定，测绘时可用相关仪器测出有关参数，再将测出的实际数据按国家标准数列值进行圆整确定表面粗糙度。② 采用类比法确定表面粗糙度。③ 参照零件表面的尺寸精度及表面形状公差值确定表面粗糙度。

5．根据泵盖零件草图绘制泵盖零件工作图（图 8.57）

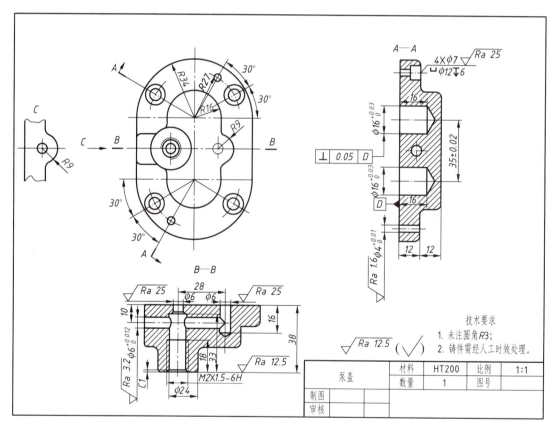

图 8.57 泵盖零件工作图

8.7.2 零件测绘工具及注意事项

1．常用的测量工具

常用的测量工具有钢直尺、内卡钳、外卡钳、游标卡尺和千分尺等，如图 8.58 所示。

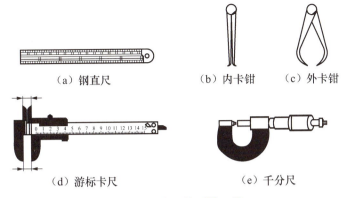

图 8.58 常用的测量工具

（1）钢直尺与内卡钳、外卡钳：钢直尺可用于测量深度、高度、长度等，如图 8.59 所示。内卡钳、外卡钳一般与钢直尺配合使用，常用于精度不高或毛面的尺寸测量，如图 8.60 所示。内卡钳用于测量孔、槽等结构的尺寸，外卡钳用于测量外径、孔距等，如图 8.61 所示。

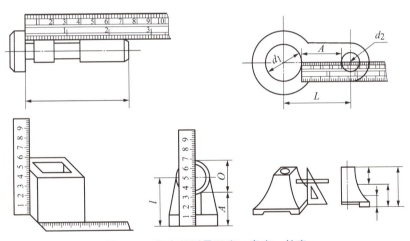

图 8.59 钢直尺测量深度、高度、长度

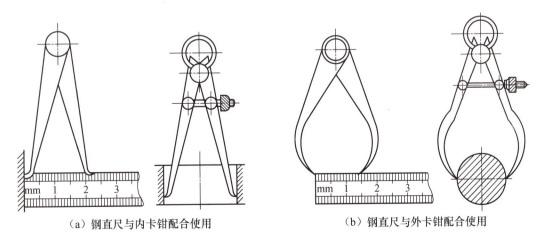

（a）钢直尺与内卡钳配合使用　　　　　　　　（b）钢直尺与外卡钳配合使用

图 8.60 钢直尺与卡钳配合使用

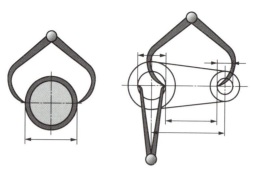

图 8.61 内径和外径的测量

（2）游标卡尺：游标卡尺兼具内卡钳、外卡钳、钢直尺的功能，可测量孔、槽、外径、长度、高度等尺寸，一般用于较高精度尺寸的测量，如图 8.62 所示。

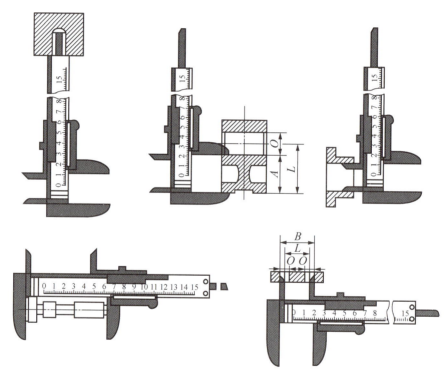

图 8.62 游标卡尺测量深度、高度、长度、内径、外径及中心距

除图 8.62 所示的普通游标卡尺外，还有深度游标卡尺、高度游标卡尺和齿轮游标卡尺等，其刻线原理和读数方法与普通游标卡尺相同，分别如图 8.63（a）、图 8.63（b）、图 8.63（c）所示。图 8.64 所示为数显游标卡尺和带表游标卡尺。

（3）千分尺：千分尺的测量精度比游标卡尺高且比较灵敏。千分尺是机械制造业中广泛应用的量具。常见的千分尺有外径千分尺（如图 8.65 所示，用于测量圆柱外径）、内径千分尺（如图 8.66 所示，用于测量内径及槽宽等）、深度千分尺、螺纹千分尺（用于测量螺纹中径）和公法线千分尺（用于测量齿轮公法线长度）等。

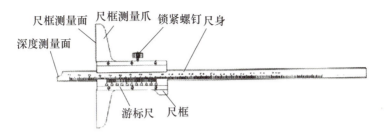

(a)深度游标卡尺

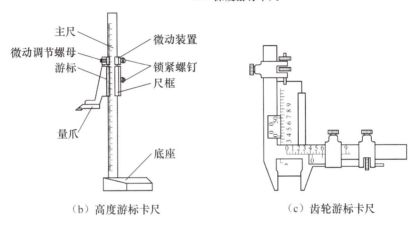

(b)高度游标卡尺　　　　(c)齿轮游标卡尺

图 8.63　常见的游标卡尺

(a)数显游标卡尺　　　　(b)带表游标卡尺

图 8.64　数显游标卡尺和带表游标卡尺

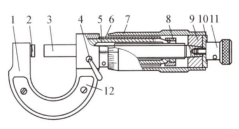

1—尺架；2—测砧；3—测微螺杆；4—锁紧装置；5—螺纹轴套；
6—固定套管；7—微分筒；8—调整螺母；9—接头；10—垫片；
11—测力装置；12—隔热装置。

图 8.65　外径千分尺

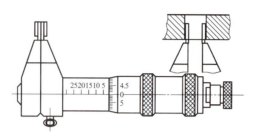

图 8.66 内测千分尺

2. 测量尺寸的注意事项

（1）要正确使用测量工具和选择测量基准，以减小测量误差；不要用较精密的量具测量粗糙表面，以免磨损，影响量具的精确度。一定要集中测量尺寸，逐个填写尺寸值。

（2）对于零件上不太重要的尺寸（不加工面尺寸、加工面一般尺寸），可将所测的尺寸数值圆整到整数。对于功能尺寸（如中心距、中心高、齿轮轮齿尺寸等）要精确测量，并进行必要的计算、核对，不应随意调整。

（3）配合的孔、轴的基本尺寸应一致。零件上的配合尺寸经测量后应圆整到基本尺寸（标准直径或标准长度），根据使用要求确定配合基准制、配合类别和公差等级，再从公差配合表中查出偏差值。长度和直径尺寸经测量后应按标准长度和标准直径系列核对取值。

（4）测得标准结构要素的尺寸后，应查表取标准值。

（5）测量零件上磨损部位的尺寸时，应考虑磨损值，参照相关零件或有关资料，经分析确定。

（6）测绘中尺寸的圆整与协调。

按实样测量的尺寸往往不是整数，必须对其进行圆整，合理确定其基本尺寸及尺寸公差。尺寸圆整后，可简化计算，保证图形清晰。更重要的是可以采取更多标准刀量具，缩短加工周期，提高测量效率和劳动生产率。

尺寸圆整的基本方法是按尺寸的精确程度，将实测尺寸的小数简略为整数或带一、两位小数。删除尾数时应采用四舍五入法，应以需删除的整个一组数来进行，而不应将小数逐位删除。例如，实测尺寸为 41.456，当圆整后需保留一位小数时，只能圆整为 41.4。四舍五入的原则如下：逢四则舍，逢六则进，遇五则以保证偶数的原则决定舍进。

8.7.3 常用的测量方法

1. 测量直线尺寸

一般可用钢直尺或游标卡尺直接测量直线尺寸，如图 8.67 所示，必要时，可借助直角尺或三角板配合测量。

2. 测量回转面内、外径

通常用内、外卡钳或游标卡尺直接测量回转面内、外径。测量时，应使两测量点的连线与回转面的轴线垂直相交，以保证测量精确度，如图 8.68 所示。

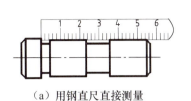 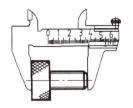

　　（a）用钢直尺直接测量　　　　（b）用游标卡尺直接测量

图 8.67　测量直线尺寸

测量阶梯孔直径时，由于外孔小、内孔大，因此无法用游标卡尺测量里面大孔直径。此时可用内卡钳测量，如图 8.69（a）所示；也可用特殊量具（内、外同值卡）测量，如图 8.69（b）所示。

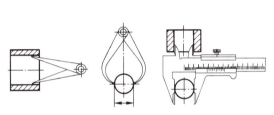 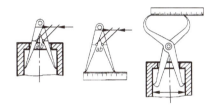

　　　　　　　　　　　　　　　　　　　（a）内卡钳测量　　（b）特殊量具测量

图 8.68　测量回转面内、外径　　　　图 8.69　测量阶梯孔直径

3．测量壁厚

一般可用直尺测量壁厚，如图 8.70（a）所示。若孔口较小，则可用带测量深度的游标卡尺测量壁厚，如图 8.70（b）所示。若用直尺或游标卡尺无法测量壁厚，则可用内、外卡钳或外卡钳与钢直尺组合测量，如图 8.70（c）所示。

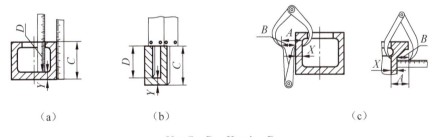

　（a）　　　　　　　（b）　　　　　　　（c）

$Y=C-D$；$X=A-B$

图 8.70　测量壁厚

4．测量孔间距

可用卡钳、钢直尺或游标卡尺测量孔间距，如图 8.71 所示。

5．测量中心高

一般可用钢直尺和卡钳或游标卡尺测量中心高，如图 8.72 所示。

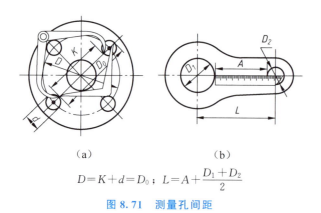

(a)　　　　　　　(b)

$D = K + d = D_0$；$L = A + \dfrac{D_1 + D_2}{2}$　　　　　$H = A + \dfrac{D}{2} = B + \dfrac{d}{2}$

图 8.71　测量孔间距　　　　　　　图 8.72　测量中心高

6. 测量圆角

可用圆角规测量圆角。每套圆角规都有多片，其中一组用于测量外圆角，另一组用于测量内圆角，每片都刻有圆角半径值。测量时，只要从中找到与被测部位完全吻合的一片，读出该片上的 R 值即所测圆角半径，如图 8.73 所示。

7. 测量角度

可用游标量角器测量角度，如图 8.74 所示。

　　　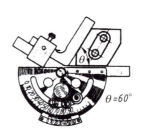

图 8.73　测量圆角　　　　　　　图 8.74　测量角度

8. 测量曲线或曲面

测量曲线或曲面，要求测量准确时，需用专门测量仪；要求测量精度不高时，可采用下述方法测量。

(1) 拓印法。对于平面与曲面相交的曲线轮廓，可用纸拓印其轮廓，得到真实的曲线形状后，用铅笔描深，然后判定该曲线的圆弧连接情况，定出切点，找到各段圆弧中心（采用中垂线法：任取相邻两弦，分别作其垂直平分线后得交点，即圆弧的中心），测其半径，如图 8.75（a）所示。

(2) 铅丝法。测量回转面零件的母线曲率半径时，可用铅丝贴合其曲面弯成母线实形并描绘在纸上，得到母线的真实形状后，判定其圆弧连接情况，定出切点，采用中垂线法求出各段圆弧的中心，测其半径，如图 8.75（b）所示。也可用橡皮泥贴合拓印。

(3) 坐标法。一般曲线和曲面都可用钢直尺和三角板配合定出面上各点的坐标，在纸上画出曲线，求出曲率半径，如图 8.75（c）所示。

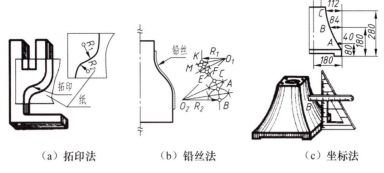

(a) 拓印法　　　　(b) 铅丝法　　　　(c) 坐标法

图 8.75　测量曲线和曲面

8.7.4　零件工作图的绘制

完成零件草图后，应进行校核、整理，并依此绘制零件工作图。

1. 校核零件草图

一般零件测绘在现场进行，受时间、条件的限制，有些问题不一定考虑得很周全。因此，要仔细校核零件草图。校核的主要内容如下。

（1）表达方案是否正确、完整、清晰、简练。
（2）尺寸标注是否正确、齐全、清晰、合理。
（3）技术要求是否既满足零件的性能和使用要求，又比较经济合理。
校核后进行必要的修改和补充，根据零件草图绘制零件工作图。

2. 绘制零件工作图

绘制零件工作图的步骤与绘制零件草图的步骤基本相同，这里不再赘述。

第8章习题集部分讲解(1)

第8章习题集部分讲解(2)

素养提升

人无精神则不立，国无精神则不强。党的二十大报告中指出："全面建设社会主义现代化国家，必须坚持中国特色社会主义文化发展道路，增强文化自信，围绕举旗帜、聚民心、育新人、兴文化、展形象建设社会主义文化强国，发展面向现代化、面向世界、面向未来的，民族的科学的大众的社会主义文化，激发全民族文化创新创造活力，增强实现中华民族伟大复兴的精神力量。"

由于零件图的绘制直接影响产品的功能性、安全性、可靠性和经济性，因此学习"机械制图"课程时要多看多练、手脑并用，掌握画图和读图的技巧，传承工匠精神，培养家国情怀，增强文化自信和创新意识，在实践中厚植工匠精神、职业精神，做有理想、有抱负的创新型人才。

建议学生课后搜索观看《大国工匠》第七集及《大国重器》节目。

第 9 章 装配图

教学提示

装配图是表示产品及其组成部分的连接、装配关系及其技术要求的图样。本章主要介绍装配图的作用和内容、表达方法、尺寸标注和技术要求，装配图中的零件序号、栏题栏和明细栏，装配结构的合理性，部件测绘和装配图的画法，读装配图和由装配图折画零件图。本章内容与生产实际联系紧密，在教学过程中应尽可能让学生接触实际机器，增强认识。

装配图

教学要求

通过学习本章内容，学生应了解装配图的作用和内容，熟悉装配图的规定画法、特殊画法和简化画法；掌握绘制装配图的步骤，能绘制简单装配体的装配图；掌握读装配图和由装配图折画零件图的方法。

9.1 装配图的作用和内容

表示产品及其组成部分的连接、装配关系及其技术要求的图样称为装配图。

9.1.1 装配图的作用

在新产品设计、旧设备改造过程中，一般先根据功能要求绘制装配图，再根据装配图提供的总体结构和尺寸绘制零件图。在产品生产阶段，装配图是生产准备，制订装配工艺规程，进行装配、调试、检验、使用、安装和维修等工作的技术依据；也是了解部件结构、进行技术交流的重要技术文件。装配图能反映设计者的意图，并表达机器或部件的工作原理、性能要求、零件间的装配关系及连接关系和零件的主要结构形状，以及在装配、检验、安装时所需尺寸数据和技术要求。可见，装配图是生产中不可缺少的基本技术文件。

9.1.2 装配图的内容

滑动轴承立体图如图 9.1 所示。立体图直观地表达了滑动轴承的外形、内部结构、零件间的位置关系及连接关系，但不能清晰地表达滑动轴承中各零件之间的装配关系及零件的主要结构形状等，为后续安装、检验、维修等工作带来困难。

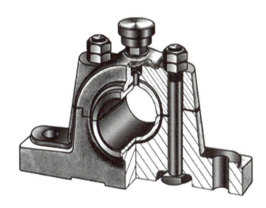

图 9.1　滑动轴承立体图

图 9.2 所示为滑动轴承装配图，其完整表达了滑动轴承的主体结构、尺寸、零件的装配关系及零件的结构形状等。由此可以看出，完整的装配图包括以下四方面内容。

1. 一组视图

一组视图用一般表达方法和特殊表达方法，正确、完整、清晰和简便地表达机器或部件的工作原理、装配关系、连接关系和主要零件的结构形状等。图 9.2 中的主视图采用半剖视图，表达了该滑动轴承的工作原理、主要装配关系和主要零件的结构形状；俯视图采用拆画法和沿结合面剖切画法，表达了部分装配关系及结构形状；左视图采用半剖视图，表达了部分装配关系。

2. 必要的尺寸

根据由装配图拆画零件图以及装配、安装、检验和使用机器的需要，在装配图中必须标注表示机器或部件性能、规格、配合要求、安装情况、部件和零件间相对位置的尺寸。图 9.2 中的尺寸标注明确了滑动轴承的性能、规格、装配、安装、外形等信息。

3. 技术要求

技术要求是指用文字或符号在装配图中说明机器或部件的质量、装配、调试、安装、检验、维修、使用等方面的要求。图 9.2 中的技术要求是关于滑动轴承安装时的注意事项及使用环境方面的要求。

4. 零件序号、明细栏及标题栏

为了便于生产管理和读图，应对装配图中的所有零部件编号，按一定格式排列，且要与明细栏中的序号一一对应。明细栏用于填写零件的序号、名称、数量、材料、标准件的规格尺寸、质量、备注等。标题栏一般包括机器或部件名称、设计者姓名、设计单位、图

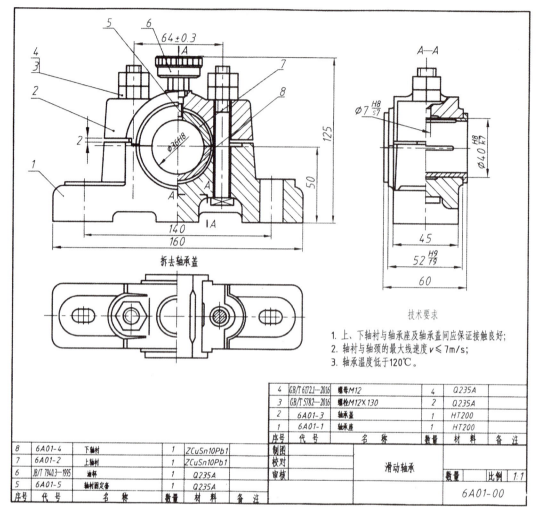

图 9.2 滑动轴承装配图

号、比例、绘图人员及审核人员的签名等。图 9.2 表示滑动轴承由八种零件装配而成,序号 1～8 对应的零件代号、名称、数量、材料、备注等信息都填写在明细栏中。标题栏内注明了滑动轴承的名称,比例,制图、校对及审核人员的姓名,日期,等等。

9.2 装配图的表达方法

前面章节讲解的机件表达方法都适用于装配图。但由于装配图表达的是由若干零件组成的机器或部件,其内容主要以表达机器或部件的工作原理和主要装配关系为中心,同时表达清楚内部构造、外部形状和零件的主要结构形状。因此,除前述表达方法外,还有一些关于机器或部件的特殊表达方法和装配图规定画法。

9.2.1 装配图的规定画法

1. 相邻零件的接触表面和配合表面

相邻零件的接触表面和配合表面只画一条粗实线，非接触表面或不配合表面画两条粗实线。当相邻零件的基本尺寸不相同时，即使间隙很小，也必须画成两条粗实线，如图9.3所示。

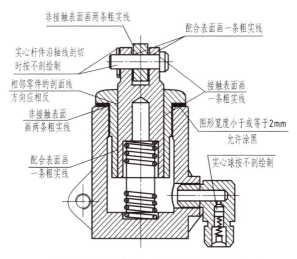

图9.3 接触表面、非接触表面的画法

2. 相邻零件的剖面线

在剖视图或断面图中，相邻零件的剖面线方向应相反；三个或三个以上零件接触时，除其中两个零件的剖面线倾斜方向不一致外，第三个零件应采用不同的剖面线间隔开或者与相同方向的剖面线错开；在同一张装配图中，对各视图，同一零件剖面线的方向、间隔和倾斜角度必须一致；当零件厚度小于或等于2mm时，剖切后允许涂黑来代替剖面符号。

3. 标准件以及轴、键等实心零件

对于螺栓等紧固件以及实心的轴、连杆、手柄、销、球、键等零件，当剖切面通过对称面或基本轴线时均按不剖绘制，即不画剖面线，如图9.4中的螺钉、螺母、垫圈、轴、平键等。表明零件的凹槽、键槽、销孔等构造时，可用局部剖视图表示，如图9.4中的键槽；当剖切面垂直于上述零件的轴线时，需画出剖面线，如图9.2俯视图中右半部分的螺栓。

9.2.2 装配图的特殊画法

为了适应部件结构的复杂性和多样性、清晰表达机器（部件），画装配图时，可根据表达需要选用以下几种特殊画法。

1. 拆卸画法

当某个或某几个零件在装配图的某视图中遮住大部分装配关系或其他零件时，可假想

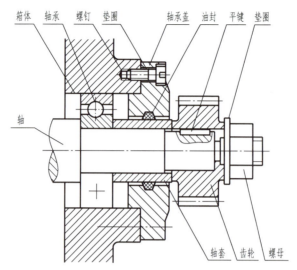

图 9.4 实心件的画法

拆去一个或几个零件，只画出所要表达部分的视图，这种画法称为拆卸画法。如图 9.2 中的俯视图就是拆去轴承盖后画出的。使用拆卸画法时需要加注"拆去××"。采用拆卸画法不等于机器中没有这些零件，在其他视图中仍应画出它们的投影。

2. 假想画法

（1）运动零（部）件极限位置表示法。

在装配图中，当需要表达某些零件的运动范围或极限位置时，可用细双点画线表示该零件极限位置的轮廓线，如图 9.5 中手柄极限位置的表示方法。

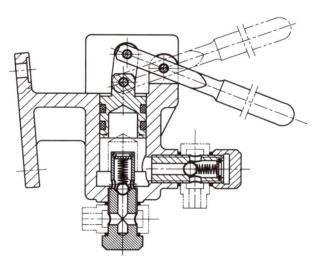

图 9.5 假想画法

（2）相邻零（部）件表示法。

在装配图中，当需要表达与本部件有装配关系或安装关系且不属于本部件的相邻零（部）件时，可用细双点画线画出相邻零（部）件的部分外形轮廓，如图 9.5 中的管连接、

图9.6中的主视图左侧细双点画线、图9.7中的床头箱所示。

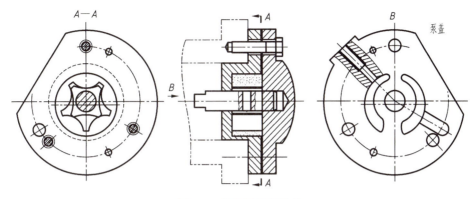

图9.6 转子泵的某结构

3. 夸大画法

在装配图中，对薄片零件、细丝弹簧、微小间隙（直径或厚度小于2mm）以及较小的斜度和锥度等，若无法在装配图中按实际尺寸画出，或者虽然能画出，但不能明确表达结构时，均可按比例采用夸大画法。

4. 沿结合面剖切画法

在装配图中，为了清楚表达内部结构和装配关系，可假想沿某些零件的结合面剖切，画出其剖视图，在结合面上不画剖面线，但在被切断的其他零件断面上画相应的剖面符号。如图9.6中的A—A剖视图中，不在结合面上画剖面线，被截切的螺钉、轴、销的横断面都需要画剖面线。

5. 单独表达某个零件

当选择的视图表达清楚大部分零件的形状、结构，但仍有少数零件的某些方面未表达清楚时，可单独画出这些零件的视图或剖视图，如图9.6中的泵盖B向视图。

6. 展开画法

当需要表达某些重叠的装配关系时，如为了表示多级传动变速箱的齿轮传动顺序和装配关系，可以假想将空间轴系按传动顺序沿各轴线剖切后依次展开在同一平面上，画出剖视图，这种画法称为展开画法。要在剖视图上方加注"×—×展开"，如图9.7中的左视图为三行星齿轮传动机构的剖视图展开画法。

9.2.3 装配图的简化画法

装配图的简化画法是指某些标准件或工艺结构的固定形式省略画出，以及相同部分简化画出。

（1）在装配图中，零件的局部工艺结构（如倒角、圆角、退刀槽等）允许省略（图9.8中轮齿部分及转轴右端的螺纹头部等）。

（2）在装配图中，螺母和螺栓头部截交线（双曲线）的投影允许省略，简化为六棱柱

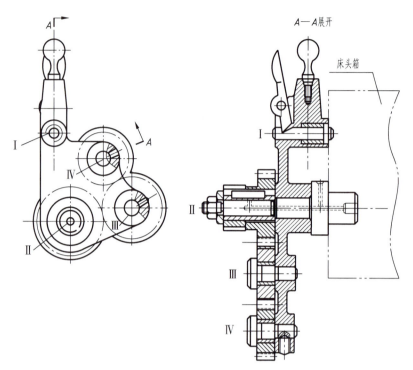

图 9.7 三行星齿轮传动机构的剖视图展开画法

（图 9.8 中的螺母）；对于螺纹连接等相同的零件组，在不影响读图的情况下，允许只详细画出其中一组，其余用细点画线表示出中心位置（图 9.8 中的螺钉连接组）即可。

（3）在部件的剖视图中，对称于轴线的同一轴承的两部分，若其图形完全相同，则可画出一部分，另一部分用相交细实线画出（图 9.8 中的轴承）。

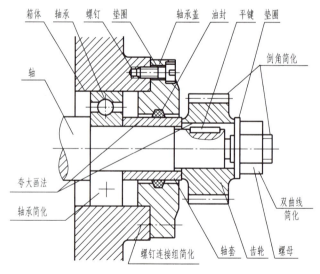

图 9.8 简化画法和夸大画法

（4）在视图或剖视图中，若零件在图中的厚度小于或等于 2mm，则允许涂黑来代替剖面符号，如图9.3中的垫片。当在图形中有玻璃或其他材料不宜涂黑时，可不画剖面符号。

9.3 装配图的尺寸标注和技术要求

9.3.1 装配图的尺寸标注

由于装配图和零件图在生产中的作用不同，因此不需要在装配图中标注全部尺寸，只需标注必要的尺寸即可。这些尺寸按作用可分为以下五类。

1. 性能（规格）尺寸

性能（规格）尺寸是表示机器或部件的性能或规格的尺寸，在设计时就已确定。它是设计、了解和选用机器的依据。如图9.2中滑动轴承的轴孔直径$\phi 36H8$，它表明该滑动轴承所支承轴的直径。

2. 装配尺寸

装配尺寸是表示机器或部件内部零件间装配关系的尺寸，可分为以下两种。

（1）配合尺寸：表示两零件间配合性质和相对运动情况的尺寸，如图9.2中的尺寸$\phi 7\frac{H8}{s7}$、$\phi 40\frac{H8}{k7}$、$52\frac{H9}{f9}$等。它是拆画零件图时确定零件尺寸偏差的依据。

（2）相对位置尺寸：保证装配后零件之间较重要的距离、间隙等相对位置的尺寸，如图9.2中轴孔中心到底面的中心高50，它使两轴承支承的轴的轴线处于水平位置，保证轴上零件正常运转。还可以在装配时采用增/减垫片或更换垫片的方法得到有些重要的相对位置尺寸。

3. 安装尺寸

安装尺寸是机器或部件安装在地基上或与其他零、部件连接时所需尺寸，如图9.2中底板上两安装孔的中心距140。

4. 外形尺寸（总体尺寸）

外形尺寸（总体尺寸）是表示机器或部件外形轮廓的尺寸，即总长、总宽、总高。它表明机器或部件所占空间，是包装、运输以及厂房设计和安装机器时需要考虑的外形尺寸，如图9.2中的总长160、总宽60和总高125。

5. 其他重要尺寸

除以上四类尺寸外，还有在设计中经过计算确定或选定的及在装配或使用中必须说明的尺寸。拆画零件图时，这类尺寸不能改变，如设计减速器时选定的齿轮宽度、运动零件的位移尺寸等。

上述五种尺寸之间不是孤立无关的，装配图上的某些尺寸有时兼具多种意义；同样，装配图中不一定有上述五种尺寸。标注尺寸时，必须明确每个尺寸的作用，不需要标注对装配图没有意义的结构尺寸。

9.3.2 装配图的技术要求

装配图的技术要求主要是针对机器或部件的工作性能、装配及检验要求、调试要求及使用与维护要求提出的，不同的机器或部件有不同的技术要求。

装配图的技术要求一般用文字注写在明细栏上方、图样左下方的空白位置，在"技术要求"标题下逐条书写并编写序号。如果技术要求仅有一条，则可不编序号，但标题不能省略。当技术要求内容较多时，可以另外编写技术文件。

装配图的技术要求一般包括以下内容。

（1）有关机器或部件装配、调试和检验方面的要求。

装配要求包括装配过程中的注意事项和装配后应满足的要求，如装配时应满足的间隙、精度、密封性等要求，如图9.2中的"上、下轴衬与轴承座及轴承盖间应保证接触良好"。

检验要求是指机器或部件基本性能的检验方法和要求，在装配过程中及装配后必须保证精度的检验方法说明以及其他检验要求，如图9.2中的"轴衬与轴颈的最大线速度 $v \leqslant 7 m/s$"。

（2）有关机器或部件性能指标方面的要求。

性能要求是指机器或部件的规格、参数、性能指标等。

（3）使用方面的要求。

使用要求是对机器或部件的操作、维护、保养等的要求，如图9.2中的"轴承温度低于120℃"。

装配后的使用要求包括"泵工作时，两阀要一吸一排，如不符合要求，可调弹簧""减速器运行应平稳，响声应均匀"等。

（4）机器或部件的涂饰、包装、运输等方面的要求。

9.4 装配图中的零件序号、标题栏和明细栏

必须对装配图上的各零件编写序号，并填写明细栏，以便统计零件数量，进行生产准备工作。读装配图时，根据序号查阅明细栏，了解零件名称、材料和数量等信息。

9.4.1 零件序号的注写

为了便于读装配图，必须对图中所有零件编号。编号的原则如下：形状、尺寸完全相同的零件只编一个序号，一般只标一次；形状相同、尺寸不同的零件，要分别编序号；图中零件的序号应与明细栏中该零件的序号一致；序号应尽可能标注在反映装配关系最清楚的视图上，而且应沿水平或垂直方向排列整齐，并按顺时针或逆时针方向依次排列。零件序号是用指引线和数字标注的，且应标注在图形轮廓线外。

1. 指引线的画法

指引线应从所指零件的可见轮廓内用细实线向图外引出，并在指引线的引出端画出一

个小圆点，如图 9.9（a）所示。当所指部分很薄或剖面涂黑不宜画小圆点时，可在指引线的引出端用箭头代替，箭头指到该部分的轮廓线上，如图 9.9（b）所示。指引线应尽可能均匀分布，不允许彼此相交。当通过有剖面线的区域时，不应与剖面线平行。必要时，指引线可以画成折线，但只可曲折一次，如图 9.9（c）所示。同一连接件组成的装配关系清楚的紧零件组（如螺栓、螺母和垫圈），可以采用公共指引线，如图 9.9（c）和图 9.9（d）所示。

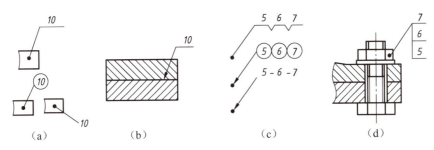

图 9.9 零件序号的编注形式

2. 零件序号的标注形式

在装配图中，零件序号的常用标注形式有如下三种。

（1）在指引线的终端画一条水平横线（细实线），并在该横线上方注写序号，其字高比装配图中所注尺寸数字大一号或两号。

（2）在指引线的终端画一个细实线圆，并在该圆内注写序号，其字高比装配图中所注尺寸数字大一号或两号。

（3）在指引线终端附近注写序号，其字高比装配图中所注尺寸数字大两号。

注意：

（1）为了使全图布置整齐美观，在同一装配图中采用的序号标注形式要一致。画零件序号时，应先按一定位置画好横线或圆，再与零件一一对应，画出指引线。

（2）常用的序号编排方法有两种：一种是一般件和标准件混合编排，如滑动轴承装配图（图 9.2）；另一种是将一般件编号填入明细栏，而直接在图上标注标准件的规格、数量和国家标准编号，或另列专门表格。

9.4.2 标题栏和明细栏填写的规定

1. 标题栏

每张装配图都必须有标题栏。标题栏的格式和尺寸在国家标准中都有规定。在制图作业中，建议采用本书第 1 章提供的标题栏。

2. 明细栏

明细栏是机器或部件中全部零部件的详细目录。明细栏画在标题栏正上方，其底边线与标题栏的顶边线重合，其内容和格式参考 GB/T 10609.2—2009《技术制图 明细栏》。本书推荐使用的明细栏格式如图 9.10 所示。

12	30	46	12	20	20
10		调整环	1	Q235	
9	GB/T 68—2016	螺钉 M3×12	6	Q235	
8		轴承盖	1	HT150	
7	JB/ZQ 4606—86	毡圈油封	1	半粗羊毛毡	
6		刀盘	1	45	
5	GB/T 68—2016	螺钉 M4×15	6	Q235	
4		端盖	1	Q235	
3	GB/T 858—1988	圆螺母用止动垫圈	1	Q235	
2	GB/T 812—1988	圆螺母 M20×1.5	2	45	
1		轴	1	45	
序号	代号	名称	数量	材料	备注

标题栏

图 9.10 本书推荐使用的明细栏格式

绘制和填写明细栏时应注意以下几点。

（1）明细栏和标题栏的分界线为粗实线，明细栏的外框竖线为粗实线，明细栏内部横线和竖线均为细实线（包括最上面一条横线）。

（2）序号应自下而上按顺序编写，若向上延伸位置不够，则可以在标题栏紧靠左边的位置自下而上延续。

（3）标准件的国家标准编号可写入备注栏。

明细栏中各项内容填写如下。

（1）序号：填写图样中相应组成部分的序号。

（2）代号：填写图样中相应组成部分的图样代号或国家标准编号。

（3）名称：填写图样中相应组成部分的名称。必要时，可写出其型式与尺寸。

（4）数量：填写图样中相应组成部分在装配图中所需数量。

（5）材料：填写图样中相应组成部分的材料标记。

（6）备注：填写附加说明（如该零件的热处理和表面处理等）或其他相关内容，如分区代号、常用件的主要参数（齿轮的模数、齿数，弹簧的内径或外径、簧丝直径、有效圈数、自由长度等）。

通常螺栓、螺母、垫圈、键、销等标准件的标记分两部分填入明细栏，其规格尺寸等填入名称栏，标准代号填入代号栏或备注栏。

9.5 装配结构的合理性

为使零件装配成机器或部件后达到性能要求，并考虑装拆方便，要求装配结构具有一定的合理性。设计和绘制装配图时，应考虑采用合理的装配结构，以保证机器或部件的工作性能，并给零件的加工和装拆带来方便。下面介绍几种常见的装配结构。

9.5.1　接触面与配合面的结构

1. 两个零件接触

当两个零件接触时，在同一方向上只能有一对平面接触，如图9.11所示，即 $b>a$，既保证了零件接触良好，又降低了加工难度。

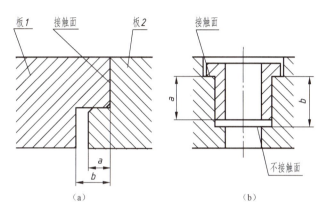

图 9.11　接触面的画法

2. 轴和孔配合

当轴和孔配合时，如图9.12所示，由于在 ϕA 处已经形成配合关系，因此 ϕB 和 ϕC 处不能再形成配合关系，即保证 $\phi B<\phi C$。

3. 锥面配合

当锥面配合时，锥体顶部与锥孔底部之间必须留有空隙，即 $L_1<L_2$，如图9.13所示。

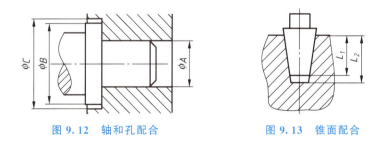

图 9.12　轴和孔配合　　　　图 9.13　锥面配合

4. 轴肩和端面接触

当轴与孔配合且轴肩和端面接触时，应在接触端面倒角或在轴肩部切槽，以保证两个零件接触良好，如图9.14（a）所示。图9.14（b）所示结构不合理。

5. 合理减小接触面积

零件加工时的面积越大，其不平度和不直度的可能性越大，接触面越不平稳，同时加工成本越高。因此，应合理减小接触面积，如图9.15所示。

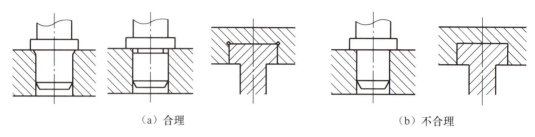

（a）合理　　　　　　　　　　　　（b）不合理

图 9.14　轴肩和端面接触

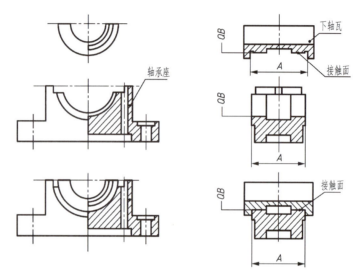

图 9.15　合理减小接触面积

9.5.2　螺纹连接的合理结构

1. 螺纹连接的装拆空间

螺纹连接处要留有足够的装拆空间，如图 9.16（a）所示；否则会给装配和拆卸带来不便，如图 9.16（b）所示。

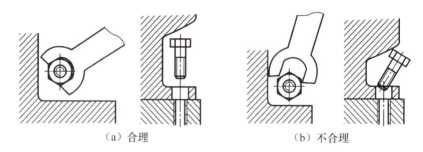

（a）合理　　　　　　　　　　　　（b）不合理

图 9.16　螺纹连接装拆空间

2. 被连接件的通孔直径

被连接件的通孔直径应比螺杆直径大，以便于装配，如图 9.17 所示。

3. 螺纹连接工艺结构

为了保证拧紧，要适当加长螺纹尾部，在螺杆上加工出退刀槽或做出凹坑、倒角，如图 9.18 所示。

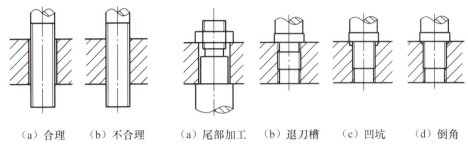

（a）合理　（b）不合理　　（a）尾部加工　（b）退刀槽　（c）凹坑　（d）倒角

图 9.17　被连接件的通孔直径　　　图 9.18　螺纹连接工艺结构

4. 螺纹连接中的沉头孔和凸台

为了保证拧紧，并减少加工表面、降低加工成本，在螺纹连接表面设计沉头孔或凸台，如图 9.19 所示。

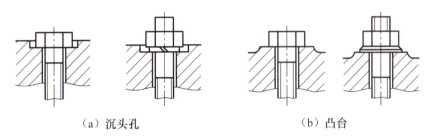

（a）沉头孔　　　　　　（b）凸台

图 9.19　螺纹连接中的沉头孔和凸台

5. 螺纹连接的合理装拆

当无法拧紧时，需增加手孔或改用双头螺栓连接，如图 9.20 所示。

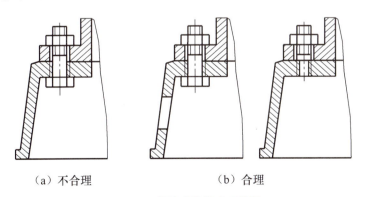

（a）不合理　　　　　（b）合理

图 9.20　螺纹连接的合理装拆

9.5.3 定位销的合理结构

为了保证安装后两零件间相对位置的精度，常采用圆柱销或圆锥销定位。为了加工销孔和拆卸销方便，在可能的情况下，一般将销孔做成通孔，如图 9.21（a）所示。若不能打通孔，则应在销头部加工内螺纹孔，如图 9.21（b）所示。

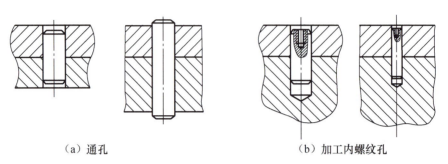

（a）通孔　　　　　　　　　（b）加工内螺纹孔

图 9.21　定位销的合理结构

9.5.4 防松结构

1. 用双螺母锁紧

依靠双螺母锁紧后，螺母之间产生轴向力，使螺母牙与螺栓牙之间的摩擦力增大而防止螺母自动松脱，如图 9.22（a）所示。

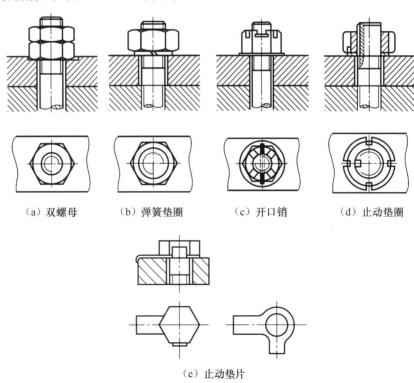

（a）双螺母　　（b）弹簧垫圈　　（c）开口销　　（d）止动垫圈

（e）止动垫片

图 9.22　螺纹防松装置

2．用弹簧垫圈锁紧

螺母拧紧后，垫圈受压变平，这个变形力使螺母牙与螺栓牙之间的摩擦力增大，且垫圈开口的刀刃阻止螺母转动，从而防止螺母自动松脱，如图9.22（b）所示。

3．用开口销防松

开口销直接锁住六角槽形螺母，使之不能自动松脱，如图9.22（c）所示。

4．用止动垫圈锁紧

止动垫圈与圆螺母配合使用，直接锁紧螺母，如图9.22（d）所示。这种装置常用来固定安装轴端部的零件。

5．用止动垫片锁紧

螺母拧紧后，弯倒止动垫片的止动边即可锁紧螺母，如图9.22（e）所示。

9.5.5 防漏结构

在机器或部件中，为了防止外界的灰尘、铁屑、水汽和其他不洁净的物质进入机体以及内部液体外溢，常采用密封装置。图9.23所示密封装置是泵和阀类部件中常见的密封装置，它依靠螺母、填料压盖将填料压紧，从而起到防漏作用。填料压盖与阀体端面之间应留有一定的间隙，以便填料磨损后，还可拧紧填料压盖将填料压紧，使之继续起到防漏作用。图9.24所示为滚动轴承的两种密封装置，其中图9.24（a）所示为毡圈式密封装置，图9.24（b）所示为圆形油沟式密封装置。这些密封装置的结构都已标准化。

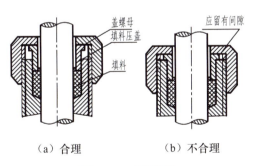

图9.23 密封装置

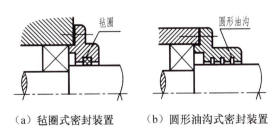

图9.24 滚动轴承的两种密封装置

9.6 部件测绘和装配图的画法

9.6.1 部件测绘

部件测绘就是对机器或部件及其所属零件进行测量、绘制草图，经整理后绘制装配图和零件图的过程。

测绘工作是技术交流、产品仿制和旧设备改造中的一项常见技术工作，它是工程技术人员必须掌握的基本技能。

1. 了解测绘对象

对测绘对象进行认真细致的观察、分析，了解其用途、性能、工作原理、结构特点、各零件间的装配关系，以及主要零件的作用和加工方法等。

了解测绘对象的方法，一是参阅有关资料、说明书或同类产品的图纸；二是通过拆卸全面了解、分析部件及其零件，并为画零件草图做准备。

2. 拆卸部件

首先，周密制定拆卸顺序，根据部件的组成情况及装配工作的特点把部件分为几个组成部分，依次拆卸，并用打钢印、扎标签或写件号等方法对每个零件进行编号、分组并放到指定位置，避免损坏、丢失、生锈或乱放，以便测绘后重新装配时保证部件的性能和使用要求。

其次，拆卸工作要有相应的工具和正确的方法，以保证拆卸顺利进行。对不可拆卸连接和过盈配合连接的零件尽量不拆开，以免损坏零件。拆卸要求保证部件原有的完整性、精确性和密封性。

3. 画装配示意图

全面了解测绘对象后，可以画简单的装配示意图。因为只有在拆卸之后才能显示出零件之间的装配关系，所以，拆卸时必须同步补充、修改前面绘制的示意图，并记录零件之间的装配关系，为各零件编号，作为绘制装配图和重新装配的依据。

在装配示意图中，一般用简单的图线画出零件的大致轮廓。画装配示意图时，对各零件的表达可不受前后层次的限制。

4. 画零件草图

由于测绘工作往往受时间及工作场地的限制，因此必须徒手画零件草图，根据零件草图和装配示意图画出装配图，再由装配图拆画零件图。画零件草图时，应注意以下几点。

（1）画非标准件的草图时，所有工艺结构（如倒角、圆角、凸台、退刀槽等）都应画出，但由制造产生的误差和缺陷（如对称形状不对称、圆形不圆以及砂眼、缩孔、裂纹等）不应画出。

（2）测量零件上标准结构要素（如螺纹、退刀槽、键槽等）的尺寸后，应查阅相关手册，选取标准值。应对零件上的非加工表面和非主要尺寸进行圆整，并尽量符合标准尺寸系列。测量两零件的配合尺寸和互有联系的尺寸后，应同时填入两零件的草图，以免出错。

（3）零件的技术要求（如表面粗糙度、热处理方式和硬度要求、材料牌号等）可根据零件的作用、工作要求确定，也可参考同类产品图纸和资料类比确定。

（4）标准件不需要画草图，但要测量主要尺寸并辨别类型，然后查阅标准对照绘制。

5．画装配图和零件图

根据零件草图画装配图见 9.6.2 部分内容，零件图画法见第 8 章。

9.6.2 装配图的画法

下面通过实例，介绍装配图的画法。

【例 9.1】绘制图 9.25 所示球阀装配图。

如前所述，绘制装配体之前，应充分了解球阀的用途、性能、工作原理、结构特点、装配体的所有零件草图或零件图（标准件除外），以及各零件间的装配关系等，并画出装配示意图。

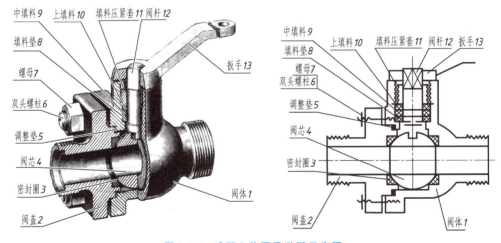

图 9.25　球阀立体图及装配示意图

1．了解测绘对象

分析部件的功能、组成，主要零件的形状、结构与作用，以及各零件间的相互位置关系、连接关系、装配关系及装配线；弄清各零件间相互配合的要求，以及零件间的定位、连接方式、密封关系等，并进一步认清运动零件与非运动零件的相对位置关系等，可对部件的工作原理和装配关系有所了解。

在管道系统中，阀是用于启/闭和调节流体流量的部件。球阀是阀的一种，因其阀心为球形而得名。

下面根据图 9.25 分析球阀的运动关系、密封关系、连接关系及工作原理。

（1）运动关系。转动扳手 13，阀杆 12 带动阀芯 4 转动，从而使阀芯中的水平圆柱形空腔与阀体1及阀盖2的水平圆柱形空腔连通或封闭。

（2）密封关系。两个密封圈3为第一道防线。调整垫5为阀盖之间的密封装置，可调节阀芯与密封圈之间的松紧程度。填料垫8、中填料9、上填料10及填料压紧套11可防止球阀从转动零件阀杆中漏油，为第二道防线。

（3）连接关系。阀体和阀盖是球阀的主体零件，均带有方形凸缘，它们之间以四组双头螺柱6和螺母7连接，在阀体上部有阀杆，阀杆下部有凸块，榫接阀芯上的凹槽。阀芯通过两个密封圈定位于阀体中，通过填料压紧套与阀体的螺纹旋合将填料垫、中填料和上填料固定于阀体中。

（4）工作原理。扳手的方孔套进阀杆上部的四棱柱，当扳手处于图 9.25 所示位置时，阀门全部开启，管道畅通；当将扳手顺时针旋转 90°（扳手处于图 9.27 俯视图中细双点画线的位置）时，阀门全部关闭，管道断流。

2. 拟定表达方案

装配图表达的主要内容是部件的工作原理及零件之间的装配关系，这是确定装配图表达方案的主要依据。装配图与零件图一样，也是以主视图的选择为中心来确定最终表达方案的。

（1）主视图的选择。

选择主视图时，通常考虑以下几方面。

① 主视图应能反映部件的工作状态或安装状态。

② 主视图应能反映部件的整体形状特征。

③ 主视图应能表达主装配干线上零件间的装配关系。

④ 主视图应能表达部件的工作原理。

⑤ 主视图应尽量多地反映零件间的相对位置关系。

球阀的工作位置情况不唯一，但一般将其通道水平放置。从对球阀各零件间装配关系的分析看出，阀芯、阀杆、填料压紧套等部分和阀体、密封圈、阀盖等部分为球阀的两条主要装配轴线，它们垂直相交。因而将其通道水平放置，以剖切面通过两条装配轴线的全剖视图为主视图，不仅可表达完全球阀的工作原理，还可清晰地表达各零件间的装配关系以及相对位置关系。

（2）其他视图的选择。

确定主视图后，针对装配体在主视图中尚未表达清楚的内容，选取一些能反映其他装配关系、外形及局部结构的视图。一般情况下，部件中的每种零件都至少应在视图中出现一次。

在本例中，虽然球阀沿前后对称面剖开的主视图清楚地反映了各零件间的装配关系和球阀的工作原理，但未表达清楚连接阀盖及阀体的双头螺柱分布情况和阀盖、阀体等零件的主要结构形状，于是选取左视图。

根据球阀前后对称的特点，左视图可采用半剖视图。在左视图上，左半边为视图，主要表达阀盖的基本形状和四组双头螺柱的连接方位；右半边为剖视图，补充表达阀体、阀芯和阀杆的结构。

选取俯视图，并作 B—B 局部剖视图，反映扳手与定位凸块的关系。

从以上球阀视图的选择过程中可以看出，应使每个视图的表达内容都有明确的目的和重点。应在基本视图上表达装配体的主要装配关系，可采用局部剖视图或断面图等表达次要的装配关系、连接关系。

3．画图步骤

根据视图表达方案、部件大小及复杂程度，选取适当的比例安排各视图的位置，从而选定图幅并着手画图。安排各视图的位置时，要注意留有编写零件序号、明细栏以及注写尺寸和技术要求的位置。

画图时，应先画出各视图的主要轴线（装配干线）、对称中心线和作图基准线（某些零件的基面和端面）。由主视图开始，配合几个视图。画剖视图时，以装配干线为准，由内向外逐个画出各零件，也可由外向内画，视作图方便而定。

绘制球阀装配图底稿的具体步骤如下。

（1）画出各视图的主要轴线、对称中心线及作图基准线，留出标题栏、明细栏位置，如图9.26（a）所示。

（2）画出主要零件阀体的轮廓线，几个基本视图要保证"三等关系"，关联作图，如图9.26（b）和图9.26（c）所示。

（3）逐个画出其他零件的三视图，如图9.26（d）所示。

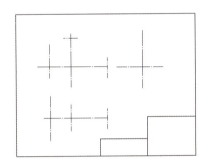

（a）画出各视图的主要轴线、对称中心线及作图基准线

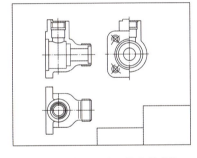

（b）画出主要零件阀体的轮廓线

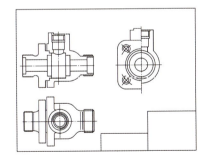

（c）根据阀盖和阀体的位置画出三视图

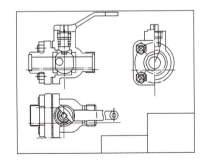

（d）逐个画出其他零件的三视图

图9.26　画装配图视图底稿的步骤

（4）检查校核、画出剖面符号、标注尺寸及公差配合、描深图线等，并为零件编号，填写标题栏、明细栏、技术要求。球阀装配图如图9.27所示。

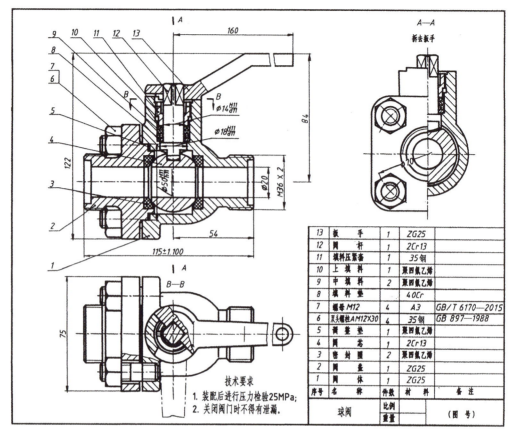

图 9.27 球阀装配图

9.7 读装配图和由装配图拆画零件图

在设计、制造、装配、使用、维修和技术交流等过程中,都会遇到装配图的阅读问题。在设计中,通常要在读懂装配图的基础上由装配图拆画零件图。因此,工程技术人员必须具备读装配图的能力。

9.7.1 读装配图的方法和步骤

读装配图的目的是了解产品的名称、功用和工作原理;弄清各零件的主要结构、作用、零件之间的相对位置关系、装配关系、连接关系及装拆顺序等。

1. 概括了解

(1) 通过调查及查阅明细栏和说明书获知零件的名称和用途。

(2) 对照零件序号,在装配图上查找这些零件的位置,了解标准件和非标准件的名称与数量。

(3) 对视图进行分析,根据装配图上视图的表达情况找出各视图、剖视图、断面图等的位置及投射方向，从而理解各视图的表达重点。

了解以上内容并参阅有关尺寸，从而对部件的大体轮廓有一个基本的印象。

2．详细分析

对照视图分析装配关系和工作原理是读装配图的一个重要环节。读图时应从能够清楚反映装配关系的视图入手，再配合其他视图。首先分析装配干线，其次分离零件、读懂零件形状。分离零件是依据装配图的各视图对应关系、剖视图上零件的剖面线以及零件序号的标注范围进行的。当零件在装配图中表达不完整时，可仔细观察和分析有关其他零件后进行结构分析，从而确定零件的内、外形状。在分析零件形状的同时，还应分析零件在部件中的运动情况以及零件之间的装配要求、定位、连接方式等，从而了解部件的工作原理。

3．归纳总结

进行以上分析后，参考下列问题重新研究装配图，综合想象各部分的结构及总体形状。
（1）是否完全读懂反映部件工作原理的装配关系和各运动部分的动作。
（2）是否读懂全部零件（特别是主要零件）的基本结构形状和作用。
（3）分析所注尺寸在装配图上的作用。
（4）部件的拆装顺序。

读图时，概括了解、详细分析和归纳总结三个步骤不能完全独立，通常要穿插进行。

9.7.3　读装配图举例

【**例 9.2**】读图 9.28 所示机用虎钳装配图。

1．概括了解

（1）从标题栏、明细栏中可以看出，该部件名称是机用虎钳，是一种机械加工中夹持工件的夹具。根据零件编号和明细栏中的序号得知，机用虎钳有十种零件，其中标准件有三种，其余为非标准件。

（2）三个基本视图表示装配体。

主视图为通过螺杆轴线的全剖视图，表达机用虎钳的工作原理，以及固定钳身 8、螺杆 3、方螺母 6、活动钳身 4 和钳口扳 7 等零件的装配关系。

左视图采用 A—A 阶梯剖视图，左半部分表示固定钳身 8、活动钳身 4、螺母 1、垫圈 2 的外形；右半部分表示活动钳身 4 的断面形状及固定螺钉 5 与方螺母 6、螺杆 3 与方螺母 6 的装配情况，还表示固定钳身连接孔的结构。

俯视图主要表达了零件之间的安装位置关系，采用两处局部剖视图。

2．详细分析

机用虎钳的工作原理分析：将扳手（图上未标）套在螺杆 3 右端的方头处，转动螺杆 3 时，由于螺杆 3 左侧用螺母 1 锁住，右侧被轴肩限位，因此只能在固定钳身 8 的两个圆柱孔中转动，而不能轴向移动，此时螺杆 3 带动方螺母 6，而方螺母 6 与活动钳身 4 用固定螺钉 5 连成一体，使活动钳身 4 沿固定钳身 8 的轨道左右移动，从而使机用虎钳的两钳口闭合或打开，用于夹紧或松开零件。

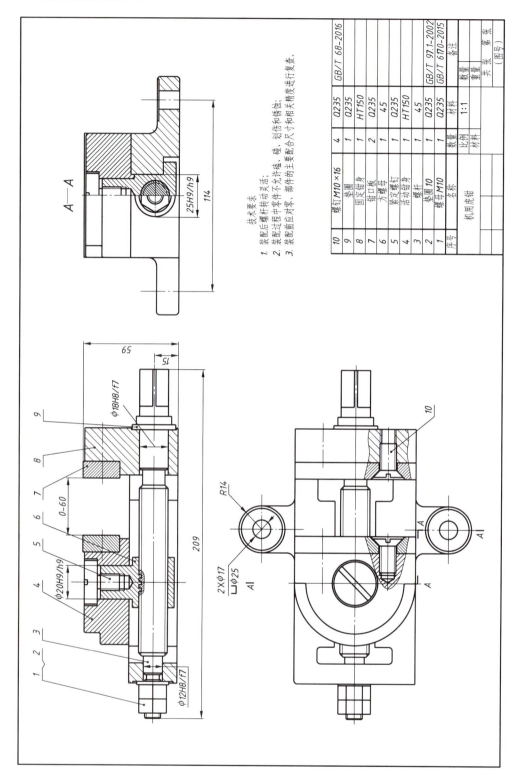

图 9.28 机用虎钳装配图

根据机用虎钳的工作原理和各视图的表达情况可知：螺杆 3 的轴线是一条主要装配干线，读图时从这条装配干线的主视图入手，结合其他视图，弄懂装配干线上的每个零件。

从主视图可以看出，螺杆 3 左端旋入方螺母 6 的螺纹孔，插入固定钳身 8 左侧的圆柱孔（采用间隙配合）并伸出，外端用两个螺母 1 加垫圈 2 固定；螺杆 3 右端装配在固定钳身 8 右侧的圆柱孔中，并采用间隙配合；右侧垫圈 9 加轴肩限位，以保证螺杆转动灵活。右端面的垫圈 9 用于防止磨损。方螺母 6 与活动钳身 4 采用间隙配合装配，并用固定螺钉 5 连接。

从左视图中可以看出活动钳身 4 与方螺母 6 之间的配合，并用固定螺钉 5 连接；活动钳身 4 与固定钳身 8 也采用间隙配合，活动钳身 4 能沿着固定钳身 8 上的导轨灵活、平稳地移动，保证被夹紧的工件定位准确、牢靠。

从俯视图中可以看出，固定钳身 8 的左、右两端均有一个长方形的槽，用来保证两钳口的最大距离为 60mm。固定钳身 8 和活动钳身 4 的形状特征也主要体现在俯视图中，同时利用两处局部剖视图表示钳口板 7 与活动钳身 4 及固定钳身 8 的连接情况，采用螺钉 10 连接。

尺寸分析过程如下。

（1）性能规格尺寸。

主视图中的 0～60 表达机用虎钳的活动范围。

（2）装配尺寸。

ϕ12H8/f7、ϕ20H9/h9、ϕ12H8/f7、25H9/h9 为装配尺寸，15 是重要的相对位置尺寸。

（3）外形尺寸。

总长为 208，总高为 59，总宽为 142；R14 是外形尺寸。

（4）安装尺寸。

2×ϕ11、114 为安装尺寸。

3．归纳总结

（1）机用虎钳的安装及工作原理。

通过机用虎钳固定钳身两端的安装通孔，采用螺栓连接可将机用虎钳固定在工作台上。转动手柄，使螺杆 3 转动，打开钳口，把工件放在两钳口板之间；再反向旋转手柄，使得钳口开度逐渐减小，直至钳口板夹紧工件。

（2）机用虎钳的装配结构。

机用虎钳零件间的连接方式均为可拆连接。因该部件工作时不需要高速运转，故不需要润滑。

（3）机用虎钳的拆装顺序。

拆卸过程：拧下螺母 1、取出垫圈 2、拧下固定螺钉 5、取下活动钳身 4、旋出螺杆 3、取出方螺母 6、取下垫圈 9、拧下螺钉 10、卸下钳口板 7。

装配过程：首先用螺钉 10 连接钳口板 7 与活动钳身 4 的钳口和固定钳身 8 的钳口（也可放在最后进行）；然后将垫圈 9 从螺杆 3 左端套入，将方螺母 6 放入固定钳身 8，把螺杆 3 左端从固定钳身 8 右侧孔插入；接着旋入方螺母 6 的螺纹孔，直至从固定钳身 8 左侧孔伸出，当旋转螺杆 3 不能再向左移动时，在左侧套上垫圈 2，拧上两个螺母 1；最后把活动钳身 4 装到方螺母 6 上，并拧紧固定螺钉 5。

9.7.2 拆画零件图

由装配图画出零件图的过程称为拆画零件图。拆画零件图是设计工作的一个重要环节，它是在全面读懂装配图的基础上进行的。拆图时，应对所拆零件的作用进行分析，然后分离零件（把零件从与其组装的其他零件中分离出来）。拆画零件图的具体方法如下：首先在装配图中各视图的投影轮廓中找出零件的范围，将其从装配图中"分离"出来，结合分析结果，补齐所缺轮廓线；然后根据零件图的视图表达要求，重新安排视图。画出零件的各视图以后，应按零件图的要求注写尺寸及技术要求。

1. 拆画零件图的方法和步骤

（1）读懂装配图。

拆图前必须认真阅读装配图，全面了解设计意图，分析清楚装配关系、技术要求和各零件的主要结构。

（2）确定视图表达方案。

读懂零件的结构形状后，要根据零件在装配图中的工作位置或零件的加工位置重新选择视图，确定表达方案。此时可以参考装配图的表达方案，但不应受原装配图的限制。

（3）补全工艺结构。

在装配图上往往省略零件的细小工艺结构，如倒角、倒圆、退刀槽等。拆画零件图时，必须补全这些结构，并进行标准化。

（4）标注尺寸。

由于装配图上只给出必要的尺寸，而要求在零件图上正确、完整、清晰、合理地标注零件各组成部分的全部尺寸，因此很多尺寸是在拆画零件图时确定的。在拆画出的零件图上标注尺寸的步骤如下：

① 抄：应直接照抄装配图上已注出的有关该零件的尺寸，不能随意改变。

② 查：零件上的某些尺寸数值（如与螺纹紧固件连接的零件通孔直径和螺纹尺寸，与键、销连接的尺寸，标准结构要素的倒角、倒圆、退刀槽），应从明细栏或有关标准中查得。

③ 算：如所拆零件是齿轮、弹簧等传动零件或常用件，则设计时所需参数（如齿轮的分度圆和齿顶圆、弹簧的自由高度和展开长度等）应根据装配图提供的参数，通过计算来确定。

④ 量：对拆画零件进行整体尺寸分析后，按照"正确、完整、清晰、合理"的基本要求，装配图中没有标注的尺寸可在装配图中直接测量，并按装配图的绘图比例换算、圆整后标注。

拆画零件图是一种综合能力训练，不仅应具备读懂装配图的能力，还应具备有关专业知识。随着计算机绘图技术的普及，拆画零件图将变得更容易。如果是由计算机绘制的机器或部件的装配图，则可复制拆画零件后加以整理，并标注尺寸，从而画出零件图。

2. 拆画零件图示例

【例 9.3】从图 9.28 所示机用虎钳装配图中拆画固定钳身 8 的零件图。

（1）分离零件，想象零件的结构和形状。

根据装配图中各视图的投影轮廓找出该零件的范围，再根据图中剖面线及零件序号的标注范围，将固定钳身从装配图中分离出来，如图 9.29 所示。结合以上分析，固定钳身属于箱体类零件，由包容螺杆、螺母等零件的空腔及外体、安装耳部等组成。

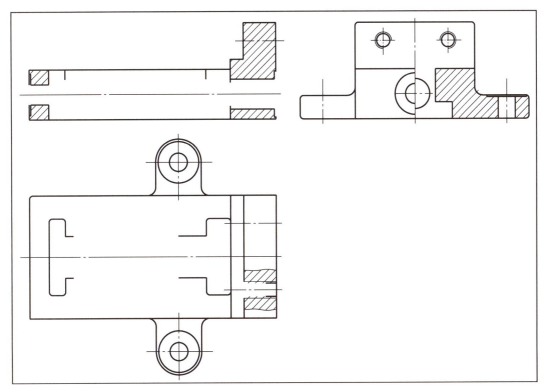

图 9.29　分离固定钳身

（2）确定零件的表达方案。

根据零件的工作位置确定主视图的安放位置，并按形状特征原则决定投射方向。选择该零件的视图为主视图、俯视图、左视图，主视图确定为图 9.28 所示主视方向。俯视图和左视图也几乎与原装配图中表达一致，俯视图表达固定钳身内腔及外体的形状，以及安装孔的形状和位置；左视图采用半剖视图，以表达内部结构及连接孔结构，以及与钳口板连接的螺纹孔位置和大小等，如图 9.30 所示。

（3）标注尺寸及技术要求，填写标题栏。

按照零件图的要求，并根据上述抄、查、算、量的步骤，正确、完整、清晰并尽可能合理地标注尺寸；再经过查阅标准和技术资料并与同类零件进行分析类比，标注技术要求，完成全图。固定钳身零件图如图 9.31 所示。

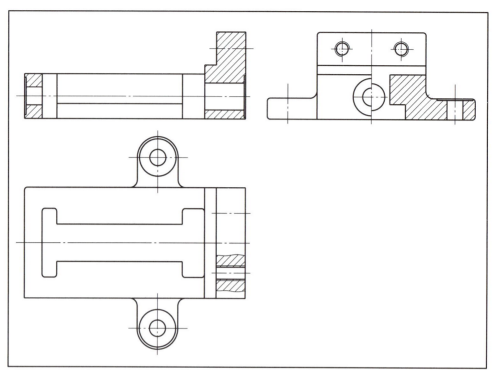

图 9.30 重新确定固定钳身的表达方案

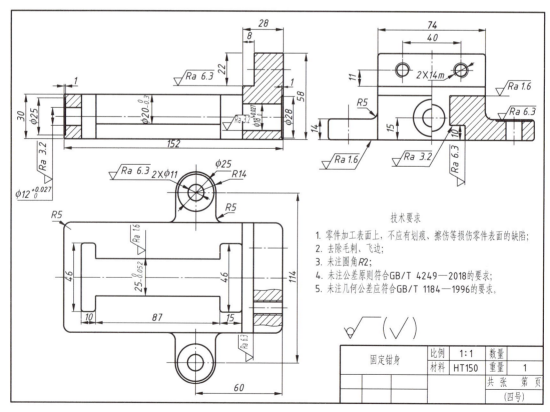

图 9.31 固定钳身零件图

读装配图是了解机器或部件工作特点的起点，画装配图是表达机器或部件的最终目的。了解装配图的内容、表达方法以及常见的装配结构后，可以对零件在机器或部件中的作用有进一步的了解。由于绘制和识读机械图（核心是零件图和装配图）是学习"机械制图"课程的最终目标，因此装配图是本课程的重点内容。由于装配图和零件图在设计、制造过程中起着不同的作用，因而其具有不同的内容和特点。学习时，要与零件图对比理解、记忆，以达到突出重点、融会贯通的目的。零件图和装配图的比较见表 9-1。

表 9-1 零件图和装配图的比较

项目	零件图	装配图
视图方案选择	完全表达和确定零件的结构、形状及各部分相对位置	以表达工作原理、装配关系为主，不要求完全表达清楚各零件结构形状
尺寸标注	标注全部尺寸	标注与装配、安装等有关的尺寸
尺寸公差	注偏差值或公差带代号	只注配合代号
几何公差	需注出	不需要注出
表面粗糙度	需注出	不需要注出
技术要求	为保证加工制造质量而设，多以代（符）号标注为主，以文字说明为辅	标注性能、装配、调试等要求，多以文字表述为主
标题栏、序号和明细栏	有标题栏	除有标题栏外，还有零件编号、明细栏，以帮助读图和管理

画装配图和读装配图从不同途径培养学生的形体表达能力及分析想象能力，但其都是一种综合运用制图知识、投影理论和制图技能的训练。画装配图和读装配图时应掌握以下要领。

(1) 首先画装配图在于选择装配图的表达方案，而选择表达方案的关键在于对部件的装配关系和工作情况进行分析，弄清其装配干线；然后考虑选用的视图、剖视图，以表达清楚各装配干线上的装配关系。

(2) 画装配图时，先画主要装配线，再画次要装配线；由内而外，先定位置再画结构形状；先画大体再画细节。

(3) 读装配图及由装配图拆画零件图的关键在于准确地分离零件，即在对装配体的工作原理、对照明细栏认识各零件及其装配关系的前提下，根据轮廓线、剖面线及零件序号标注的范围，将拆画零件从装配图中"分离"出来，根据零件类型选择视图、标注尺寸和技术要求等。

素养提升

制造业是国民经济的主体，也是立国之本、兴国之器、强国之基，还是中华民族从站起来、富起来到强起来的基础支撑。面对全球新一轮的制造业竞争，我们不能只是简单地"引进、消化、吸收"而是要在此基础上更多、更好地实现自主创新；不能对某个尖端领域局部突破或者不计成本地运动式投入，而是需要达到整个社会、全产业链的成熟配套和效率提升。学生要勇于担负重任，努力掌握制图基本功，为中国制造的强国梦作出自己的贡献。

建议学生课后搜索观看《大国工匠》节目，选看第三集。

第9章习题集部分讲解(1)

第9章习题集部分讲解(2)

第10章 AutoCAD 二维绘图基础

本章主要介绍计算机绘图软件 AutoCAD 2023 的操作界面、基本操作方法、绘图环境设置、创建图块、常用绘图命令、修改编辑及尺寸标注等内容。

通过本章的学习，要求学生熟练掌握 AutoCAD 2023 操作界面及基础知识、二维绘图命令、图形编辑、尺寸标注等。

AutoCAD 是如今应用较广泛的计算机辅助绘图与设计软件，该软件由美国 Autodesk 公司开发。它提供了一个开放的平台，面向任务的绘制环境和简易的操作方法，能够完成机械产品的二维图形设计与三维模型的创建、标注图形尺寸、渲染图形以及打印输出图纸。其具有完善的绘图功能、强大的图形编辑功能、较强的数据交换能力，支持多种硬件设备和操作平台，具有通用性和易用性，适用于机械、建筑、电子、农业及航空航天等领域，能满足工程设计人员的需求，深受广大工程技术人员的喜爱。

10.1 AutoCAD 2023 操作界面及基础知识

10.1.1 AutoCAD 2023 的启动及操作界面

1. 启动 AutoCAD 2023

启动 AutoCAD 2023 常用以下方法。

(1) 双击桌面 AutoCAD 2023 中文版快捷图标 , 即可进入 AutoCAD 2023 的操作界面。

(2) 单击桌面左下角"开始"按钮，在弹出的菜单中选择"程序"→Autodesk→

AutoCAD 2023 命令。

(3) 在"我的电脑"文件夹中双击任一个 AutoCAD 图形文件,即 *.dwg 文件。

2. AutoCAD 2023 的操作界面

AutoCAD 2023 的操作界面是通过工作空间组织的。工作空间是由分组组织的菜单、快速访问工具栏、选项板和功能区控制面板组成的,用户可以在专门的、面向任务的绘图环境中工作。AutoCAD 2023 为用户提供了"二维草图与注释""三维基础""三维建模"三种预设的工作空间,利用应用程序状态栏中的工作空间列表框或"工作空间"工具栏可切换工作空间。图 10.1 所示为 AutoCAD 2023 的操作界面("二维草图与注释"工作空间的界面)。

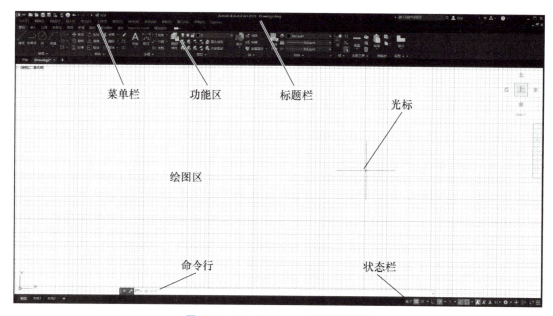

图 10.1　AutoCAD 2023 的操作界面

AutoCAD 2023 "二维草图与注释"工作空间的界面包括标题栏、菜单栏、功能区、绘图区、命令行、状态栏、工具栏等。

(1) 标题栏。

标题栏位于 AutoCAD 操作界面的最顶部,如图 10.1 所示,左边显示应用程序图标及当前操作图形文件的名称。单击应用程序图标,可以打开应用程序菜单;"快速访问"工具栏显示常用工具;"程序名称显示区"显示正在运行的程序名和被激活的图形文件名称;"信息中心"可以快速获取所需信息、搜索所需资源;"窗口控制按钮"控制 AutoCAD 窗口的大小和关闭。

(2) 菜单栏。

菜单栏由"文件""编辑""视图""插入""格式""工具""绘图""标注""修改""参数""窗口""帮助""Express"13 个菜单组成,几乎包括 AutoCAD 2023 中的全部功能和命令。

(3) 功能区。

功能区由绘图、修改、图层等选项卡组成,每个选项卡的面板上都包含许多工具按钮。

(4) 绘图区。

绘图区是功能区下方大片空白区域，也是用户使用 AutoCAD 2023 绘制、编辑图形的区域，用户设计图形的主要工作都是在绘图区进行的。窗口中的"十"字光标显示当前点的位置，用来绘制和选择图形对象；窗口左下角为坐标系，用于反映坐标系类型和坐标方向；窗口左下方的选项卡可以实现模型空间与图纸空间的切换。

若用户想要修改图形窗口中"十"字光标的大小和背景颜色，则可在绘图窗口中右击，在弹出的快捷菜单中选择"选项"命令，弹出对话框，在"显示"选项卡下调整"十"字光标的大小，单击"颜色"按钮来更改绘图窗口的颜色。

(5) 命令行。

命令行位于绘图窗口的下方，是用户输入命令和显示命令提示信息的区域。默认的命令行窗口布置在绘图区下方，是若干文本行。

(6) 状态栏。

状态栏位于工作界面的最底部，左端显示光标定位点坐标值 x、y、z，其后有"捕捉""栅格""正交""极轴""对象捕捉"等功能开关按钮；中部显示注释比例；右端是状态栏快捷菜单。

(7) 工具栏。

工具栏是一组图标型工具的集合，把光标移动到某个图标，稍停片刻即在该图标一侧显示相应的工具提示，同时在状态栏中显示相应的说明和命令名。

在默认情况下，可以看到绘图区顶部的"绘图""注释""特性""图层"工具栏和位于右侧的"块""组""实用工具"等工具栏。用户可以打开或关闭工具栏、调整工具栏的位置及自定义需要的工具按钮。

10.1.2 文件管理

1. 新建文件

选择菜单栏"文件"→"新建"命令或者单击快速访问工具栏中的 按钮，弹出"选择样板"对话框，如图 10.2 所示。从样板文件"名称"列表框中选择 acadiso 选项，再单击"打开"按钮，即可绘制一幅新图。

2. 打开图形文件

选择菜单栏"文件"→"打开"命令或单击快速访问工具栏中的 按钮，弹出"选择文件"对话框，如图 10.3 所示。在"文件类型"下拉列表框中可选择图形（*.dwg）、标准（*.dws）、DXF（*.dxf）、图形样板（*.dwt）四种文件类型，还可以选择"打开""以只读方式打开""局部打开""以只读方式局部打开"四种方式打开图形文件。

3. 保存图形文件

在 AutoCAD 2023 中，可以用多种方式以文件形式保存所绘图形。选择菜单栏"文件"→"保存"命令或单击快速访问工具栏中的 按钮，以当前使用的文件名保存图形；也可以选择菜单栏"文件"→"另存为"命令，以新的名称保存当前图形。

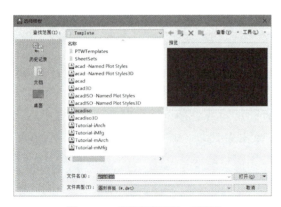
图 10.2 "选择样板"对话框

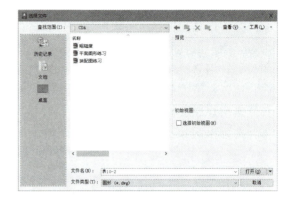
图 10.3 "选择文件"对话框

在第一次保存创建的图形时，系统弹出"图形另存为"对话框，如图 10.4 所示。在默认情况下，文件以"AutoCAD 2018 图形（*.dwg）"格式保存，也可以在"文件类型"下拉列表框中选择其他格式。

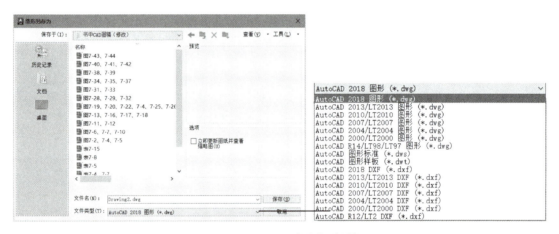
图 10.4 "图形另存为"对话框

10.1.3 基本操作

1. 鼠标的操作

鼠标是输入和操作主要命令的工具。三键滚轮鼠标的功能见表 10-1。掌握鼠标左、右键的配合及滚轮的使用方法，可大大提高绘图效率。

表 10-1 三键滚轮鼠标的功能

鼠标按键	功能	操作说明
左键（MB1）	选择菜单栏、快捷菜单和工具栏等对象，也可在绘图过程中指定点和拾取操作对象	单击

续表

鼠标按键	功能	操作说明
滚轮（MB2）	放大或缩小图形	向上或向下转动滚轮，可以将图形放大或缩小，默认缩放量为 10%
	平移图形	按住滚轮保持不放并拖动鼠标
	旋转图形	按 Shift+MB2 组合键并移动光标，可旋转图形
右键（MB3）	弹出快捷菜单	右击
	Enter 键	右击，选择"确认"选项

用鼠标选择对象的常用方式有"点选""窗口选择""窗交选择""栏选"。

(1) 点选。点选是最基本、最简单的方式，一次只能选择一个对象。在命令行"选择对象:"的提示下，系统自动进入点选模式，此时光标指针切换为矩形选择框状，将选择框放在对象的边沿单击，即可选择该图形。被选择的图形对象以虚线显示。

(2) 窗口选择。窗口选择一次可以选择多个对象。在命令行"选择对象:"的提示下从左到右指定角点创建窗口选择框，显示实线方框，完全位于窗口内部的对象被选中。

(3) 窗交选择。窗交选择是使用频率非常高的方式，一次可以选择多个对象。在命令行"选择对象:"的提示下从右到左指定角点创建窗交选择框，显示虚线方框，完全位于窗口内部和与选择框相交的对象被选中。

(4) 栏选。在栏选方式下，在视图中绘制多段线，多段线经过的对象都被选中。

2. 命令的调用及取消

(1) 命令的调用。

① 在命令行输入命令全称或简称，不区分大小写，如"LINE"或者"L"。

② 单击下拉菜单中的选项，同时可以在状态栏中看到相应的命令说明和命令名。

③ 单击"功能区"或者"工具条"中的相应图标，同时可以看到相应的命令说明和图例。

④ 在命令行打开快捷菜单或在绘图区右击。

(2) 命令的取消。

在命令执行的任何时刻都可以按 Esc 键取消和终止执行命令。

(3) 命令的重复。

若再次执行命令，则可以在命令行中的"命令:"提示下按 Enter 键或"空格"键，还可以在绘图区任意位置右击来重复执行前一条或前几条命令。

(4) 命令的撤销与重做。

使用 UNDO（撤销）列表箭头 ← 或 REDO（重做）列表箭头 → ，可以选择要放弃或重做的操作。

3. 坐标系统和数据的输入方法

(1) 两种坐标系。

AutoCAD 2023 图形中各点的位置都是由坐标确定的。AutoCAD 2023 有两种坐标系：

世界坐标系（WCS）和用户坐标系（UCS）。

① 世界坐标系。世界坐标系存在于任何一个图形中且不可更改，是 AutoCAD 的默认坐标系，也是坐标系统中的基准，显示在绘图窗口的左下角，其原点位置有一个方块标记。

② 用户坐标系。在 AutoCAD 2023 中，为了能够更好地辅助绘图，经常需要修改坐标系的原点和方向，此时坐标系变为用户坐标系。用户坐标系的原点以及 X 轴、Y 轴、Z 轴方向都可以移动及旋转，甚至可以依赖图形中某个特定的对象。在菜单栏选择"工具"→"工具栏"→AutoCAD→UCS 命令，可设置需要的用户坐标系。

（2）坐标点的输入。

在命令行输入点的坐标，常用直角坐标和极坐标。

直角坐标有两种输入方式：$x, y [z]$（点的绝对坐标值，如 60，40）和 $@x, y [z]$（相对于上一点的坐标值，如@80，60）。

极坐标只能表示二维点的坐标，也有两种输入方式：在绝对坐标输入方式下，表示为长度＜角度（其中长度为点到坐标原点的距离，角度为原点到该点连线与 X 轴的正向夹角，如 80＜60）；在相对坐标输入方式下，表示为@长度＜角度（相对于上一点的极坐标，如@50＜50）。

（3）动态数据输入。

单击状态栏中的 DYN 按钮，启用动态输入功能，此时在命令行中输入的数据和命令选项以及命令行的信息都显示在光标附近。例如，绘制直线时，直角坐标的动态显示如图 10.5 所示，极坐标的动态显示如图 10.6 所示。

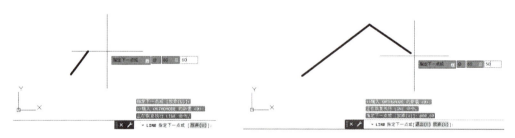

图 10.5　直角坐标的动态显示　　　　图 10.6　极坐标的动态显示

10.1.4　绘图辅助工具

1. 精确定位工具

（1）栅格和捕捉。

启用栅格可以在绘图区出现可见的网格。启用捕捉功能时，光标只能在栅格的节点上移动，从而使用户高精确度地捕捉和选择栅格上的点。

右击状态栏中的"栅格"按钮▦或"捕捉"按钮▦，再单击"设置"按钮，在弹出的"草图设置"对话框中的"捕捉和栅格"选项卡下进行设置，如图 10.7 所示。

（2）捕捉。

捕捉是指 AutoCAD 2023 可以生成一个隐含分布于屏幕上的栅格，这种栅格能够捕捉光标，使光标只能落在其中一个栅格点上。捕捉分为矩形捕捉和等轴测捕捉，默认采用矩形捕捉。

（3）对象捕捉。

对象捕捉是指在绘图过程中，通过捕捉这些特征点，迅速、准确地将新的图形定位在现有对象的确切位置上。使用对象捕捉功能，可以迅速、准确地捕捉到圆心、切点、线段或圆弧的端点、中点等，从而迅速、准确地绘制图形。

单击状态栏中的"对象捕捉"按钮，可打开或关闭对象捕捉功能；右击"对象捕捉"按钮，选择"设置"命令，在弹出的"草图设置"对话框中的"对象捕捉"选项卡下设置捕捉类型，如图10.8所示。

图10.7 "捕捉和栅格"选项卡

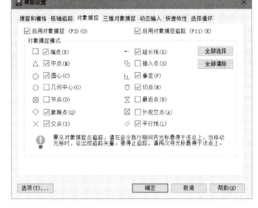
图10.8 "对象捕捉"选项卡

（4）自动对象捕捉。

启用自动对象捕捉功能后，绘图时屏幕会出现临时辅助线，帮助用户在指定的角度和位置精确地追踪图形对象。

自动追踪功能分为"对象捕捉追踪"和"极轴追踪"两种，可在状态栏中同时启用。若事先不知道追踪方向（角度），但知道与其他对象的某种关系（如相交），则使用对象捕捉追踪；若事先知道要追踪的方向（角度），则使用极轴追踪。

（5）正交绘图。

在状态栏中单击"正交"按钮或按F8键，可启用正交模式。在正交模式下，只能画平行于坐标轴的正交线段。

2．图形显示工具

（1）缩放视图。

在菜单栏选择"视图"→"缩放"命令或在命令行中输入ZOOM✓命令，命令行提示"指定窗口的角点，输入比例因子（nX或nXP），或者［全部（A）/中心（C）/动态（D）/范围（E）/上一个（P）/比例（S）/窗口（W）/对象（O）］＜实时＞:"，用户可输入不同的选项进行缩放操作；还可以使用功能区"视图"选项卡下的各种缩放按钮缩放图形。

（2）图形平移。

在命令行输入PAN命令（缩写名为P）或在菜单栏选择"视图"→"平移"→"实

时"命令,光标变成手形,此时按住鼠标左键即可拖动图形;也可直接按住鼠标滚轮移动图形。

(3) 重生成。

在命令行输入 REGEN 命令(缩写名为 RE)或在菜单栏选择"视图"→"重生成"命令,将刷新当前窗口中的所有图形对象,使原来显示不光滑的图形重新变得光滑。

10.1.5 设置图形样板

通常存储在图形样板文件中的惯例及设置包括图形(栅格)界限、单位、精度、捕捉、栅格和正交、线型比例、图层、图框和标题栏、文字样式、标注样式等。

下面以横装的 A3 图纸为例,说明设置图形样板文件的一般方法和步骤。

1. 打开样本文件并设置绘图区背景及显示精度

(1) 打开样本文件。

单击标准工具栏上的"新建"按钮、单击菜单栏"文件"→"新建"命令或按快捷键 Ctrl+N,弹出"选择样板"对话框,从中选择一种图形样板文件作为新文件,如 acadiso.dwt,单击"打开"按钮,创建对应的新图形。

(2) 设置显示精度。

单击菜单栏"工具"→"选项"命令,在弹出的"选项"对话框中选择"显示"选项卡。在"显示精度"选项中,将圆弧和圆的平滑度由"1000"改成"9000",使得圆的弧线更圆滑;在"十字光标大小"中修改数字或者用鼠标拖动设置屏幕上光标的大小。

2. 设置关联尺寸和显示线宽

(1) 设置关联尺寸。

单击菜单栏"工具"→"选项"命令,在弹出的"选项"对话框中选择"用户系统设置"选项卡,在"关联标注"区选中"使新标注可关联"复选框,单击"确定"按钮。

(2) 设置显示线宽。

在"选项"对话框中选择"用户系统配置",单击"线宽设置"按钮,弹出"线宽设置"对话框,如图 10.9 所示,选中"显示线宽"复选框。用鼠标拖拉"调整显示比例"滑块到适当位置,单击"确定"按钮。

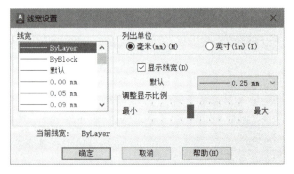

图 10.9 "线宽设置"对话框

3. 设置图形单位和图形界限

（1）设置图形单位。

在新建的"acadiso.dwt"空白文档中选择菜单栏"格式"→"单位"命令，弹出图 10.10 所示的"图形单位"对话框，采用默认设置。

（2）设置图形界限。

图形界限是一个矩形绘图区，它标明用户的工作区域和图纸边界。设置图形界限可以避免绘制的图形超出图纸边界。

单击菜单栏"格式"→"图形界限"命令，在命令行

图 10.10　"图形单位"对话框

提示下输入图形界限左下角的 X、Y 坐标（0，0）和图形界限右上角的 X、Y 坐标（420，297），设置图形界限。

在状态栏中单击"栅格"按钮，在视图中显示栅格点矩阵，栅格点的范围就是图形界限。

4. 设置图层

在工程制图中，整个图形包含多种功能的图形对象，有必要针对不同的图形设置不同的颜色、线型和线宽。

单击"图层特性"按钮，弹出"图层特性管理器"对话框，按图 10.11 所示创建新的图层，可以修改各图层的名称、线条颜色、线型及线宽。

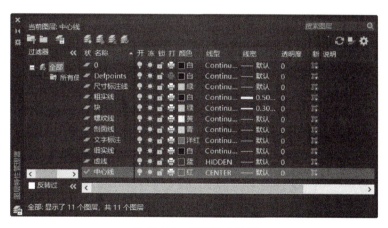

图 10.11　创建新的图层

下面以定义中心线图层和粗实线图层为例，设置过程如下。

（1）定义中心线图层。

第一步：按序单击功能区中图层工具栏中的"图层特性"按钮，单击菜单栏"格式"→"图层"命令或在命令行输入 LAYER✓命令。

第二步：单击"新建图层"按钮，自动创建图层 1，修改图层名称为"中心线"，单击"中心线"图层上的黑色选项，弹出"选择颜色"对话框，修改为红色，如图 10.12

所示。设置线型，单击"中心线"图层上的 Continuous 选项，弹出"选择线型"对话框，在"已加载的线型"列表框中选择对应的绘图线型。若没有需要的线型，则需要先加载对应的线型。单击"加载"按钮，弹出"加载或重加载线型"对话框，选中 CENTER 线型后，单击"确定"按钮。返回"选择线型"对话框，在"已加载的线型"列表框中显示出 CENTER 线型，如图 10.13 所示。选中该线型，单击"确定"按钮，完成线型设置。线宽可采用默认设置（0.25mm）。

图 10.12　"选择颜色"对话框

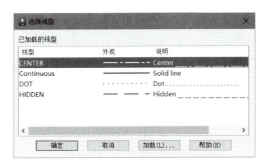

图 10.13　"选择线型"对话框

（2）定义粗实线图层。

在"图层特性管理器"对话框中再次单击"新建图层"按钮，将图层名称"图层 1"修改为"粗实线"。单击"粗实线"图层上"线宽"下的默认细实线，弹出"选择线宽"对话框，选择"0.5mm"选项，单击"确定"按钮，完成线宽设置。

为了绘图方便、便于管理，根据需要创建图 10.11 所示的图层。

图层一般有三种状态。第一种是开关状态，单击"开"列对应的灯泡图标可打开或关闭图层，灯泡亮时，显示图层上的图形，也可以打印；灯泡关时正好相反。第二种是冻结与解冻，未冻结的图层显示为太阳图标，此时显示图层上的图形对象，能打印输出和编辑修改；已冻结的显示为雪花图标，此时图层上的图形不可见，不能打印输出和编辑修改。第三种是锁定和解锁，锁定图层可以避免对象被意外修改或删除，仍然可以将对象捕捉应用于锁定图层上的对象，并且可以执行不会修改对象的其他操作；锁定某个图层时不影响图形对象的显示，只是该图层上的所有对象均不可修改，但可以绘制新图形对象。

5．设置文字样式

文字在工程图纸中用于说明、列表、标题等项目，是工程图纸中必不可少的内容。文字样式设置见 10.4.1 部分内容。其中图形中的汉字采用长仿宋体，符合国家标准的中文字体是 gbcbig.shx；拉丁字母和阿拉伯数字区分大小写，可以分别写成正体和斜体；英文字体的正体和斜体分别是 gbenor.shx 和 gbeitc.shx。

6．设置尺寸标注样式

机械制图标准对尺寸标注的格式有具体要求，需要定义的尺寸标注样式详见 10.4.2 部分内容。

7. 绘制图框和标题栏

绘图时，由于不能直观地显示图形界限，因此需要通过图框确定绘图的范围，使所有图形绘制在图框内。在"粗实线"图层，单击绘图工具栏中的"矩形"按钮 ▢ ，绘制图框线。在图框的右下角，可以使用注释工具栏中的"表格"按钮 ▦ 绘制标题栏。

8. 保存图形样板文件

选择菜单栏"文件"→"保存"命令或"文件"→"另存为"命令，在弹出的对话框中输入文件名"A3图幅-横装"，选择文件类型为"AutoCAD图形样板（*.dwt）"，确定文件存储路径，单击"保存"按钮，保存图形样板文件。

10.2 二维绘图命令

AutoCAD 2023 的常用绘图工具见表 10-2。

表 10-2 AutoCAD 2023 的常用绘图工具

工具	功能	图例
直线 （LINE）	绘制一条或多条连续的线段，每条都是独立的操作对象	绝对直角坐标 (60,50)　相对极坐标 (@40<30)　(@15,-20) 相对直角坐标
多段线 （PLINE）	由多个宽度相等或不相等的线段（直线或圆弧）组成的单一图形对象	R5, 10, 10, 25, R5
圆 （CIRCLE）	可以通过圆心、半径，圆心、直径，两点，三点，相切、相切、半径，相切、相切、相切绘制圆	φ10, R2
圆弧 （ARC）	可以通过三点，起点、圆心、端点，起点、圆心、角度，起点、端点、半径，圆心、起点、角度等方式绘制圆弧	R8, R12, 16, R8, 40

续表

工具	功能	图例
 椭圆（ELLIPSE）	可以通过圆心、两个端点（长半轴、短半轴的象限点）、轴、端点绘制椭圆	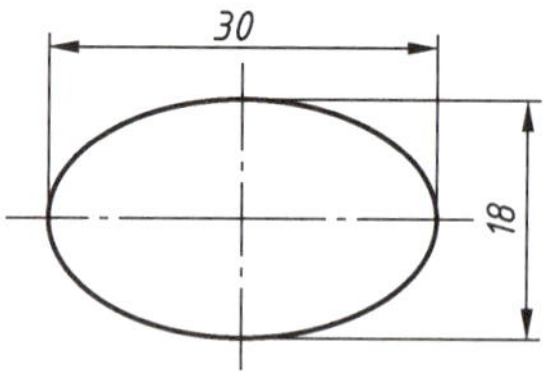
多边形（POLYGON）	通过内接于圆和外切于圆的半径绘制正多边形，也可以通过正多边形的边长绘制正多边形	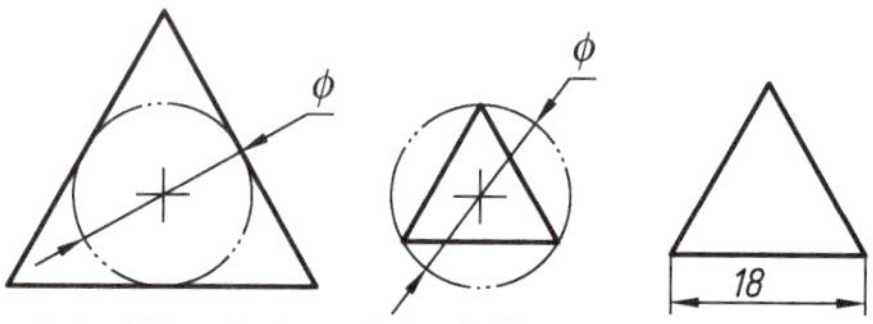 （a）外切于圆　（b）内接于圆　（c）边长
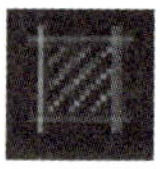 图案填充（HATCH）	用于表达剖视图、断面图中的剖面区域（细实线）	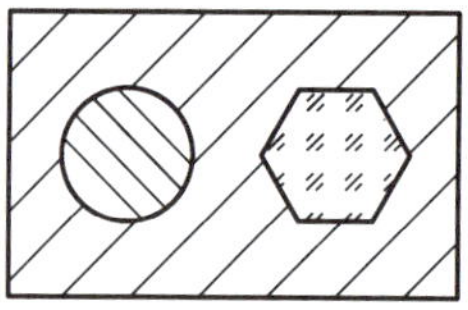
 样条曲线拟合（SPLINE）	使用拟合点绘制样条曲线，一般用于绘制局部视图、斜视图断裂线或局部剖视图的分界线	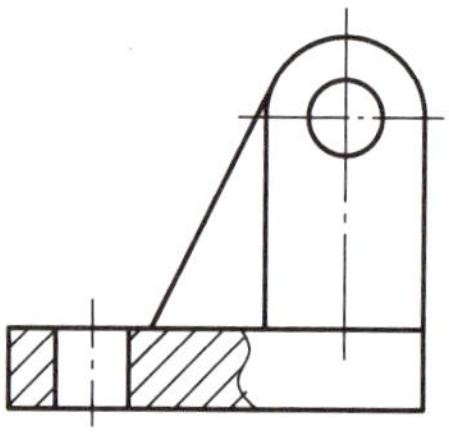
 面域（REGION）	由现有的封闭图形对象可产生面域。形成面域的图形对象之间可进行布尔运算	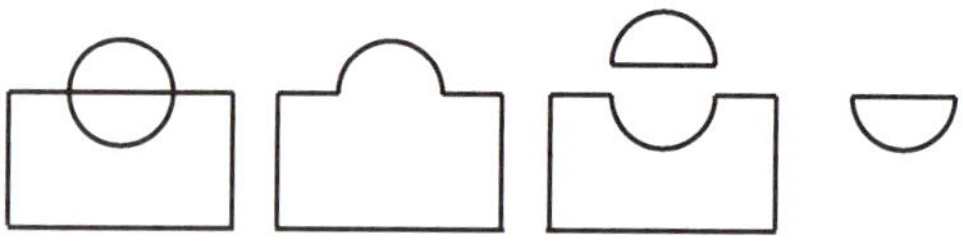 （a）并集　（b）差集　（c）交集
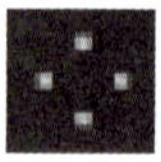 点（POINT）	对某条线段进行定数等分或定距等分	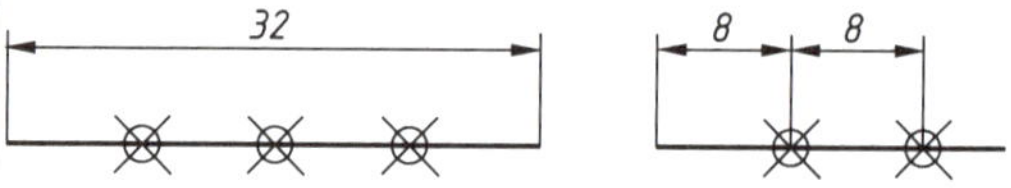 （a）定数等分　（b）定距等分

10.3 图形编辑

AutoCAD 2023 的常用图形编辑命令见表 10-3 所示。

表 10-3 AutoCAD 2023 的常用图形编辑命令

工具	功能	图例
移动（MOVE）	将对象移动到指定位置或在指定方向上指定距离	
复制（COPY）	将对象复制到指定位置或某方向上指定距离处	
旋转（ROTATE）	将选定对象以指定的中心和角度旋转	
镜像（MIRROR）	以指定直线为对称轴创建对称图形	
偏移（OFFSET）	创建同心圆、平行线和等距曲线	
阵列（ARRAY）	创建按环形、矩形或路径排列的多个对象副本	(a) 环形阵列　(b) 矩形阵列

工具	功能	图例
 对齐（ALIGN）	将对象与其他对象对齐	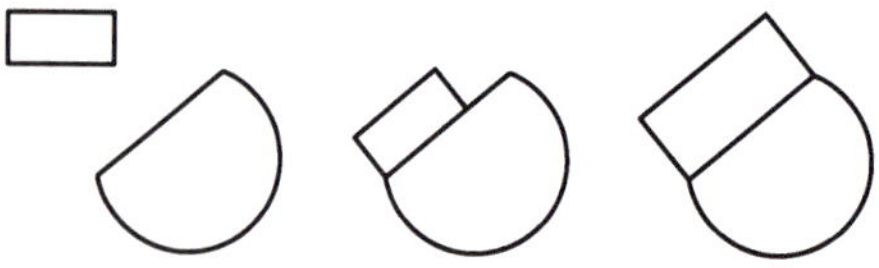
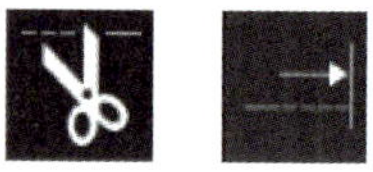 修剪、延伸（TRIM，EXTEND）	修剪或延伸对象以适合其他对象的边	（a）修剪　（b）延伸
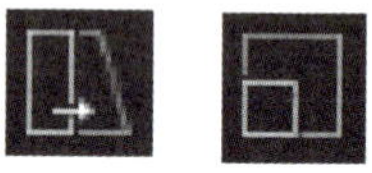 拉伸、缩放（STRETCH，SCALE）	拉伸或缩放选定对象	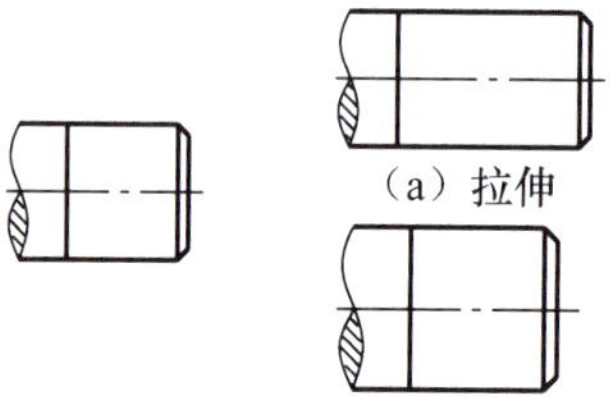 （a）拉伸　（b）缩放
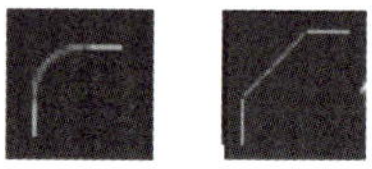 圆角、倒角（FILLET，CHAMFER）	给对象加圆角或倒角	 （a）圆角　（b）倒角
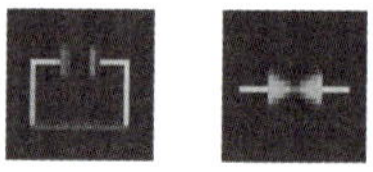 打断、合并（BREAK，JOIN）	在两点或一点打断选定对象或将相似对象合并成一个完整对象	 （a）打断　（b）打断于点　（c）合并

10.4　尺寸标注

10.4.1　文字注释

AutoCAD 2023 提供了强大的文字处理功能，包括设置文字样式、文本输入等。

1. 设置文字样式

单击"默认"选项卡中的"注释"面板，如图 10.14 所示，显示隐藏的按钮，然后单击"文字样式"按钮，弹出"文字样式"对话框，如图 10.15 所示。设置文字样式的顺序如下：单击"新建"按钮→输入样式名→单击"确定"按钮→选择字体→确定宽度因子和倾斜角度→单击"应用"按钮。若需要创建多个样式，则重复以上步骤设置需要的字样，最后单击"关闭"按钮。

图 10.14 "注释"面板

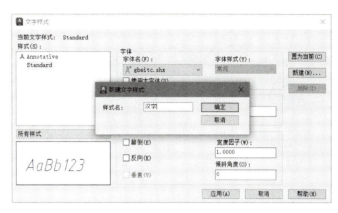

图 10.15 "文字样式"对话框

按表 10-4 设置三种文字样式。

表 10-4 三种文字样式的设置内容

样式名	字体	宽度因子	倾斜角度	注意事项
汉字	gbcbig.shx	1	0	字高默认值为 0，即 2.5mm。推荐不改变默认字高，待书写时确定字高
数字	gbeitc.shx	1	0	
字母	gbenor.shx	1	15	

2. 文本输入

"注释"面板上的"多行文字"按钮  和"单行文字"按钮 分别用于输入多行文本和单行文本。通常一些简短的内容采用单行文字输入，较长或复杂的内容采用多行文字输入。

书写文本时，命令行会提示选择文字对正的方式有左上（TL）、中上（TC）、右上（TR）、左中（ML）、正中（MC）、右中（MR）、左下（BL）、中下（BC）、右下（BR），根据需要选择合适的对正方式；还可通过输入控制代码创建特殊字符，如输入圆的直径符号％％c（ø）、度符号％％d（°）、正/负公差符号％％p（±）。

10.4.2 尺寸标注

1. 设置尺寸标注样式

在图纸中，尺寸标注的格式和外观都有规范，如尺寸数字和箭头的大小等，这些都是由尺寸标注样式控制的。所以，标注尺寸之前，要设置标注样式。

单击"默认"选项卡"注释"面板上的 按钮，弹出"标注样式管理器"对话框，单击"新建"按钮，弹出"创建新标注样式"对话框，如图 10.16 所示，新样式名默认为"副本 ISO-25"。

单击"继续"按钮,弹出"新建标注样式:副本ISO-25"对话框(图10.17),修改各选项卡下的内容,完成尺寸标注样式设置。

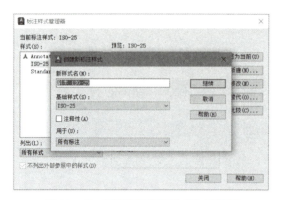

图10.16 "创建新标注样式"对话框　　图10.17 "新建标注样式:副本ISO-25"对话框

下面创建一个符合机械制图国家标准的尺寸标注样式,并将其命名为"工程标注"。

(1) 创建标注父样式。

以ISO-25为基础样式创建"工程标注"尺寸标注样式,在"线"选项卡下修改起点偏移量为"0";在"文字"选项卡下设置文字样式为"数字",文字高度为"3.5",文字对齐方式为"ISO标准",其余设置不变。

(2) 创建相同标注类型的子样式。

① "角度"子样式:以"工程标注"为基础样式,单击"新建"按钮,弹出"创建新标注样式"对话框,在"用于"下拉列表框中选择"角度标注"选项,如图10.18所示。单击"继续"按钮,将"文字"选项卡下的"文字对齐"设置为"水平",其余设置不变。

② "直径"子样式:以"工程标注"为基础样式,单击"新建"按钮,弹出"创建新标注样式"对话框,在"用于"下拉列表框中选择"直径标注"选项,单击"继续"按钮,在"调整"选项卡下进行图10.19所示设置。

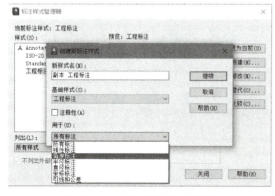
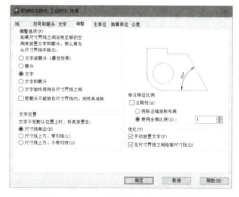

图10.18 创建"角度"子样式　　图10.19 "调整"选项卡设置

③ "半径"子样式:各项设置与"直径"子样式设置相同。

为了标注方便,在非圆视图上标注直径时,可创建另一个父样式,如在"工程标注"

尺寸标注样式为基础样式下创建名为"非圆直径"的标注样式，只在"主单位"选项卡下的"前缀（X）"文本框中输入"％％c"，其余设置不变。也可以根据需要设置或修改其他选项卡下的内容，如在"符号和箭头"选项卡下设置箭头的大小及样式等。

2．尺寸标注

设置标注样式后，把新建的"工程标注"尺寸标注样式设置为当前标注样式，然后利用注释面板上的 按钮或 线性 下拉列表选择合适的标注按钮进行标注。

10.4.3 图块

标注工程图样或注写技术要求时，经常反复应用表面粗糙度符号、基准符号、标题栏等图形，这些图形可以由用户定义为图块，并根据需要创建属性。定义为图块的实体被当作单一对象处理，需要时可以插入图形的任意指定位置，同时可以改变缩放比例和旋转角度，从而提高绘图速度、节省存储空间、便于图形修改。

1．创建图块

创建表面粗糙度图块的步骤见表 10-5。

表 10-5 创建表面粗糙度图块的步骤

步骤说明	图示
将 0 层置为当前层，根据右图所给尺寸画出表面粗糙度符号	
单击"块"下拉列表，展开隐藏的工具，单击"定义属性"按钮，弹出"属性定义"对话框，按右图内容定义属性，单击"确定"按钮。在表面粗糙度符号上选择合适的位置安放数值，如下所示	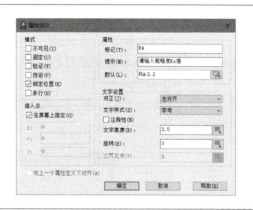
单击"块"工具栏中的 创建 按钮，弹出"块定义"对话框，首先输入图块名称，单击"拾取点"按钮，在绘图区单击表面粗糙度符号三角形下方顶点作为基点；单击"选择对象"按钮，在绘图区全选上图定义属性的表面粗糙度符号及字母，按 Enter 键，单击"确定"按钮，完成图块的创建，如下所示	

2. 插入图块

单击"插入块"按钮，弹出"当前图形"对话框，如图 10.20 所示，选择要插入的块，确定 X、Y、Z 方向的缩放比例和旋转角度，单击"确定"按钮，返回绘图区。拾取插入图块的位置点，此时命令行提示"请输入表面粗糙度值＜Ra 3.2＞:"，修改属性值或按 Enter 键选择默认值。

图 10.20　插入粗糙度图块

3. 保存图块

用"块定义"对话框创建的图块是"内部块"，它只能保存当前图形，不能插入其他图形。使用"wblock"命令保存的图块是"外部块"，它是一个图形文件，其扩展名为".dwg"，可供所有图形插入和引用。

在命令行输入 WBLOCK↙命令，弹出图 10.21 所示的"写块"对话框，"写块"对话框比"块定义"对话框多了"目标"栏，需要指定"外部块"的存储路径。

图 10.21　"写块"对话框

10.5 综合应用

绘制图 10.22 所示叉杆零件图。

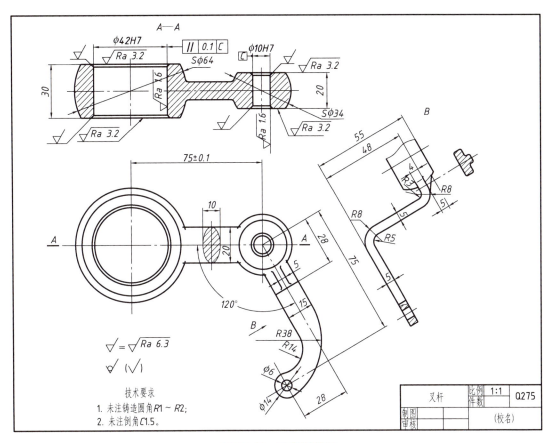

图 10.22 叉杆零件图

绘图之前，要设置绘图环境，零件的图纸幅面为 A3（420×297）；创建图层，设置图层颜色、线型和线宽（图 10.11）；设置文字样式（表 10-4）；设置尺寸标注样式（10.4.2 部分内容）。叉杆零件图的绘图步骤见表 10-6。

表 10-6 叉杆零件图的绘图步骤

1. 画基准线 设置"中心线"为当前图层，使用"直线"和"偏移"命令绘制各视图的轴线及中心线，并适当"修剪"或"打断"中心线，大致符合绘图要求	

2. 画叉杆的主视图和俯视图 画叉杆工作部分 A—A 剖视图。在"粗实线层"，以"圆"命令分别画出直径为 64 和 34 的圆；分别向上偏移 5、10、15 的中心线，绘制上端边界线；使用"圆角"命令绘制半径为 1~2 的圆角；使用"镜像"命令向下镜像所有边界线，再使用"偏移""倒角""镜像"命令绘制 φ42 孔和 φ10 孔。 启用"正交""对象捕捉"和"对象追踪"模式，按对正关系画出叉杆的俯视图（使用"椭圆"命令绘制重合断面图）。 在"细实线"层，使用"填充"命令画出剖面线	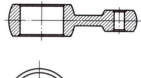 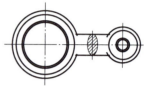
3. 画弯杆 在"中心线"层，绘制俯视图的定位轴线；在"粗实线"层，以"偏移"7.5 距离画出弯杆两侧的边界线；使用"圆"命令画出 φ14 和 φ6 的圆；使用"圆角"命令画出 R14 和 R38 的圆弧；画出肋板的形状。使用"修剪"命令整理图形	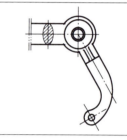
4. 绘制弯杆的 B 向斜视图及移出断面图 使用"偏移""延伸""直线""圆角""样条曲线"等命令画出弯杆的 B 向斜视图（包括 φ6 孔的局部剖视图），并绘制肋板和弯杆相交处的移出断面图。在"细实线"层，使用"填充"命令画出剖面线	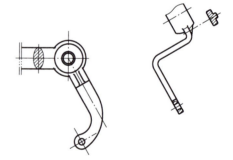
5. 尺寸标注 将"尺寸"层置为当前图层，使用"线性""对齐""直径""半径""角度"命令对图形进行尺寸标注，如右图所示	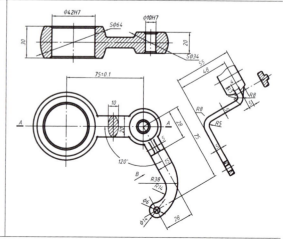

续表

6. 标注技术要求

通过创建的外部块，标注表面粗糙度和基准符号，几何公差可采用引线标注"qleader"命令实现；对于尺寸公差，可通过双击尺寸并在"特性"工具中编辑；标注出剖视图、斜视图的符号；填写文字的技术要求，如右图；最后填写标题栏，完成全图，如图10.22所示

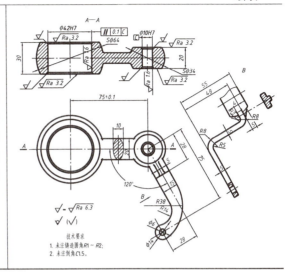

素养提升

本章我们学习了计算机绘图软件 AutoCAD 2023 的使用。二维计算机辅助设计与传统手工绘图的思路相同，其特点为快速、准确、高效。近年来，计算机信息科技高速发展并与传统机械科技融合，提出了我国制造业的主攻方向——智能制造。

在"机械制图"课程中与时俱进地加大现代信息技术的使用，着力培养学生软件绘图、构图等实践能力，完成从"知识"到"技能"的转化。实现中华民族伟大复兴的征程已经开始，飞天梦、探海梦、铸军强国梦不断地激励莘莘学子。

建议学生课后搜索观看《时代楷模》《大国工匠》节目。

第11章 SolidWorks 三维软件入门

教学提示

SolidWorks 是世界上第一套基于 Windows 系统开发的三维绘图软件，可生成装配图和零件图立体模型等，用于指导实际生产。

教学要求

通过本章的学习，要求学生掌握根据机件基础特征绘制草图、创建零件三维模型、生成装配体并按要求生成工程图。

11.1 SolidWorks 基本操作

SolidWorks 是一种三维绘图软件，在出工程图方面非常方便，在机械、工业设备、家电产品等领域发挥着重要的作用。其设计流程为创建草图、创建特征、装配部件及生成工程图。

11.1.1 SolidWorks 基础知识

使用 SolidWorks 工程图环境中的工具可创建三维模型的工程图，且视图与模型相关联。该软件提供了"拉伸凸台/基体""旋转凸台/基体""扫描凸台/基体""放样凸台/基体"四类"叠加"立体基础特征建模方法，以及对应的"拉伸切除""旋转切除""扫描切除""放样切除"四类立体基础特征建模方法。

11.1.2 工作环境设置

SolidWorks 软件与其他软件一样，可根据用户需要显示或者隐藏工具栏，以及添加或删除工具栏中的命令按钮；还可根据需要设置零件、装配体和工程图的工作界面。

1. 工具栏设置

受绘图区的限制，软件中不是所有的工具栏都显示，在建模过程中，用户可根据需要显示或隐藏工具栏，设置方法有如下两种。

(1) 利用菜单命令设置工具栏。

① 选择菜单栏中的"工具"→"自定义"命令或在工具栏区域右击，在弹出的快捷菜单中选择"自定义"选项，弹出图 11.1 所示的"自定义"对话框。

图 11.1 "自定义"对话框

② 选择"工具栏"选项卡，在"工具栏"列表框中勾选需要的工具栏。

③ 单击"确定"按钮，在操作界面上显示选择的工具栏。如需隐藏显示的工具栏，则取消勾选相应工具栏，单击"确定"按钮，在操作界面上隐藏取消勾选的工具栏。

(2) 利用鼠标右键设置工具栏。

① 在操作界面的工具栏中右击，弹出"工具栏"快捷菜单，如图 11.2 所示。

图 11.2 "工具栏"快捷菜单

② 单击所需工具栏，复选框颜色加深，在操作界面上显示选择的工具栏，反之则隐藏选择的工具栏。

2. 工具栏命令按钮设置

默认系统工具栏中的命令按钮，也可根据需要添加或者删除命令按钮。选择菜单栏中的"工具"→"自定义"命令或在工具栏区域右击，在弹出的快捷菜单中选择"自定义"选项，弹出"自定义"对话框。单击"命令"选项卡，弹出"自定义"对话框，如图11.3所示。单击"类别"选项，找到命令所在工具栏，在"按钮"列表框中出现该工具栏的所有命令按钮，用鼠标左键选中要添加的命令按钮并拖拽至相应工具栏上，松开鼠标左键，单击"确定"按钮，工具栏上会显示添加的命令按钮。

图11.3　"自定义"对话框

3. 快捷键设置

除使用菜单栏和工具栏命令按钮执行命令外，还可以通过自行设置快捷键方式执行命令。选择菜单栏中的"工具"→"自定义"命令或者在工具栏区域右击，在弹出的快捷菜单中选择"自定义"选项，弹出"自定义"对话框，选择"键盘"选项卡，如图11.4所示，可设置快捷键。

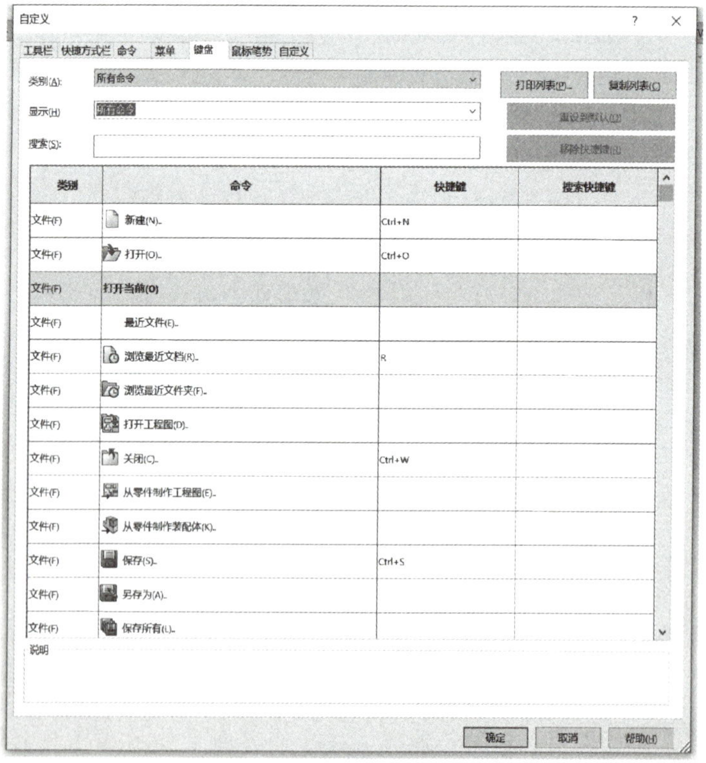

图11.4　"键盘"选项卡

4. 背景设置

在SolidWorks中，可设置个性化的操作界面背景及颜色。选择菜单栏中的"工具"→"选项"命令，在弹出的"系统选项（S）-颜色"对话框中的"系统选项"选项卡下选择"颜色"选项，如图11.5所示。在"颜色方案设置"栏中单击"编辑"按钮，弹出"颜色"对话框，如图11.6所示，选择设置的颜色，单击"确定"按钮。使用此方法可设置任意颜色。

图11.5 "系统选项（S）-普通"对话框

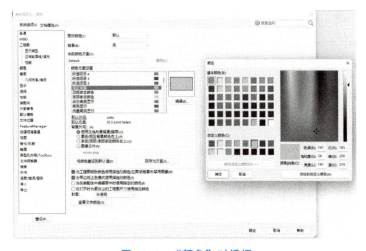

图11.6 "颜色"对话框

5. 实体颜色设置

在零部件及装配体模型中，为了提高图形的层次感和真实感，可改变实体的颜色（默认为灰色）。在特征管理器中选择需要改变颜色的特征，此时绘图区中的相应特征变色，然后右击，在弹出的快捷菜单中选择"特征属性"选项，如图11.7（a）所示，在弹出的"特征属性"对话框中单击"确定"按钮，如图11.7（b）所示。

（a）快捷菜单　　　　　　　（b）"特征属性"对话框

图 11.7　快捷菜单及"特征属性"对话框

6. 单位设置

系统默认的单位为 MMGS（毫米、克、秒），如需在三维实体建模前更改，则可使用自定义方式设置其他类型的单位系统及长度单位等。

选择菜单栏中的"工具"→"选项"命令，弹出"系统选项"对话框，单击"文档属性"选项卡，在列表框中选择"单位"选项，如图 11.8 所示。

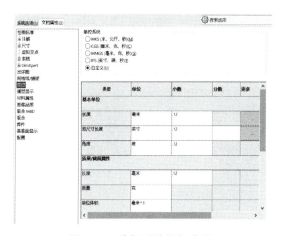

图 11.8　选择"单位"选项

11.2　草图绘制

SolidWorks 的大部分特征是由二维草图绘制开始的。草图一般是由点、线、圆弧、圆和抛物线等基本图形构成的封闭几何图形或不封闭几何图形，它是三维实体建模的基础。完整的草图应该包括几何形状、几何关系和尺寸标注。

草图绘制包括直线、多边形、圆和圆弧、椭圆/椭圆弧、抛物线、中心线、样条曲线和文字等的绘制；草图编辑包括圆角、倒角、等距实体、转换实体引用、剪裁/延伸实体、镜像实体和阵列实体等工具的使用。

11.2.1 进入与退出草图设计环境

进入草图设计环境的方法如下：启动软件，选择菜单栏中的"文件"→"新建"命令，弹出"新建 SOLIDWORKS 文件"对话框，如图 11.9（a）所示；单击"零件"模板，单击"确定"按钮，进入零件建模环境。选择菜单栏中的"插入"→"草图绘制"命令，在绘图区选取"前视基准面"作为草图基准面，进入草图设计环境，如图 11.9（b）所示。

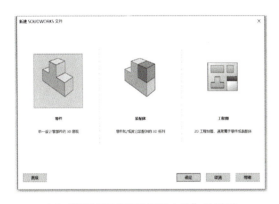
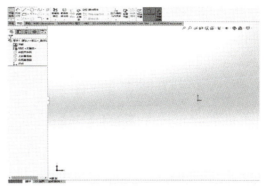

（a）"新建SOLIDWORKS文件"对话框　　　　　　（b）草图设计环境

图 11.9　"新建 SOLIDWORKS 文件"对话框及草图设计环境

在草图设计环境中，选择菜单栏中的"插入"→"退出草图"命令或单击绘图区右上角的"退出草图"按钮，即可退出草图设计环境。在草图绘制状态下，相关草图绘制工具、菜单被激活，以便绘制和编辑草图。

绘制草图的一般步骤如下。

（1）确定绘制平面。单击草图平面，从关联工具栏中单击"草图绘制"按钮，进入草绘设计环境。

（2）绘制草图大致轮廓。正确绘制轮廓后，通过几何关系、尺寸确定草图的大小和位置。

（3）检查和添加几何关系。检查自动添加的几何关系，可以了解绘制的草图轮廓是否符合设计意图。如果草图轮廓中的相关几何关系不正确，则应人工添加相应的几何关系。

（4）标注尺寸。标注尺寸不仅可以确定草图实体的大小、长度，而且是保证完全定义草图的重要环节。

11.2.2 基本草图绘制工具

草图绘制工具分为实体绘制工具和辅助绘图工具。实体绘制工具主要用于绘制几何形状；辅助绘图工具配合修改或编辑实体。

表 11-1 基本草图绘制工具

工具类型	按钮图标	含 义	使用说明
实体绘制工具		圆	确定圆心、半径
		直线	选择点，确定长度、方向
		中心线	选择点，确定长度、方向
		三点圆弧	选择起点、终点，确定中点
	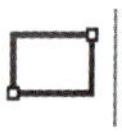	矩形	选择两个对角线
实体绘制工具		多边形	选择中心点，给定边数、外接圆或内切圆以及圆大小
		切线弧	选择草图实体，确定相切方法，确定圆弧大小
辅助绘图工具	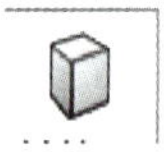	转换实体引用	将其他特征的边线投影到草图平面内
		剪裁	剪裁或延伸实体
		绘制倒角	连接两个倒角实体
		绘制圆角	选择两个倒圆角实体或点

11.2.3 常用绘制工具

SolidWorks 软件中的草图绘制和编辑工具多种多样，用户可根据设计需要绘制符合要求的线条。下面简要介绍常用绘制工具的使用方法。

(1) 圆、圆弧的绘制。选择"草图"工具栏中的"圆"命令，单击确定圆心位置，通过移动光标确定圆的半径，再次单击完成圆的绘制，如图 11.10 所示。圆弧绘制有三种方法：切线弧、三点圆弧和圆心/起点/终点弧，如图 11.11 所示。

(2) 直线、中心线的绘制。实线可用于构建特征，中心线为辅助线或构造线，二者绘制方法相同。单击"直线"(或"中心线")按钮,在直线起点位置单击,移动光标至直线终点并单击,完成直线的绘制。在命令状态下,继续在任意位置单击,可连续绘制直线(或"中心线")。

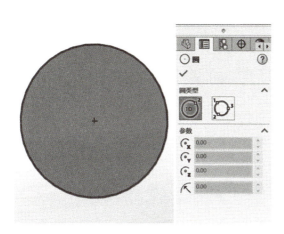

图 11.10　圆的绘制　　　　　　　　　图 11.11　圆弧的绘制

(3) 平行四边形、矩形和多边形的绘制。平行四边形和矩形均通过"矩形"绘制。单击"矩形"按钮,默认为确定矩形的两个顶点,也可以在下拉工具栏中使用绘制平行四边形和矩形的工具,如图 11.12 所示。绘制多边形时,使用"多边形"命令,在 PropertyManager 属性管理器中制定多边形的边数(3~40)和其他相关参数(外接圆或内切圆),如图 11.13 所示。

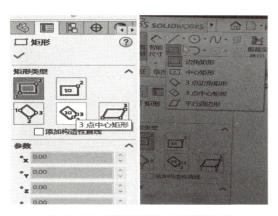
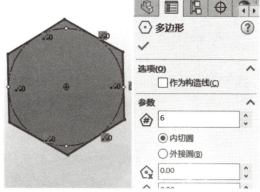

图 11.12　平行四边形、矩形的绘制　　　　图 11.13　多边形的绘制

11.2.4　常用编辑工具

草图编辑工具主要包括镜像(SolidWorks 软件中为"镜向")实体、延伸实体和剪裁实体等。

(1) 镜像实体。绘制草图时,经常需要绘制对称的图形,此时可以使用"镜像实体"

命令实现。选择菜单栏中的"镜向实体"命令或单击"草图"工具栏上的"镜像实体"按钮，选择实体和镜像点并单击，镜像后的实体与原来的实体自动建立了"对称"几何关系，如图 11.14 所示。

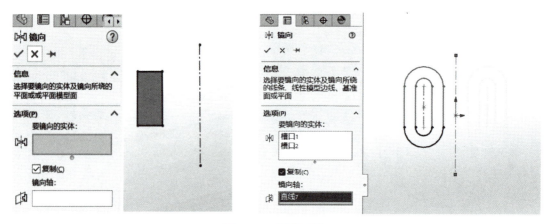

图 11.14　镜像实体

（2）延伸实体和剪裁实体。延伸实体侧重于将实体延长，剪裁实体侧重于缩短实体，可用相应命令实现，两个命令基本可达到相同的效果。选择草图实体，沿其方向延伸至最近的草图实体，单击"延伸实体"按钮，移动光标至所选直线，直线左端自动延伸至左侧圆弧，如图 11.15 所示。使用剪裁实体工具将草图中多余的实体缩短或将交叉的某部分草图实体删除，如图 11.16 所示。

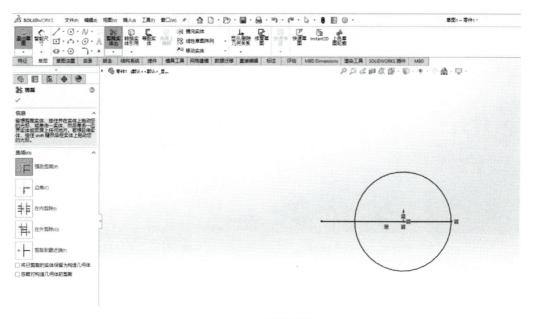

图 11.15　延伸实体

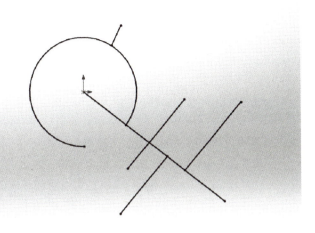

图 11.16 剪裁实体

11.2.5 几何关系类型

几何关系是草图实体和特征几何体设计意图中的一个重要创建手段,是指各几何元素与基准面、轴线、边线或端点之间的相对位置关系。添加几何关系有两种方式:自动添加几何关系和手动添加几何关系。常见几何关系类型见表 11-2。

表 11-2 常见几何关系类型

几何关系类型	所选实体	几何关系特点
水平/竖直	一条或多条直线,两个或两个以上点	直线会变成水平或竖直;点会水平或竖直对齐
垂直	两条直线	两条直线相互垂直
平行	两条或两条以上直线	所选直线相互平行
共线	两条或两条以上直线	所选直线位于同一条无限长的直线上
全等	两个或两个以上圆弧	所选圆弧会共用相同的圆心和半径
相切	圆弧、椭圆或样条曲线,以及直线或圆弧	两个所选项目保持相切
同心	两个、两个以上圆弧或一个点和一个圆弧	所选圆弧共用同一圆心
重合	一个点和一条直线、圆弧或椭圆	点位于直线、圆弧或椭圆上
中点	两条直线或一个点和一条直线	点保持在线段的中点
交叉点	两条直线和一个点	点保持在直线的交叉点
相等	两条或两条以上直线,或两个或两个以上圆弧	直线长度或圆弧半径保持相等
对称	一条中心线和两个点、直线、圆弧或椭圆	所选项目与中心线距离相等,并位于一条与中心线垂直的直线上
穿透	一个草图点和一个基准轴、边线、直线或样条曲线	草图点与基准轴、边线或曲线在草图基准面上的穿透的位置重合

续表

几何关系类型	所选实体	几何关系特点
固定	任何实体	实体的大小和位置被固定
合并点	两个草图点或端点	两个点合并成一个点

11.2.6 几何关系类型

当用户需要为某个或某些草图实体添加几何关系时，选择草图实体，选择菜单栏中的"工具"→"几何关系"→"添加"命令，或者单击"尺寸/几何关系"工具栏上的"添加几何关系"按钮，选择相应的几何关系进行添加；也可删除相应的几何关系，如图11.17所示。

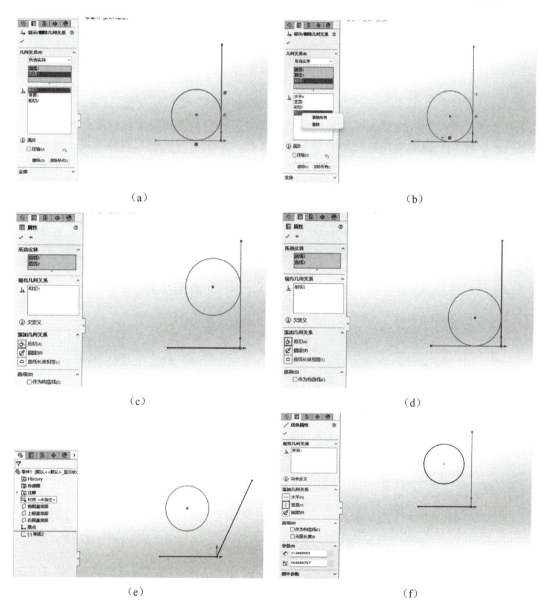

图 11.17　添加/删除几何关系

11.3 创建零件

草图绘制和尺寸标注完毕后,要进行特征建模。特征是构成三维实体的基本元素,任何复杂的三维实体都是由多个特征组成的,特征建模就是将所有特征组合起来生成三维零件。特征建模分为基础特征建模和附加特征建模两类。

11.3.1 基础特征建模

1. 拉伸凸台/基体特征

拉伸特征是 SolidWorks 软件的基础特征,也是常用的特征建模工具。

拉伸凸台/基体特征可将二维平面草图按特定数值,沿与平面垂直的方向拉伸一定距离而形成的特征。图 11.18 所示为拉伸过程。

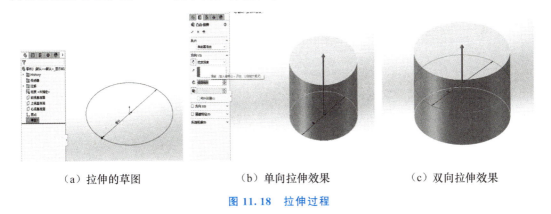

　(a)拉伸的草图　　　　　(b)单向拉伸效果　　　　　(c)双向拉伸效果

图 11.18　拉伸过程

从图 11.18 可知,草图是拉伸特征的基本要素,通常要求其形状封闭且不能自行交叉,然后指定拉伸方向(有正、反两个方向),沿着指定方向将基本要素拉伸至终止位置即可。

在草图编辑状态下,选择菜单栏中的"插入"→"凸台/基体"→"拉伸"命令,弹出"凸台-拉伸"属性管理器,如图 11.19 所示,按照需要设置参数,单击"确定"按钮。

拉伸特征的终止条件有八种,分别为完全贯穿、给定深度、成形到一顶点、成形到一面、成形到下一面、到离指定面指定的距离、成形到实体、两侧对称,拉伸效果不同,可根据需要选用。

拉伸切除是指在给定的基体上,按照设计需要进行拉伸切除。其参数与"拉伸"属性管理器中的参数基本相同,只是增加了"反侧切除"复选框,该选项是指移除轮廓外的所有实体。

在草图编辑状态下,选择菜单栏中的"插入"→"切除"→"拉伸"命令,弹出"切除-拉伸"属性管理器,按照需要设置参数,单击"确定"按钮。

2. 旋转特征

旋转特征命令通过绕中心线旋转一个或多个轮廓来生成特征,主要应用在环形零件、球形零件、轴类零件及形状规则的轮毂类零件中。旋转轴一般为中心线，旋转轮廓为封闭的草图，可以与轴线接触但不能穿过。

在草图绘制状态下，绘制旋转轮廓及旋转轴的草图，选择菜单栏中的"插入"→"凸台/基体"→"旋转"命令，弹出"旋转"属性管理器，如图 11.20 所示，按照需要设置参数，单击"确定"按钮，旋转实体完毕。

图 11.19　"凸台-拉伸"属性管理器

图 11.20　"旋转"属性管理器

3. 扫描特征

扫描特征是指草图轮廓沿一条路径移动获得的特征，在扫描过程中可设置一条或多条引导线，最终生成实体或薄壁特征。扫描轮廓要求是闭环的（曲面扫描特征轮廓可开环），路径可以是一张草图、一条曲线或者一组模型边线中包含的一组草图曲线，路径的起点需在轮廓的基准面上。

(1) 不带引导线的扫描方式。

下面以"内六角扳手"模型为例,讲解不带引导线的扫描特征的操作步骤。

① 在"前视基准面"中绘制图 11.21 所示的草图,标注相应尺寸并添加约束,作为扫描的轮廓曲线。

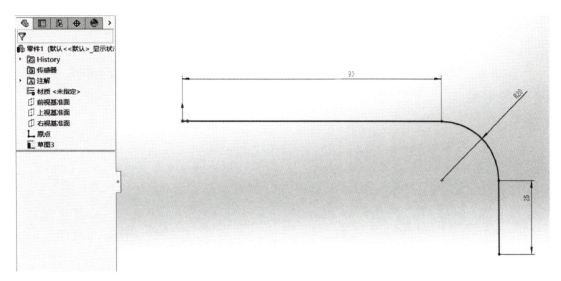

图 11.21 绘制草图

② 选择菜单栏中的"插入"→"参考几何体"→"基准面"命令,弹出"基准面"属性管理器,"第一参考"选择轮廓曲线的一个端点,"第二参考"选择上述绘制的轮廓曲线,单击"确定"按钮,创建基准平面。

③ 进入新创建的基准面的草图绘制模式,绘制一个中心经过扫描"路径"端点的正六边形,其内切圆半径为 4.5。

④ 单击"特征"工具栏中的"扫描"按钮,按顺序选择"轮廓""路径"曲线,单击"确定"按钮,完成"内六角扳手"模型的绘制,如图 11.22 所示。

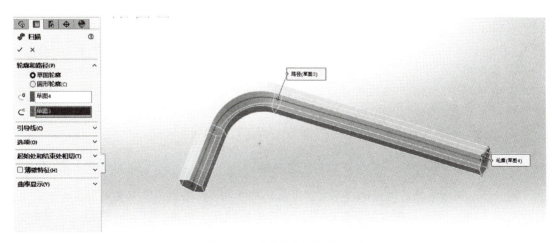

图 11.22 "内六角扳手"模型

(2) 带引导线的扫描方式。

下面以葫芦为例，讲解带引导线的扫描特征的操作步骤。

① 在"前视基准面"中绘制竖直中心线并作为路径草图，然后退出草图绘制状态。

② 选择菜单栏中的"工具"→"草图绘制实体"→"样条曲线"命令，绘制图形并标注尺寸，退出草图绘制状态。

③ 选择菜单栏中的"工具"→"草图绘制实体"→"圆"命令，以原点为圆心绘制一个直径 φ40 的圆，退出草图绘制状态。

④ 单击"标准视图"工具栏中的"等轴测"按钮，以等轴测方向显示视图，结果如图 11.23 所示。

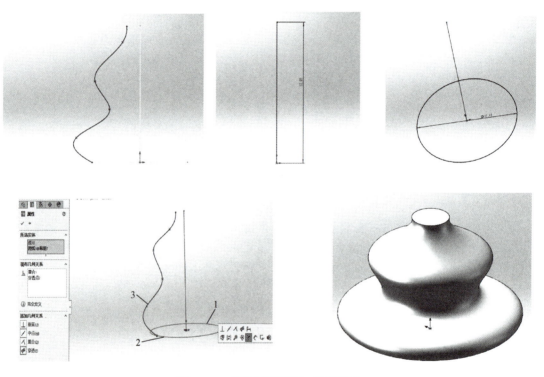

图 11.23　绘制引线草图、轮廓草图

⑤ 选择菜单栏中的"插入"→"凸台/基体"→"扫描"命令，进行扫描。

⑥ 在弹出的"扫描"属性管理器的"轮廓"列表框中单击图 11.23 中的圆 1，在"路径"列表框中选择直线 2，在"引导线"列表框中选择样条曲线 3，按照图示设置。

⑦ 单击"扫描"属性管理器中的"确定"按钮，扫描特征完毕。

11.3.2　附加特征建模

附加特征建模是指对构建的模型实体进行局部修饰，以更美观及避免重复工作。

在 SolidWorks 中，附加特征建模主要包括圆角特征、倒角特征、抽壳特征、圆顶特征、筋特征、拔模特征、特型特征、圆周阵列特征、线性阵列特征、镜像特征、孔特征与异型孔特征等。

11.4 生成装配体

对于机械设计而言，单纯的零件没有实际意义，需要将设计完成的各独立零件根据需要装配成一个完整的实体。在此基础上对装配体进行运动测试，检查其是否完成整机的设计功能。

11.4.1 装配体基本文件

零件设计完成后，将零件装配到一起，必须创建一个装配体文件，步骤如下：选择菜单栏中的"文件"→"新建"命令，弹出图11.9所示的"新建 SOLIDWORKS 文件"对话框，单击"装配体"模板，单击"确定"按钮，创建一个装配体文件。

11.4.2 插入零部件

选择菜单栏中的"插入"→"零部件"→"现有零件/装配体"命令，弹出图 11.24 所示的"插入零件"属性管理器，单击"确定"按钮，可以添加一个或者多个零部件。单击"浏览"按钮，弹出"打开"对话框，选择需要插入的文件，单击视图一点，插入合适的位置。重复上述操作，插入所需零件后，单击"确定"按钮。

图 11.24 "插入零件"属性管理器

11.4.3 移动零部件

在"PehreMenge 设计树"中，只要前面有"（一）"符号，零件就可被移动。选择菜单栏中的"工具"→"零部件"→"移动"命令，弹出图 11.25 所示的"移动"属性管理器，选择要移动的实体并拖拽到合适位置，单击"确定"按钮。移动类型有自由拖动、沿装配体 XYZ、沿实体、由三角形 XYZ、到 XYZ 位置。

图 11.25 "移动"属性管理器

11.4.4 旋转零部件

在"PehreMenge 设计树"中，只要前面有"（一）"符号，零件就可被旋转。选择菜单栏中的"工具"→"零部件"→"旋转"命令，弹出"旋转"属性管理器，选择要旋转的实体，根据需要确定旋转角度，单击"确定"按钮。旋转类型有自由拖动、对于实体、由三角形 XYZ。

11.4.5 配合方式及装配体检查

配合是指在装配体零部件之间生成几何关系。空间零件共有三个移动自由度和三个转动自由度，在装配体中，需要对零部件进行相应的约束来限制各零件的自由度，控制零部件相应的位置。确定插入零件的配合关系并检查装配体后，就完成了装配过程。

SolidWorks 软件提供两种配合方式来装配零部件，分别为一般配合方式和 SmartMates 配合方式。从"配合"属性管理器中可以看出，一般配合关系方式有重合、平行、垂直、相切、同轴心、距离和角度。SmartMates 配合方式是一种快速的装配方式，只需选择配合的两个对象，软件即可自动配合定位。该软件提供两种智能的装配方式，一种是插入零件至装配环境时只能装配；另一种是在装配环境中进行智能装配。

检查装配体主要包括碰撞测试、动态间隙、体积干涉检查及装配体统计等，用来检查装配体各零部件装配后的正确性、装配信息等。

11.5 创建工程图

在零部件装配体完成后，为了在制造、维修及销售中直观地分析各零部件间的相互关系，按照零部件的配合条件为装配图生成爆炸图，但不可以为装配体添加新的配合关系。工程图是为三维实体零件和装配体创建的二维的三视图、投影图、剖视图、辅助视图、局部放大视图等。

11.5.1 工程图概述

新建工程图文件的步骤如下：单击"新建"按钮，在弹出的"新建 SOLIDWORKS 文件"对话框中单击"高级"按钮，如图 11.26 所示。在"模板"选项卡（图 11.27）中提供了六种国家标准规定的图纸格式，用户根据需要选择，单击"确定"按钮，新建一个空白工程图。在工程图界面上，可以自行设置"视图布局""注解""草图""图纸格式"等。

图 11.26 "新建 SOLIDWORKS 文件"对话框

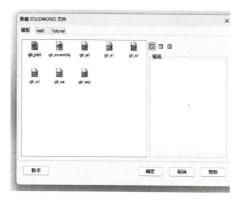

图 11.27 工程图界面

常用工程图设置命令见表 11-3。

表 11-3 常用工程图设置命令

工程图设置命令	作　　用
模型视图	插入现有三维模型或根据现有零件或装配体添加正交或命名视图
投影视图	从现有视图展开新视图来添加投影视图
辅助视图	从线性实体通过展开新视图来添加视图，生成向视图或斜视图
剖面视图	利用剖面线，使用父视图来添加剖视图
移除的剖面	用于添加移出断面图
局部视图	用于添加局部放大图
剪裁视图	剪裁视图，使其保留一部分，可用于生成局部视图
断开的剖视图	将现有视图的一部分断开以生成剖视图的命令，可用于生成局部剖视图、半剖视图等

11.5.2 工程图参数设置

要想将三维模型生成符合国家标准的二维工程图，需要修改工程图基本参数，步骤如下：单击菜单栏中的"工具"→"选项"命令，弹出"系统选项（S）-显示类型"对话框，在"系统选项"选项卡下选择"工程图"选项，可指定视图显示和更新选项。单击"显示类型"选项，如图 11.28 所示，可指定"显示样式""相切边线"等。单击"区域剖面线/填充"选项，如图 11.29 所示，可设置剖面线样式。

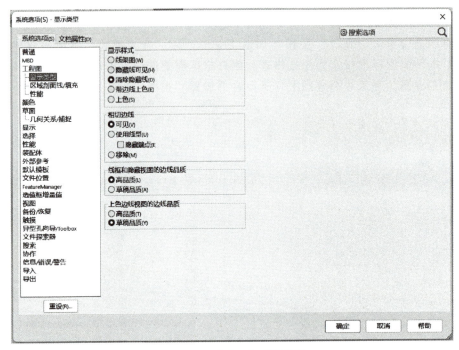

图 11.28 "显示类型"选项

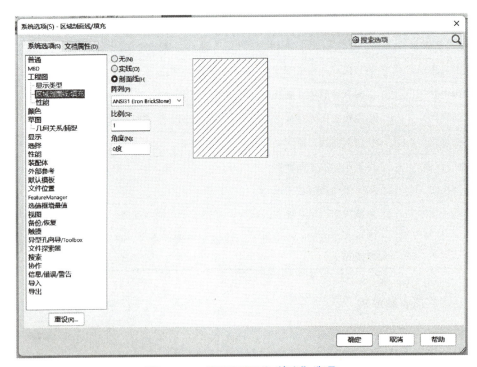

图 11.29 "区域剖面线/填充"选项

单击"文档属性"选项卡，可设置工程图的尺寸、线型等样式。单击"尺寸"选项，可修改"箭头""文本"等大小和样式，也可修改不同尺寸标注的样式（角度、直径、线性、半径），如图 11.30 所示。

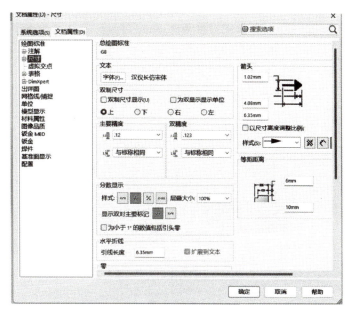

图 11.30 "文档属性"选项卡下的"尺寸"选项

11.5.3 工程图生成实例

下面以轴承座三维实体模型的工程图为例，说明生成工程图的操作步骤。

（1）新建工程图。单击"新建"按钮，弹出"新建 SOLIDWORKS 文件"对话框，如图 11.31 所示，顺次单击"高级"→"gb_a4"（横向放置的 A4 图纸）选项，单击"确定"按钮。

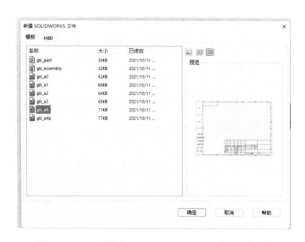

图 11.31 "新建 SOLIDWORKS 文件"对话框

（2）设置字体尺寸样式。选择菜单栏"工具"→"选项"命令，在弹出的对话框中单击"文档属性"选项卡，单击"尺寸"→"字体"选项，弹出"选择字体"对话框，如图 11.32 所示，在"字体"列表框中选择"汉仪长仿宋体"，在"字体样式"列表框中选择"倾斜"选项，高度设置为 3.50mm，单击"确定"按钮，完成字体样式设置；在箭头参数中，将宽度设置为 0.6mm，长度设置为 3.5mm，保证字体高度与箭头长度相等，单击"确定"按钮，完成尺寸样式设置。

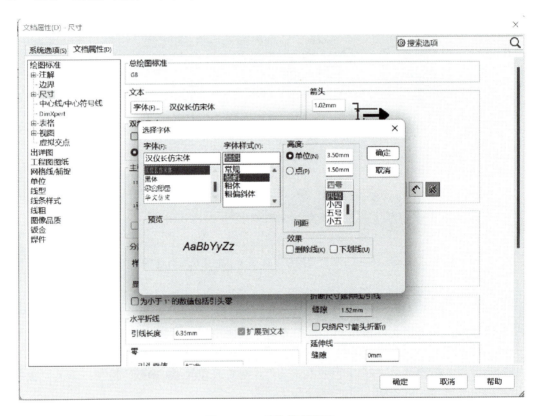

图 11.32　字体样式设置

（3）设置线型。单击"文档属性"选项卡，选择"线型"选项，将"可见边线"设置成粗实线宽度（依据需要自定），如图 11.33 所示。

（4）添加三视图。单击"工程图"→"模型视图"按钮，在弹出的对话框中单击"浏览"按钮，选择建立的轴承座三维模型文件，在"模型视图"属性管理器中选择"前视"标准视图，选择"消除隐藏线"选项，尺寸类型为"真实"，在图纸内适当位置单击，放置三视图和轴测图，如图 11.34 所示。

（5）选择恰当视图。该轴承座三维模型左右结构不对称，主视图采用局部剖视图表示。在"草图"工具栏单击"矩形"按钮，绘制一个图 11.34 所示包围主视图右半侧的矩形草图，单击"确定"按钮；然后单击"工程图"工具栏中的"断开的剖视图"按钮，完成主视图绘制，如图 11.35 所示。

（6）尺寸标注。单击"注解"→"模型项目"按钮（来源为"整个模型"），单击"确定"按钮，添加尺寸标注并调整。

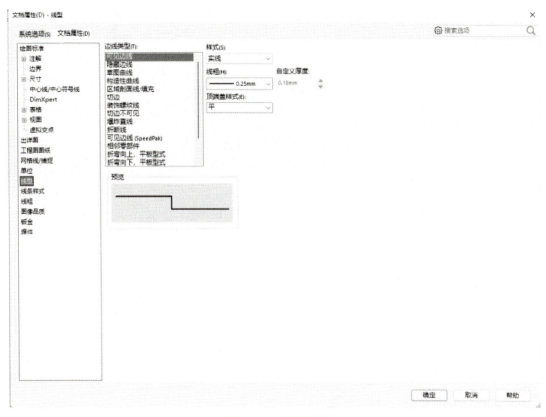

图 11.33 线宽设置

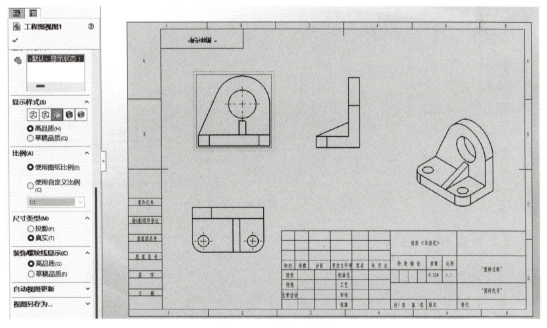

图 11.34 添加三视图

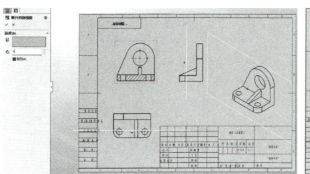 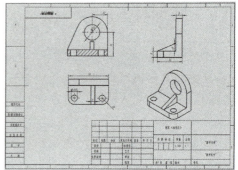

图 11.35　主视图绘制

（7）打印输出。将绘制完成的工程图另存为 PDF 文件，步骤如下：单击菜单栏中的"文件"→"另存为"→"选项"命令，完成设置。工程图输出效果如图 11.36 所示。

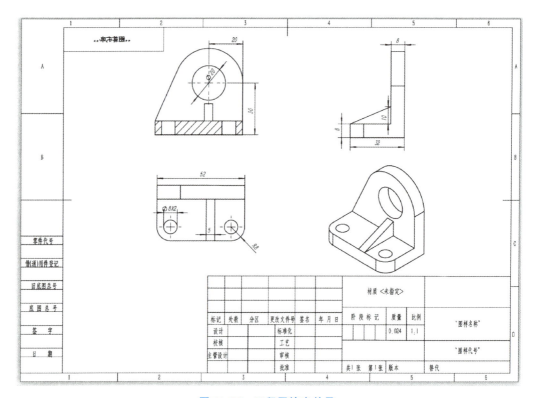

图 11.36　工程图输出效果

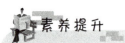

　　要看清楚比较复杂的平面图形的结构有一定的难度。本章介绍了利用 SolidWorks 软件实现三维建模的方法，形象、直观地表达了机件的形体结构和装配关系等。三维设计就是从三维概念到三维模型符合人的思维习惯，便于创新。

"工匠精神"就是追求卓越的创造精神、精益求精的品质精神、用户至上的服务精神；青年一代有理想、有本领、有担当，国家就有前途。在学习的过程中，学生应不忘初心、牢记使命，注重品德与技能、知识与能力的培养，掌握过硬的绘图基本功，为强国梦作出自己的贡献。

　　建议学生课后搜索观看《时代楷模》《大国工匠》节目。

第11章习题集部分讲解

参考文献

邓飞，于冬梅，2022. 中文版 AutoCAD 工程制图：2020 版 [M]. 北京：清华大学出版社.
冯涓，杨惠英，王玉坤，2018. 机械制图 [M]. 4 版. 北京：清华大学出版社.
胡建生，2023. 机械制图 [M]. 2 版. 北京：机械工业出版社.
蒋洪奎，李晓梅，2023. 机械工程图学与实践 [M]. 北京：机械工业出版社.
邢邦圣，张元越，2019. 机械制图与计算机绘图 [M]. 4 版. 北京：化学工业出版社.
邢启恩，2011. SolidWorks 三维设计一点通 [M]. 北京：化学工业出版社.
杨裕根，2021. 画法几何及机械制图 [M]. 2 版. 北京：北京邮电大学出版社.
叶军，雷蕾，佟瑞庭，2023. 机械制图 [M]. 6 版. 北京：高等教育出版社.
朱琳，2020. 机械制图 [M]. 2 版. 哈尔滨：哈尔滨工程大学出版社.

附　　录

附录 A　螺　　纹

表 A1　普通螺纹（摘录 GB/T 193—2003、GB/T 196—2003）

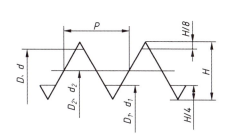

$$d_2 = d - 2 \times \frac{3}{8}H, \quad D_2 = D - 2 \times \frac{3}{8}H$$

$$d_1 = d - 2 \times \frac{5}{8}H, \quad D_1 = D - 2 \times \frac{5}{8}H$$

$$H = \frac{\sqrt{3}}{2}P$$

式中，D、d——内、外螺纹基本大径；
$\quad\quad D_2$、d_2——内、外螺纹基本中径；
$\quad\quad D_1$、d_1——内、外螺纹基本小径；
$\quad\quad P$——螺距；
$\quad\quad H$——原始三角形高度。

单位：mm

公称直径 D、d		螺距 P		粗牙小径 D_1、d_1	公称直径 D、d		螺距 P		粗牙小径 D_1、d_1
第1系列	第2系列	粗牙	细牙		第1系列	第2系列	粗牙	细牙	
3		0.5	0.35	2.459	16		2	1.5、1	13.835
	3.5	0.6		2.850		18	2.5	2、1.5、1	15.294
4		0.7		3.242	20		2.5		17.294
	4.5	0.75	0.5	3.688		22	2.5		19.294
5		0.8		4.134	24		3	2、1.5、1	20.752
6		1	0.75	4.917		27	3	2、1.5、1	23.752
8		1.25	1、0.75	6.647	30		3.5	(3)、2、1.5、1	26.211
10		1.5	1.25、1、0.75、(0.5)	8.376		33	3.5	(3)、2、1.5	29.211
12		1.75	1.5、1.25	10.106	36		4	3、2、1.5	31.670
	14	2	1.5、1.25、1	11.835		39	4		34.670

注：① 优先选用第 1 系列。
　　② M14×1.25 仅用于火花塞。

表 A2　管螺纹（摘录 GB/T 7306.1～2—2000、GB/T 7307—2001）

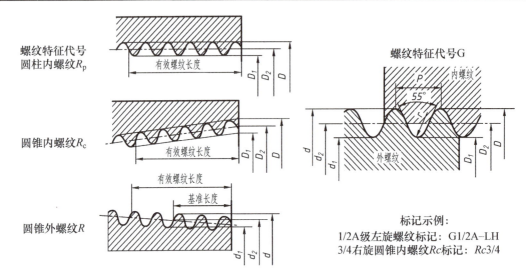

标记示例：
1/2A级左旋螺纹标记：G1/2A–LH
3/4右旋圆锥内螺纹Rc标记：Rc3/4

尺寸代号	每25.4mm内的螺纹牙数/n	螺距P/mm	牙高h/mm	圆弧半径/mm	基本直径/mm			基准距离/mm	有效螺纹长度/mm
					大径 $d=D$	中径 $d_2=D_2$	小径 $d_1=D_1$		
1/16	28	0.907	0.581	0.125	7.723	7.142	6.561	4	6.5
1/8					9.728	9.147	8.566	4	6.5
1/4	19	1.337	0.856	0.184	13.157	12.301	11.445	6	9.7
3/8					16.662	15.806	14.950	6.4	10.1
1/2	14	1.814	1.162	0.249	20.955	19.793	18.631	8.2	13.2
5/8*					22.911	21.749	20.587		
3/4					26.441	25.279	24.117	9.5	14.5
7/8*					30.201	29.039	27.877		
1	11	2.309	1.479	0.317	33.249	31.770	30.291	10.4	16.8
1 1/4					41.910	40.431	38.952	12.7	19.1
1 1/2					47.803	46.324	44.845	12.7	19.1
2					59.614	58.135	56.656	15.9	23.4
2 1/2					75.184	73.705	72.226	17.5	26.7
3					87.884	86.405	84.926	20.6	29.8
4					113.030	111.551	110.072	25.4	35.8

注：① 尺寸代号有"*"者，仅有非螺纹的管螺纹。
②密封管螺纹的"基本直径"为基准平面上的基本直径。
③"基准长度""有效螺纹长度"均为密封管螺纹的参数。

表 A3　梯形螺纹（摘录 GB/T 5796.2—2022、GB/T 5796.3—2022）

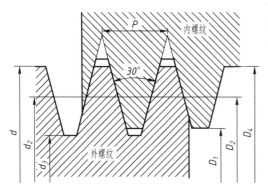

d——外螺纹大径；D_4——内螺纹大径；
d_2——外螺纹中径；D_2——内螺纹中径；
d_3——外螺纹小径；D_1——内螺纹小径。

标记示例

公称直径为 28mm，螺距为 5mm，中径公差带代号为 7H 的单线右旋梯形内螺纹，标记为 Tr28×5－7H。

公称直径为 28mm，导程为 10mm，螺距为 5mm，中径公差带代号为 8e 的双线左旋梯形外螺纹，标记为 Tr28×10（P5）LH－8e

单位：mm

公称直径 d		螺距 P	基本中径 $d_2=D_2$	基本大径 D_4	基本小径		公称直径 d		螺距 P	基本中径 $d_2=D_2$	基本大径 D_4	基本小径	
第1系列	第2系列				d_3	D_1	第1系列	第2系列				d_3	D_1
8		1.5	7.250	8.300	6.200	6.500	26		3	24.500	26.500	22.500	23.000
									5	23.500		20.500	21.000
	9	1.5	8.250	9.300	7.200	7.500			8	22.000	27.000	17.000	18.000
		2	8.000	9.500	6.500	7.000	28		3	26.500	28.500	24.500	25.000
10		1.5	9.250	10.300	8.200	8.500			5	25.500		22.500	23.000
		2	9.000	10.500	7.500	8.000			8	24.000	29.000	19.000	20.000
	11	2	10.000	11.500	8.500	9.000	30		3	28.500	30.500	26.500	29.000
		3	9.500		7.500	8.000			6	27.000	31.000	23.000	24.000
12		2	11.000	12.500	9.500	10.000			10	25.000		19.000	20.000
		3	10.500		8.500	9.000	32		3	30.500	32.500	28.500	29.000
	14	2	13.000	14.500	11.500	12.000			6	29.000	33.000	25.000	26.000
		3	12.500		10.500	11.000			10	27.000		21.000	22.000
16		2	15.000	16.500	13.500	14.000			3	32.500	34.500	30.500	31.000
		4	14.000		11.500	12.000	34		6	31.000	35.000	27.000	28.000
	18	2	17.000	18.500	15.500	16.000			10	29.000		23.000	24.000
		4	16.000		13.500	14.000			3	34.500	36.500	32.500	33.000
20		2	19.000	20.500	17.500	18.000	36		6	33.000	37.000	29.000	30.000
		4	18.000		15.500	16.000			10	31.000		25.000	26.000
	22	3	20.000	22.500	18.500	19.000			3	36.500	38.500	34.500	35.000
		5	19.500		16.500	17.000		38	7	34.500	39.000	30.000	31.000
		8	18.000	23.000	13.000	14.000			10	33.500		27.000	28.000
24		3	22.500	24.500	20.500	21.000			3	38.500	40.500	36.500	37.000
		5	21.500		18.500	19.000	40		7	36.500	41.000	32.000	33.000
		8	20.000	25.000	15.000	16.000			10	35.000		29.000	30.000

附录 B 标　准　件

表 B1 六角头螺栓（摘录 GB/T 5782—2016、GB/T 5783—2016）

六角头螺栓（GB/T 5782—2016）　　　　　六角头螺栓全螺纹（GB/T 5783—2016）

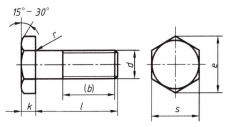 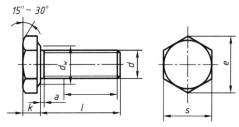

标记示例：螺纹规格 d＝M12，公称长度 l＝80mm，性能等级为 8.8 级，表面氧化，A 级六角螺栓标记为"螺栓 GB/T 5782M12×80"。

优选的螺纹规格

单位：mm

螺纹规格 d			M3	M4	M5	M6	M8	M10	M12	M16	M20	M24
螺距 P			0.5	0.7	0.8	1	1.25	1.5	1.75	2	2.5	3
$s_{公称max}$			5.5	7	8	10	13	16	18	24	30	36
$k_{公称}$			2	2.8	3.5	4	5.3	6.4	7.5	10	12.5	15
r_{min}			0.1	0.2	0.2	0.25	0.4	0.4	0.6	0.6	0.8	0.8
e_{min}	产品等级	A	6.01	7.66	8.79	11.05	14.38	17.77	20.03	26.75	33.53	39.98
		B	5.88	7.50	8.63	10.89	14.2	17.59	19.85	26.17	32.95	39.55
d_{wmin}	产品等级	A	4.57	5.88	6.88	8.88	11.63	14.63	16.63	22.49	28.19	33.61
		B	4.45	5.74	6.74	8.74	11.47	14.47	16.47	22	27.7	33.25
a	max		0.4	0.4	0.5	0.5	0.6	0.6	0.6	0.8	0.8	0.8
	min		0.15	0.15	0.15	0.15	0.15	0.15	0.15	0.2	0.2	0.2
$b_{参考}$	l≤125		12	14	16	18	22	26	30	38	46	54
	125＜l≤200		18	20	22	24	28	32	36	44	52	60
	l＞200		31	33	35	37	41	45	49	57	65	73
l	GB/T 5782—2016		20～30	25～40	25～50	30～60	35～80	40～100	45～120	55～160	65～200	80～240
	GB/T 5783—2016		6～30	8～40	10～50	12～60	16～80	20～100	25～100	35～100	40～100	40～100
l 系列			6，8，10，12，16，20，25，30，35，40，45，50，(55)，60，(65)，70，80，90，100，110，120，130，140，150，160，180，200，220，240，260，280，300，340，360，380，400，420，440，460，480，500									

注：① A 级用于 d≤24mm 和 l≤10d 或 l≤150mm 的螺栓，B 级用于 d＞24mm 和 l＞10d 或 l＞150mm 的螺栓（按较小值）。

② 不带括号的为优选系列。

表 B2.1 开槽螺钉（摘录 GB/T 65—2016、GB/T 68—2016、GB/T 67—2016）

开槽圆柱头螺钉（GB/T 65—2016）　　开槽盘头螺钉（GB/T 67—2016）　　开槽沉头螺钉（GB/T 68—2016）

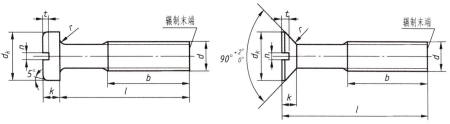

标记示例：螺纹规格 d = M5，公称长度 l = 20mm，性能等级为 4.8 级，不经表面处理的 A 级开槽圆柱头螺钉标记为"螺钉　GB/T 65　M5×20"。

单位：mm

螺纹规格 d		M1.6	M2	M2.5	M3	M4	M5	M6	M8	M10
GB/T 65—2016	d_{kmax}	3	3.8	4.5	5.5	7	8.5	10	13	16
	k_{max}	1.1	1.4	1.8	2.0	2.6	3.3	3.9	5	6
	t_{min}	0.45	0.6	0.7	0.85	1.1	1.3	1.6	2	2.4
	r_{min}	0.1				0.2		0.25	0.4	
	l	2～16	3～20	3～25	4～30	5～40	6～50	8～60	10～80	12～80
GB/T 67—2016	d_{kmax}	3.2	4	5	5.6	8	9.5	12	16	20
	k_{max}	1	1.3	1.5	1.8	2.4	3	3.6	4.8	6
	t_{min}	0.35	0.5	0.6	0.7	1	1.2	1.4	1.9	2.4
	r_{min}	0.1				0.2		0.25	0.4	
	l	2～16	2.5～20	3～25	4～30	5～40	6～50	8～60	10～80	12～80
GB/T 68—2016	d_{kmax}	3	3.8	4.7	5.5	8.4	9.3	11.3	15.8	18.3
	k_{max}	1	1.2	1.5	1.65	2.7	2.7	3.3	4.65	5
	t_{min}	0.32	0.4	0.5	0.6	1	1.1	1.2	1.8	2
	r_{max}	0.4	0.5	0.6	0.8	1	1.3	1.5	2	2.5
	l	2.5～16	3～20	4～25	5～30	6～40	8～50	8～60	10～80	12～80
螺距 P		0.35	0.4	0.45	0.5	0.7	0.8	1	1.25	1.5
n		0.4	0.5	0.6	0.8	1.2	1.2	1.6	2	2.5
b		25					38			
l 系列		2, 2.5, 3, 4, 5, 6, 8, 10, 12, (14), 16, 20, 25, 30, 35, 40, 45, 50, (55), 60, (65), 70, (75), 80（GB/T 65—2016 无 l = 2.5；GB/T 68—2016 无 l = 2）								

注：① 尽可能不采用括号内的规格。
② M1.6～M3 的螺钉，l＜30mm 时，制出全螺纹；对于开槽圆柱头螺钉和开槽盘头螺钉，M4～M10 的螺钉，l＜40mm 时，制出全螺纹；对于开槽沉头螺钉，M4～M10 的螺钉，l＜45mm 时，制出全螺纹。

表 B2.2　内六角圆柱头螺钉（摘录 GB/T 70.1—2008）

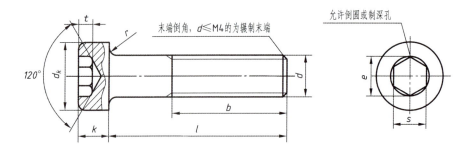

标记示例：螺纹规格 d＝M5，公称长度 l＝20mm，性能等级为 8.8 级，表面氧化的 A 级内六角圆柱头螺钉标记为"螺钉　GB/T 70.1　M5×20"。

单位：mm

螺纹规格 d	M2.5	M3	M4	M5	M6	M8	M10	M12	M16	M20	M24	M30
螺距 P	0.45	0.5	0.7	0.8	1	1.25	1.5	1.75	2	2.5	3	3.5
$d_{k\max}$	4.50	5.50	7.00	8.50	10.00	13.00	16.00	18.00	24.00	30.00	36.00	45.00
$d_{k\min}$	4.32	5.32	6.78	8.28	9.78	12.73	15.73	17.73	23.67	29.67	35.61	44.61
$k_{\max}$	2.50	3.00	4.00	5.00	6.00	8.00	10.00	12.00	16.00	20.00	24.00	30.00
$k_{\min}$	2.36	2.86	3.82	4.82	5.7	7.64	9.64	11.57	15.57	19.48	23.48	29.48
$t_{\min}$	1.1	1.3	2	2.5	3	4	5	6	8	10	12	15.5
$r_{\min}$	0.1	0.1	0.2	0.2	0.25	0.4	0.4	0.6	0.6	0.8	0.8	1
s公称	2	2.5	3	4	5	6	8	10	14	17	19	22
$e_{\min}$	2.303	2.873	3.443	4.583	5.723	6.683	9.149	11.429	15.996	19.437	21.734	25.154
b参考	17	18	20	22	24	28	32	36	44	52	60	72
公称长度 l	4～25	5～30	6～40	8～50	10～60	12～80	16～100	20～120	25～160	30～200	40～200	45～200
l 系列	2.5，3，4，5，6，8，10，12，16，20，25，30，35，40，45，50，55，60，65，70，80，90，100，110，120，130，140，150，160，180，200											

注：① 尽可能不采用括号内的规格。
② M2.5～M3 的螺钉，l＜20mm 时，制出全螺纹；M4～M5 的螺钉，l＜25mm 时，制出全螺纹；M6 的螺钉，l＜30mm 时，制出全螺纹；M8 的螺钉，l＜35mm 时，制出全螺纹；M10 的螺钉，l＜40mm 时，制出全螺纹；M12 的螺钉，l＜50mm 时，制出全螺纹；M16 的螺钉，l＜60mm 时，制出全螺纹。

表 B2.3　开槽紧定螺钉（摘录 GB/T 71—2018、GB/T 73—2017、GB/T 74—2018、GB/T 75—2018）

开槽锥端紧定螺钉（GB/T 71—2018）　　　开槽平端紧定螺钉（GB/T 73—2017）

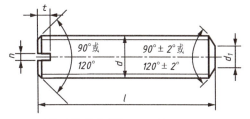
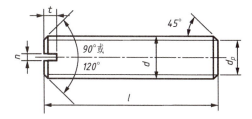

开槽凹端紧定螺钉（GB/T 74—2018）　　　开槽长圆柱端紧定螺钉（GB/T 75—2018）

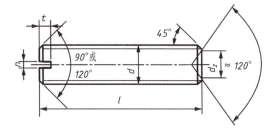
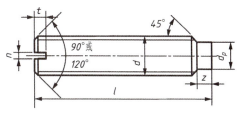

标记示例：螺纹规格 $d=M5$，公称长度 $l=12mm$，性能等级为 14H 级，表面氧化的 A 级开槽锥端紧定螺钉标记为"螺钉　GB/T 71　M5×20"。

单位：mm

螺纹规格 d		M1.6	M2	M2.5	M3	M4	M5	M6	M8	M10	M12
螺距 P		0.35	0.4	0.45	0.5	0.7	0.8	1	1.25	1.5	1.75
$n_{公称}$		0.25	0.25	0.4	0.4	0.6	0.8	1	1.2	1.6	2
t_{max}		0.74	0.84	0.95	1.05	1.42	1.63	2	2.5	3	3.6
d_z		0.80	1.00	1.20	1.40	2	2.5	3	5	6	8
d_t		0.16	0.20	0.25	0.30	0.4	0.5	1.5	2	2.5	3
d_{pmax}		0.80	1.00	1.50	2.00	2.5	3.5	4	5.5	7	8.5
z_{max}		1.05	1.25	1.50	1.75	2.25	2.75	3.25	4.3	5.3	6.3
公称长度 l	GB/T 71	2～8	3～10	3～12	4～16	6～20	8～25	8～30	10～40	12～50	14～60
	GB/T 73	2～8	2～10	2.5～12	3～16	4～20	5～25	6～30	8～40	10～50	12～60
	GB/T 74	2～8	2.5～10	3～12	3～16	4～20	5～25	6～30	8～40	10～50	12～60
	GB/T 75	2.5～8	3～10	4～12	5～16	6～20	8～25	8～30	10～40	12～50	14～60
l 系列		2，2.5，3，4，5，6，8，10，12，16，20，25，30，35，40，45，50，60									

表 B3　双头螺柱（摘录 GB 897—1988、GB 898—1988、GB 899—1988、GB 900—1988）

双头螺柱 $b_m=1d$（GB 897—1988），双头螺柱 $b_m=1.25d$（GB 898—1988），
双头螺柱 $b_m=1.5d$（GB 899—1988），双头螺柱 $b_m=2d$（GB 900—1988）

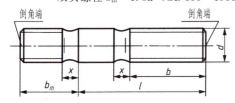
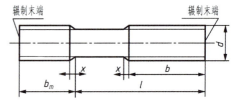

标记示例：

① 两端为粗牙普通螺纹，$d=10\text{mm}$，$l=50\text{mm}$，性能等级为 4.8 级，B 型，$b_m=1d$ 的双头螺柱标记为"螺柱 GB 897　M10×50"。

② 旋入一端为粗牙普通螺纹，旋螺母一端为螺距 $P=1\text{mm}$ 的细牙普通螺纹，$d=10\text{mm}$，$l=50\text{mm}$，性能等级为 4.8 级，A 型，$b_m=1d$ 的双头螺柱标记为"螺柱 GB 897　AM10 - M10×1×50"。

③ 旋入机体一端为过渡配合螺纹的第一种配合，旋螺母一端为粗牙普通螺纹，$d=10\text{mm}$，$l=50\text{mm}$，性能等级为 8.8 级，镀锌钝化，B 型，$b_m=1d$ 的双头螺柱标记为"螺柱 GB 897　GM10 - M10×50 - 8.8 - Zn·D"。

单位：mm

螺纹规格 d	b_m				l/b
	GB/T 897	GB/T 898	GB/T 899	GB/T 900	
M3			4.5	6	(16～20)/6、(22～40)/12
M4			6	8	(16～22)/8、(25～40)/14
M5	5	6	8	10	(16～22)/10、(25～50)/16
M6	6	8	10	12	(18～22)/10、(25～30)/14、(32～75)/18
M8	8	10	12	16	(18～22)/12、(25～30)/16、(32～90)/22
M10	10	12	15	20	(25～28)/14、(30～38)/16、(40～120)/30、130/32
M12	12	15	18	24	(25～30)/16、(32～40)/20、(45～120)/30、(130～180)/36
M16	16	20	24	32	(30～38)/20、(40～55)/30、(60～120)/38、(130～200)/44
M20	20	25	30	40	(35～40)/25、(45～65)/38、(70～120)/46、(130～200)/52
M24	24	30	36	48	(45～50)/30、(55～75)/45、(80～120)/54、(130～200)/60
M30	30	48	45	60	(60～65)/40、(70～90)/50、(95～120)/66、(130～200)/72、(210～250)/85
M36	36	45	54	72	(65～75)/45、(80～110)/60、120/78、(130～200)/84、(210～300)/91
M42	42	52	63	84	(70～80)/50、(85～110)/70、120/90、(130～200)/96、(210～300)/109
M48	48	60	72	96	(80～90)/60、(95～110)/80、120/102、(130～200)/108、(210～300)/121
l 系列	12, (14), 16, (18), 20, (22), 25, (28), 30, (32), 35, (38), 40, 45, 50, (55), 60, (65), 70, (75), 80, (85), 90, (95), 100, 110, 120, 130, 140, 150, 160, 170, 180, 190, 200, 210, 220, 230, 240, 250, 260, 280, 300				

注：尽量不采用括号内的规格。

表 B4.1　六角螺母（摘录 GB/T 41—2016、GB/T 6170—2015、GB/T 6172.1—2016）

六角螺母（GB/T 41—2016）　　1型六角螺母（GB/T 6170—2015）　　六角薄螺母（GB 6172.1—2016）
　　　C 级　　　　　　　　　　　A 级和 B 级　　　　　　　　　　A 级和 B 级

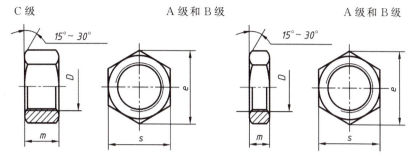

标记示例：

① 螺纹规格 D＝M12，性能等级为 5 级，不经表面处理、产品等级为 C 级的六角螺母的标记为"螺母 GB/T 41　M12"。

② 螺纹规格 D＝M12，性能等级为 10 级，不经表面处理、产品等级为 A 级的 1 型六角螺母的标记为"螺母 GB/T 6170　M12"。

③ 螺纹规格 D＝M12，性能等级为 04 级，不经表面处理、产品等级为 A 级的六角薄螺母的标记为"螺母　GB/T 6172.1　M12"。

优选的螺纹规格　　　　　　　　　　　　　　　　　　　　　　单位：mm

螺纹规格 D			M3	M4	M5	M6	M8	M10	M12	M16	M20	M24	M30
螺距 P			0.5	0.7	0.8	1	1.25	1.5	1.75	2	2.5	3	3.5
e_{min}	GB/T 41		—	—	8.63	10.89	14.20	17.59	19.8	26.17	32.95	39.55	50.85
	GB/T 6170		6.01	7.66	8.79	11.05	14.38	17.77	20.03	26.75			
	GB/T 6172.1												
s_{max}			5.5	7	8	10	13	16	18	24	30	36	46
m	GB/T 41	max	—	—	5.6	6.4	7.9	9.5	12.2	15.9	19	22.3	26.4
		min	—	—	4.4	4.9	6.4	8	10.4	14.1	16.9	20.2	24.3
	GB/T 6170	max	2.4	3.2	4.7	5.2	6.8	8.4	10.8	14.8	18	21.5	25.6
		min	2.15	2.9	4.4	4.99	6.44	8.04	10.37	14.1	16.9	20.2	24.3
	GB/T 6172.1	max	1.8	2.2	2.7	3.2	4	5	6	8	10	12	15
		min	1.55	1.95	2.45	2.9	3.7	4.7	5.7	7.42	9.1	10.9	13.9

注：① A 级用于 D≤16mm 的螺母；B 级用于 D＞16mm 的螺母。
　　② 对 GB/T 41—2016 允许内倒角。

表 B4.2 六角开槽螺母（摘录 GB 6178—1986、GB 6179—1986、GB 6181—1986）

1型六角开槽螺母（GB 6178—1986）1型六角开槽螺母（GB 6179—1986）六角开槽薄螺母（GB 6181—1986）

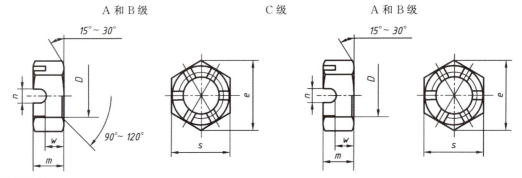

标记示例：

① 螺纹规格 D＝M5，性能等级为 8 级，不经表面处理、A 级Ⅰ型六角开槽螺母标记为"螺母 GB 6178 M5"。

② 螺纹规格 D＝M5，性能等级为 04 级，不经表面处理、A 级的六角开槽薄螺母标记为"螺母 GB 6181 M5"。

单位：mm

螺纹规格 D		M4	M5	M6	M8	M10	M12	M16	M20	M24	M30	M36
n_{min}		1.2	1.4	2	2.5	2.8	3.5	4.5	4.5	5.5	7	7
e_{min}		7.7	8.8	11	14.4	17.8	20	26.8	33	39.6	50.9	60.8
s_{max}		7	8	10	13	16	18	24	30	36	46	55
m_{max}	GB 6178	5	6.7	7.7	9.8	12.4	15.8	20.8	24	29.5	34.6	40
	GB 6179	—	7.6	8.9	10.9	13.5	17.2	21.9	25	3.03	35.4	40.9
	GB 6181	—	5.1	5.7	7.5	9.3	12	16.4	20.3	23.9	28.6	34.7
w_{max}	GB 6178	3.2	4.7	5.2	6.8	8.4	10.8	14.8	18	21.5	25.6	31
	GB 6179	—	5.6	6.4	7.9	9.5	12.17	15.9	19	22.3	26.4	31.9
	GB 6181	—	3.1	3.5	4.5	5.3	7.0	10.4	14.3	15.9	19.6	25.7
开口销		1×10	1.2×12	1.6×14	2×16	2.5×20	3.2×22	4×28	4×36	5×40	6.3×50	6.3×6

注：A 级用于 $D \leqslant 16$mm 的螺母；B 级用于 $D > 16$mm 的螺母。

表 B4.3 圆螺母（摘录 GB/T 812—1988）

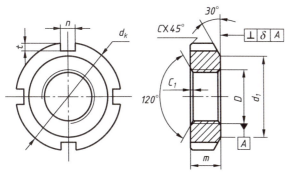

标记示例：

螺纹规格 $D=$ M16×1.5，材料为 45 钢，槽或全部热处理后硬度为 35～45HRC，表面氧化的圆螺母标记为"螺母 GB/T 812 M16×1.5"。

单位：mm

D	d_k	d_1	m	n	t	C	C_1	D	d_k	d_1	m	n	t	C	C_1
M10×1	22	16	8	4	2	0.5		M64×2	95	84	12	8	3.5		
M12×1.25	25	19						M65×2*	95	84					
M14×1.5	28	20						M68×2	100	88	15	10	4		
M16×1.5	30	22						M72×2	105	93					
M18×1.5	32	24						M75×2*	105	93					
M20×1.5	35	27		5	2.5			M76×2	110	98					
M22×1.5	38	30						M80×2	115	103					
M24×1.5	42	34						M85×2	120	108					
M25×1.5*	42	34						M90×2	125	112	18	12	5	1.5	1
M27×1.5	45	37				1	0.5	M95×2	130	117					
M30×1.5	48	40	10					M100×2	135	122					
M33×1.5	52	43						M105×2	140	127					
M35×1.5*	52	43						M110×2	150	135					
M36×1.5	55	46		6	3			M115×2	155	140	22	14	6		
M39×1.5	58	49						M120×2	160	145					
M40×1.5*	58	49						M125×2	165	150					
M42×1.5	62	53						M130×2	170	155					
M45×1.5	68	59						M140×2	180	165					
M48×1.5	72	61				1.5		M150×2	200	180	26				
M50×1.5*	72	61						M160×3	210	190					
M52×1.5	78	67	12	8	3.5			M170×3	220	200		16	7	2	1.5
M55×2*	78	67						M180×3	230	210					
M56×2	85	74				1		M190×3	240	220	30				
M60×2	90	79						M200×3	250	230					

注：① 当 $D \leqslant$ M100×2 时，槽数为 4；$D \geqslant$ M105×2 时，槽数为 6。
② 带 * 的螺纹规格仅用于滚动轴承锁紧装置。

表 B5.1　平垫圈（摘录 GB/T 97.1—2002、GB/T 97.2—2002、GB/T 96—2002、GB/T 848—2002）

平垫圈 A 级（GB/T 97.1—2002）　　　　　平垫圈　倒角型 A 级（GB/T 97.2—2002）

大垫圈 A 级和 C 级（GB/T 96.1—2002 和 GB/T 96.2—2002）

小垫圈 A 级（GB/T 848—2002）

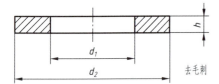

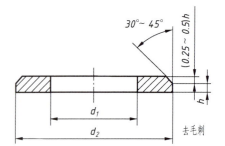

标记示例：标准系列，螺纹规格 $d=8$mm，性能等级为 140HV 级，倒角型，不经表面处理的平垫圈标记为"垫圈　GB/T 97.2　8—140HV"。

单位：mm

螺纹规格 d	标准系列 GB/T 97.1，GB/T 97.2			大系列 GB/T 96.1/GB/T 96.2			小系列 GB/T 848		
	d_1公称	d_2公称	h公称	d_1公称	d_2公称	h公称	d_1公称	d_2公称	h公称
1.6	1.7	4	0.3	—	—	—	1.7	3.5	0.3
2	2.2	5		—	—	—	2.2	4.5	
2.5	2.7	6	0.5	—	—	—	2.7	5	0.5
3	3.2	7		3.2/3.4	9	0.8	3.2	6	
4	4.3	9	0.8	4.3/4.5	12	1	4.3	8	
5	5.3	10	1	5.3/5.5	15		5.3	9	1
6	6.4	12	1.6	6.4/6.6	18	1.6	6.4	11	1.6
8	8.4	16		8.4/9	24	2	8.4	15	
10	10.5	20	2	10.5/11	30	2.5	10.5	18	2
12	13	24	2.5	13/13.5	37	3	13	20	2.5
14	15	28		15/15.5	44		15	24	
16	17	30	3	17/17.5	50		17	28	3
20	21	37		21/22	60	4	21	34	
24	25	44	4	25/26	72	5	25	39	4
30	31	56		33/33	92	6	31	50	
36	37	66	5	39/39	110	8	37	60	5

注：① GB/T 96—2002 垫圈两端无粗糙度符号；
② GB/T 848—2002 垫圈主要用于带圆柱头的螺钉，其他用于标准的六角螺栓、螺钉和螺母。
③ 对于 GB/T 97.2—2002 垫圈，$d=5\sim36$mm。

表 B5.2 弹簧垫圈（摘录 GB 93—1987、GB 859—1987）

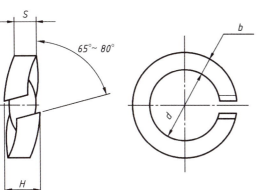
标准型弹簧垫圈（GB 93—1987）

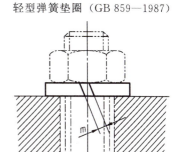
轻型弹簧垫圈（GB 859—1987）

标记示例：规格为 16mm，材料为 65Mn，表面氧化的标准型弹簧垫圈标记为"垫圈 GB 93 16"。

单位：mm

规格（螺纹大径）	d_{min}	$S_{公称}$		H_{max}		$b_{公称}$		$m \leqslant$	
		GB 93	GB 859	GB 93	GB 859	GB 93	GB 859	GB 93	GB 859
3	3.1	0.8	0.6	2	1.5	0.8	1	0.4	0.3
4	4.1	1.1	0.8	2.75	2	1.1	1.2	0.55	0.4
5	5.1	1.3	1.1	3.25	2.75	1.3	1.5	0.65	0.55
6	6.1	1.6	1.3	4	3.25	1.6	2	0.8	0.65
8	8.1	2.1	1.6	5.25	4	2.1	2.5	1.05	0.8
10	10.2	2.6	2	6.5	5	2.6	3	1.3	1
12	12.2	3.1	2.5	7.25	6.25	3.1	3.5	1.55	1.25
(14)	14.2	3.6	3	9	7.5	3.6	4	1.8	1.5
16	16.2	4.1	3.2	10.25	8	4.1	4.5	2.05	1.6
(18)	18.2	4.5	3.6	11.25	9	4.5	5	2.25	1.8
20	20.2	5	4	12.25	10	5	5.5	2.5	2
(22)	22.5	5.5	4.5	13.75	11.25	5.5	6	2.75	2.25
24	24.5	6	5	15	12.5	6	7	3	2.5
(27)	27.5	6.8	5.5	17	13.75	6.8	8	3.4	2.75
30	30.5	7.5	6	18	15	7.5	9	3.75	3

注：① 尽可能不采用括号内的规格。

② $m > 0$。

表 B5.3 圆螺母用止动垫圈（摘录 GB 858—1988）

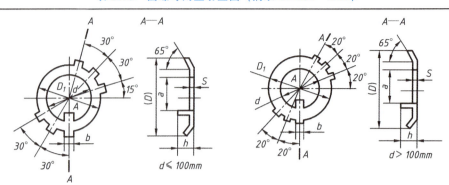

标记示例：规格为 16mm、材料为 Q235-A、经退火、表面氧化的圆螺母用止动垫圈标记为"垫圈 GB 858 16"。

单位：mm

规格（螺纹大径）	d	(D)	D_1	S	b	a	h	规格（螺纹大径）	d	(D)	D_1	S	b	a	h
14	14.5	32	20		3.8	11	3	55*	56	82	67		7.7	52	6
16	16.5	34	22			13		56	57	90	74			53	
18	18.5	35	24			15		60	61	94	79			57	
20	20.5	38	27	1		17		64	65	100	84			61	
22	22.5	42	30		4.8	19	4	65*	66	100	84	2		62	
24	24.5	45	34			21		68	69	105	88			65	
25*	25.5	45	34			22		72	73	110	93		9.6	69	
27	27.5	48	37			24		75*	76	110	93			71	
30	30.5	52	40			27		76	77	115	98			72	
33	33.5	56	43			30		80	81	120	103			76	
35*	35.5	56	43			32		85	86	125	108			81	
36	36.5	60	46			33		90	91	130	112			86	7
39	39.5	62	49		5.7	36	5	95	96	135	117		12	91	
40*	40.5	62	49	1.5		37		100	101	140	122			96	
42	42.5	66	53			39		105	106	145	127	2		101	
45	45.5	72	59			42		110	111	156	135			106	
48	48.5	76	61			45		115	116	160	140		14	111	
50*	50.5	76	61	7.7		47		120	121	166	145			116	
52	52.5	82	67			49	6	125	126	170	150			121	

注：标有"*"者仅用于滚动轴承锁紧装置。

表 B6.1　平键（摘录 GB/T 1095—2003，GB/T 1096—2003）

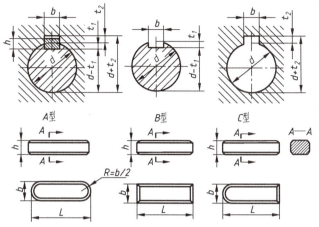

标记示例：

① 圆头普通平键（A 型），$b=10$mm，$h=8$mm，$l=25$mm，标记为"GB/T 1096　键 10×8×25"。

② 对于同一尺寸的圆头普通平键（B 型）或单圆头普通平键（C 型），标记为"GB/T 1096　键 B10×25""GB/T 1096　键 C10×25"。

单位：mm

键	键槽									
		宽度 b					深度			半径 r
尺寸 $b×h$	基本尺寸	极限偏差					轴 t_1		毂 t_2	
		松联结		正常联结		紧密联结	基本尺寸	极限偏差	基本尺寸	极限偏差
		轴 H9	毂 D10	轴 N9	毂 JS9	轴和毂 P9				
2×2	2	+0.025 0	+0.060 +0.020	−0.004 −0.029	±0.0125	−0.006 −0.031	1.2	+0.10	1	+0.10	0.08~0.16
3×3	3						1.8		1.4		
4×4	4	+0.030 0	+0.078 +0.030	0 −0.030	±0.015	−0.012 −0.042	2.5		1.8		
5×5	5						3.0		2.3		0.16~0.25
6×6	6						3.5		2.8		
8×7	8	+0.036 0	+0.098 +0.040	0 −0.036	±0.018	−0.015 −0.051	4.0		3.3		
10×8	10						5.0		3.3		
12×8	12	+0.043 0	+0.120 +0.050	0 −0.043	±0.0215	−0.018 −0.061	5.0		3.3		0.25~0.40
14×9	14						5.5		3.8		
16×10	16						6.0	+0.20	4.3	+0.20	
18×11	18						7.0		4.4		
20×12	20	+0.052 0	+0.149 +0.065	0 −0.052	±0.026	−0.022 −0.074	7.5		4.9		
22×14	22						9.0		5.4		0.40~0.60
25×14	25						9.0		5.4		
28×16	28						10.0		6.4		

注：① 在工作图中，轴槽深用 $d-t_1$ 或 t_1 标注，轮毂槽深用 $d+t_2$ 标注。$(d-t_1)$ 和 $(d+t_2)$ 尺寸偏差按相应的 t_1 和 t_2 的极限偏差选取，但 $(d-t_1)$ 极限偏差取负号（−）。

② l 系列：6，8，10，12，14，16，18，20，22，25，28，32，36，40，45，50，56，63，70，80，90，100，110，125，140，160，180，200，220，250，280，320，330，400，450。

表 B6.2　半圆键（摘录 GB/T 1098—2003、GB/T 1099.1—2003）

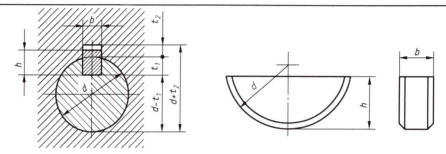

标记示例：半圆键，$b=6\text{mm}$，$h=10\text{mm}$，$d=25\text{mm}$，标记为"键 6×25　GB/T 1099.1—2003"。

单位：mm

直径 d		键	键槽								
基本尺寸	极限偏差	尺寸 $b×h×d$	基本尺寸	宽度 b 极限偏差				深度			
				正常联结		紧密联结	松联结	轴 t_1		毂 t_2	
				轴 N9	毂 JS9	轴和毂 P9	轴 H9　毂 D10	基本尺寸	极限偏差	基本尺寸	极限偏差
4	0 −0.120	1.0×1.4×4	1.0	−0.004 −0.029	±0.0125	−0.006 −0.031	+0.025　+0.060 0　　　+0.020	1.0	+0.1 0	0.6	
7	0 −0.150	1.5×2.6×7	1.5					2.0		0.8	
		2.0×2.6×7	2.0					1.8		1.0	
10		2.0×3.7×10						2.9		1.0	
		2.5×3.7×10	2.5					2.7		1.2	
13	0 −0.180	3.0×5.0×13	3.0					3.8		1.4	
16		3.0×6.5×16						5.3		1.4	+0.1 0
		4.0×6.5×16	4.0					5.0		1.8	
19	0 −0.210	4.0×7.5×19		0 −0.030	±0.015	−0.012 −0.042	+0.030　+0.078 0　　　+0.030	6.0	+0.2 0	1.8	
16	0 −0.180	5.0×6.5×16	5.0					4.5		2.3	
19		5.0×7.5×19						5.5		2.3	
22	0 −0.210	5.0×9.0×22						7.0		2.3	
		6.0×9.0×22	6.0					6.5		2.8	
25		6.0×10.0×25		0 −0.036	±0.018	−0.015 −0.051	+0.036　+0.098 0　　　+0.040	7.5	+0.3 0	2.8	
28		8.0×11.0×28	8.0					8.0		3.3	+0.2 0
32	0 −0.250	10.0×13.0×32	10.0					10.0		3.3	

注：在工作图中，轴槽深用 $d-t_1$ 或 t_1 标注，轮毂槽深用 $d+t_2$ 标注。$(d-t_1)$ 和 $(d+t_2)$ 尺寸偏差按相应的 t_1 和 t_2 的极限偏差选取，但 $(d-t_1)$ 极限偏差取负号（—）。

B7.1 圆柱销（摘录 GB/T 119.1—2000）

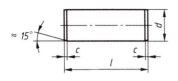

标记示例：

公称直径 $d=6$mm，公差为 m6，公称长度 $l=30$mm，材料为钢，不经淬火，不经表面处理的圆柱销标记为"销 GB/T 119.1 6 m6×30"。

单位：mm

d	0.6	0.8	1	1.2	1.5	2	2.5	3	4	5
$c\approx$	0.12	0.16	0.20	0.25	0.30	0.35	0.40	0.50	0.63	0.80
l	2～6	2～8	4～10	4～12	4～16	5～20	5～24	6～30	6～40	10～50
d	6	8	10	12	16	20	25	30	40	50
$c\approx$	1.2	1.6	2.0	2.5	3.0	3.5	4.0	5.0	6.3	8.0
l	12～60	14～80	18～95	22～140	26～180	35～200	50～200	60～200	80～200	95～200
l 系列	2，3，4，5，6，8，10，12，14，16，18，20，22，24，26，28，30，32，35，40，45，50，55，60，65，70，75，80，85，90，95，100，120，140，160，180，200									

注：① 销的材料为不淬硬钢或奥氏体不锈钢。

② l 大于 200mm，按 20mm 递增。

③ 表面粗糙度：公差为 m6 时，$Ra\leqslant 0.8\mu$m；公差为 h8 时，$Ra\leqslant 1.6\mu$m。

B7.2 圆锥销（GB/T 117—2000）

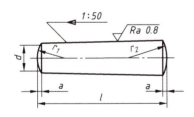

$$r_1=d;\ r_2\approx\frac{a}{2}+d+\frac{(0.021)^2}{8a}$$

标记示例：

公称直径 $d=6$mm，公称长度 $l=30$mm，材料为 35 钢，热处理硬度为 28～38HRC，表面氧化处理的 A 型圆锥销的标记为"销 GB/T 117 6×30"

单位：mm

d	0.6	0.8	1	1.2	1.5	2	2.5	3	4	5
$a\approx$	0.08	0.1	0.12	0.16	0.2	0.25	0.3	0.4	0.5	0.63
l	4～8	5～12	6～16	6～20	8～24	10～35	10～35	12～45	14～60	22～90
d	6	8	10	12	16	20	25	30	40	50
$a\approx$	0.8	1	1.2	1.6	2	2.5	3	4	5	6.3
l	22～90	22～120	26～160	32～180	40～200	45～200	50～200	55～200	60～200	65～200
l 系列	2，3，4，5，6，8，10，12，14，16，18，20，22，24，26，28，30，32，35，40，45，50，55，60，65，70，75，80，85，90，95，100，120，140，160，180，200									

注：① 销的材料为 35 钢、45 钢、Y12、Y15、30CrMnSiA、12Cr13、20Cr13 等。

② l 大于 200mm，按 20mm 递增。

B7.3 开口销（GB/T 91—2000）

允许制造的型式

标记示例：

公称直径5mm，公称长度$l=50$mm，材料为Q215，不经表面处理，开口销标记为"销 GB/T 91 5×50"。

单位：mm

公称规格		0.6	0.8	1	1.2	1.6	2	2.5	3.2	4	5	6.3	8	10	13
d	max	0.5	0.7	0.9	1	1.4	1.8	2.3	2.9	3.7	4.6	5.9	7.5	9.5	12.4
	min	0.4	0.6	0.8	0.9	1.3	1.7	2.1	2.7	3.5	4.4	5.7	7.3	9.3	12.1
c	max	1	1.4	1.8	2	2.8	3.6	4.6	5.8	7.4	9.2	11.8	15	19	24.8
	min	0.9	1.2	1.6	1.7	2.4	3.2	4	5.1	6.5	8	10.3	13.1	16.6	21.7
$b\approx$		2	2.4	3	3	3.2	4	5	6.4	8	10	12.6	16	20	26
a_{max}		1.6				2.5			3.2		4			6.3	
l		4~12	5~16	6~20	8~25	8~32	10~40	12~50	14~63	18~80	22~100	32~125	40~160	45~200	71~250
l系列		4、5、6、8、10、12、14、16、18、20、22、25、28、32、36、40、45、50、56、63、71、80、90、100、112、125、140、160、180、200、224、250、280													

注：① 公称规格等于开口销孔的直径。
　　② 开口销的材料为Q215、Q235H63、Cr17Ni7、Cr18Ni9Ti。

B8.1 深沟球轴承（摘录 GB/T 276—2013）

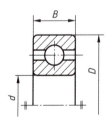

标记示例：

滚动轴承 6012 GB/T 276—2013

轴承型号	尺寸/mm			轴承型号	尺寸/mm		
	d	D	B		d	D	B
10系列				03系列			
6000	10	26	8	6300	10	35	11
6001	12	28	8	6301	12	37	12
6002	15	32	9	6302	15	42	13
6003	17	35	10	6303	17	47	14

续表

轴承型号	尺寸/mm			轴承型号	尺寸/mm		
	d	D	B		d	D	B
10 系列				03 系列			
6004	20	42	12	6304	20	52	15
6005	25	47	12	6305	25	62	17
6006	30	55	13	6306	30	72	19
6007	35	62	14	6307	35	80	21
6008	40	68	15	6308	40	90	23
6009	45	75	16	6309	45	100	25
6010	50	80	16	6310	50	110	27
6011	55	90	18	6311	55	120	29
6012	60	95	18	6312	60	130	31
02 系列				04 系列			
6200	10	30	9	6403	17	62	17
6201	12	32	10	6404	20	72	19
6202	15	35	11	6405	25	80	21
6203	17	40	12	6406	30	90	23
6204	20	47	14	6407	35	100	25
6205	25	52	15	6408	40	110	27
6206	30	62	16	6409	45	120	29
6207	35	72	17	6410	50	130	31
6208	40	80	18	6411	55	140	33
6209	45	85	19	6412	60	150	35
6210	50	90	20	6413	65	160	37
6211	55	100	21	6414	70	180	42
6212	60	110	22	6415	75	190	45

B8.2　圆锥滚子轴承（摘录 GB/T 297—2015）

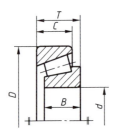

标记示例：

滚动轴承　30205　GB/T 297—2015

轴承型号	尺寸/mm					轴承型号	尺寸/mm				
	d	D	T	B	C		d	D	T	B	C
02 系列						13 系列					
30202	15	35	11.75	11	10	31305	25	62	18.25	17	13
30203	17	40	13.25	12	11	31306	30	72	20.75	19	14
30204	20	47	15.25	14	12	31307	35	80	22.75	21	15
30205	25	52	16.25	15	13	31308	40	90	25.25	23	17
30206	30	62	17.25	16	14	31309	45	100	27.25	25	18
30207	35	72	18.25	17	15	31310	50	110	29.25	27	19
30208	40	80	19.75	18	16	31311	55	120	31.5	29	21
30209	45	85	20.75	19	16	31312	60	130	33.5	31	22
30210	50	90	21.75	30	17	31313	65	140	36	33	23
30211	55	100	22.75	21	18	31314	70	150	38	35	25
30212	60	110	23.75	22	19	31315	75	160	40	37	26
30213	65	120	24.75	23	20	31316	80	170	42.5	39	27
03 系列						20 系列					
30302	15	42	14.25	13	11	32004	20	42	15	15	12
30303	17	47	15.25	14	12	32005	25	47	15	15	11.5
30304	20	52	16.25	15	13	32006	30	55	17	17	13
30305	25	62	18.25	17	15	32007	35	62	18	18	14
30306	30	72	20.75	19	16	32008	40	68	19	19	14.5
30307	35	80	22.75	21	18	32009	45	75	20	20	15.5
30308	40	90	25.75	23	20	32010	50	80	20	20	15.5
30309	45	100	27.25	25	22	32011	55	90	23	23	17.5
30310	50	110	29.25	27	23	32012	60	95	23	23	17.5
30311	55	120	31.5	29	25	32013	65	100	23	23	17.5
30312	60	130	33.5	31	26	32014	70	110	25	25	19
30313	65	140	36	33	28	32015	75	115	25	25	19

B8.3 推力球轴承 (GB/T 301—2015)

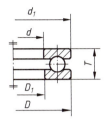

标记示例：

滚动轴承 51210 GB/T 301—2015

轴承型号	尺寸/mm				轴承型号	尺寸/mm			
	d	D_{1smax}	D	T		d	D_{1smax}	D	T
11 系列					13 系列				
51100	10	11	24	9	51304	20	22	47	18
51101	12	13	26	9	51305	25	27	52	18
51102	15	16	28	9	51306	30	32	60	21
51103	17	18	30	9	51307	35	37	68	24
51104	20	21	35	10	51308	40	42	78	26
51105	25	26	42	11	51309	45	47	85	28
51106	30	32	47	11	51310	50	52	95	31
51107	35	37	52	12	51311	55	57	105	35
51108	40	42	60	13	51312	60	62	110	35
51109	45	47	65	14	51313	65	67	115	36
51110	50	52	70	14	51314	70	72	125	40
51111	55	57	78	16	51315	75	77	135	44
51112	60	62	85	17	51316	80	82	140	44
12 系列					14 系列				
51200	10	12	26	11	51405	25	27	60	24
51201	12	14	28	11	51406	30	32	70	28
51203	15	17	32	12	51407	35	37	80	32
51202	17	19	35	12	51408	40	42	90	36
51204	20	22	40	14	51409	45	47	100	39
51205	25	27	47	15	51410	50	52	110	43
51206	30	32	52	16	51411	55	57	120	48
51207	35	37	62	18	51412	60	62	130	51
51208	40	42	68	19	51413	65	67	140	56
51209	45	47	73	20	51414	70	72	150	60

续表

轴承型号	尺寸/mm				轴承型号	尺寸/mm			
	d	D_{1smax}	D	T		d	D_{1smax}	D	T
12 系列					14 系列				
51210	50	52	78	22	51415	75	77	160	65
51211	55	57	90	25	51416	80	82	170	68
51212	60	62	95	26	51417	85	88	180	72

表 B9　圆柱螺旋弹簧（摘自 GB/T 1358—2009）

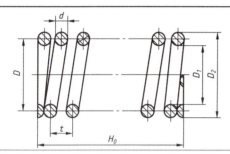

d——弹簧材料直径；D——弹簧中径；D_2——弹簧外径；D_1——弹簧内径；n——有效圈数；H_0——自由高度（自由长度）；t——弹簧节距。

单位：mm

弹簧材料直径 d 系列	
第一系列	第二系列
0.10，0.12，0.14，0.16，0.20，0.25，0.30，0.35，0.40，0.45，0.50，0.60，0.70，0.80，0.90，1.00，1.20，1.60，2.00，2.50，3.00，3.50，4.00，4.50，5.00，6.00，8.00，10.00，12.00，16.00，20.00，25.00，30.00，35.00，40.00，45.00，50.00，60.00	0.05，0.06，0.07，0.08，0.09，0.18，0.22，0.28，0.32，0.55，0.65，1.40，1.80，2.20，2.80，3.20，5.50，6.50，7.00，9.00，11.00，14.00，18.00，22.00，28.00，32.00，38.00，42.00，55.00

弹簧中径 D 系列
0.3，0.4，0.5，0.6，0.7，0.8，0.9，1，1.2，1.6，1.8，2，2.2，2.5，2.8，3，3.2，3.5，3.8，4，4.2，4.5，4.8，5，5.5，6，6.5，7，7.5，8，8.5，9，10，12，14，16，18，20，22，25，28，30，32，38，42，45，48，50，52，55，58，60，65，70，75，80，85，90，95，100，105，110，115，120，125，130，135，140，145，150，160，170，180，190，200，210，220，230，240，250，260，270，280，290，300，320，340，360，380，400，450，500，550，600

压缩弹簧有效圈数 n 系列
2，2.25，2.5，2.75，3，3.25，3.5，3.75，4，4.25，4.5，4.75，5，5.5，6，6.5，7，7.5，8，8.5，9，9.5，10，10.5，11.5，12.5，13.5，14.5，15，16，18，20，22，25，28，30

压缩弹簧自由高度 H_0 系列
2，3，4，5，6，7，8，9，10，11，12，13，14，15，16，17，18，19，20，22，24，26，28，30，32，35，38，40，42，45，48，50，52，55，58，60，65，70，75，80，85，90，95，100，105，110，115，120，130，140，150，160，170，180，190，200，220，240，260，280，300，320，340，360，380，400，420，450，480，500，520，550，580，600，620，650，680，700，720，750，780，800，850，900，950，1000

注：优先采用第一系列。

附录 C 极限与配合

表 C1.1 孔的极限偏差（基本偏差 A、B、C、D、E、F）

公称尺寸/mm		基本偏差/μm												
		A	B	C	D				E		F			
大于	至	11	11	12	11	8	9	10	11	8	9	6	7	8	9
—	3	+330 +270	+200 +140	+240 +140	+120 +60	+34 +20	+45 +20	+60 +20	+80 +20	+28 +14	+39 +14	+12 +6	+16 +6	+20 +6	+31 +6
3	6	+345 +270	+215 +140	+260 +140	+145 +70	+48 +30	+60 +30	+78 +30	+105 +30	+38 +20	+50 +20	+18 +10	+22 +10	+28 +10	+40 +10
6	10	+370 +280	+240 +150	+300 +150	+170 +80	+62 +40	+76 +40	+98 +40	+130 +40	+47 +25	+61 +25	+22 +13	+28 +13	+35 +13	+49 +13
10	14	+400 +290	+260 +150	+330 +150	+205 +95	+77 +50	+93 +50	+120 +50	+160 +50	+59 +32	+75 +32	+27 +16	+34 +16	+43 +16	+59 +16
14	18														
18	24	+430 +300	+290 +160	+370 +160	+240 +110	+98 +65	+117 +65	+149 +65	+195 +65	+73 +40	+92 +40	+33 +20	+41 +20	+53 +20	+72 +20
24	30														
30	40	+470 +310	+330 +170	+420 +170	+280 +1 4 −130	+119 +80	+142 +80	+180 +80	+240 +80	+89 +50	+112 +50	+41 +25	+50 +25	+64 +25	+87 +25
40	50	+480 +320	+340 +180	+430 +180	+290										
50	65	+530 +340	+380 +190	+490 +190	+330 +140	+146 +100	+170 +100	+220 +100	+290 +100	+106 +60	+134 +60	+49 +30	+60 +30	+76 +30	+104 +30
65	80	+550 +360	+390 +200	+500 +200	+340 +150										
80	100	+600 +380	+440 +220	+570 +220	+390 +170	+174 +120	+207 +120	+260 +120	+340 +120	+126 +72	+159 +72	+58 +36	+71 +36	+90 +36	+123 +36
100	120	+630 +410	+460 +240	+590 +240	+400 +180										
120	140	+710 +460	+510 +260	+660 +260	+450 +200	+208 +145	+245 +145	+305 +145	+395 +145	+148 +85	+185 +85	+68 +43	+83 +43	+106 +43	+143 +43
140	160	+770 +520	+530 +280	+680 +280	+460 +210										
160	180	+830 +580	+560 +310	+710 +310	+480 +230										
180	200	+950 +660	+630 +340	+800 +340	+530 +240	+242 +170	+285 +170	+355 +170	+460 +170	+172 +100	+215 +100	+79 +50	+96 +50	+122 +50	+165 +50
200	225	+1030 +740	+670 +380	+840 +380	+550 +260										
225	250	+1110 +820	+710 +420	+880 +420	+570 +280										
250	280	+1240 +920	+800 +480	+1 000 +480	+620 +300	+271 +190	+320 +190	+400 +190	+510 +190	+191 +110	+240 +110	+88 +56	+108 +56	+137 +56	+186 +56
280	315	+1370 +1050	+860 +540	+1060 +540	+650 +330										

续表

公称尺寸/mm		基本偏差/μm												
		A	B	C	D				E		F			
大于	至	11	11	12	11	8	9	10	11	8	9	6	7	8	9
315	355	+1560 +1200	+960 +600	+1170 +600	+720 +360	+299 +210	+350 +210	+440 +210	+570 +210	+214 +125	+265 +125	98 +62	+119 +62	+151 +62	+202 +62
355	400	+1710 +1350	+1040 +680	+1250 +680	+760 +400										
400	450	+1900 +1500	+1160 +760	+1390 +760	+840 +440	+327 +230	+385 +230	+480 +230	+630 +230	+232 +135	+290 +135	+108 +68	+131 +68	+165 +68	+223 +68
450	500	+2050 +1650	+1240 +840	+1470 +840	+880 +480										

表 C1.2 孔公差带的极限偏差（基本偏差 G、H、JS、K） 单位：μm

公称尺寸/mm		基本偏差/μm														
		G		H						JS			K			M		
大于	至	6	7	6	7	8	9	10	11	12	6	7	8	6	7	8	6	7	8
—	3	+8 +2	+12 +2	+6 0	+10 0	+14 0	+25 0	+40 0	+60 0	+100 0	±3	±5	±7	0 −6	0 −10	0 −14	−2 −8	−2 −12	−2 −16
3	6	+12 +4	+16 +4	+8 0	+12 0	+18 0	+30 0	+48 0	+75 0	+120 0	±4	±6	±9	+2 −6	+3 −9	+5 −13	−1 −9	0 −12	+2 −16
6	10	+14 +5	+20 +5	+9 0	+15 0	+22 0	+36 0	+58 0	+90 0	+150 0	±4.5	±7	±11	+2 −7	+5 −10	+6 −16	−3 −12	0 −15	+1 −21
10	18	+17 +6	+24 +6	+11 0	+18 0	+27 0	+43 0	+70 0	+110 0	+180 0	±5.5	±9	±13	+2 −9	+6 −12	+8 −19	−4 −15	0 −18	+2 −25
18	30	+20 +7	+28 +7	+13 0	+21 0	+33 0	+52 0	+84 0	+130 0	+210 0	±6.5	±10	±16	+2 −11	+6 −15	+10 −23	−4 −17	0 −21	+4 −29
30	50	+25 +9	+34 +9	+16 0	+25 0	+39 0	+62 0	+100 0	+160 0	+250 0	±8	±12	±19	+3 −13	+7 −18	+12 −27	−4 −20	0 −25	+5 −34
50	80	+29 +10	+40 +10	+19 0	+30 0	+46 0	+74 0	+120 0	+190 0	+300 0	±9.5	±15	±23	+4 −15	+9 −21	+14 −32	−5 −24	0 −30	+5 −41
80	120	+34 +12	+47 +12	+22 0	+35 0	+54 0	+87 0	+140 0	+220 0	+350 0	±11	±17	±27	+4 −18	+10 −25	+16 −38	−6 −28	0 −35	+6 −48
120	180	+39 +14	+54 +14	+25 0	+40 0	+63 0	+100 0	+160 0	+250 0	+400 0	±12.5	±20	±31	+4 −21	+12 −28	+20 −43	−8 −33	0 −40	+8 −55
180	250	+44 +15	+61 +15	+29 0	+46 0	+72 0	+115 0	+185 0	+290 0	+460 0	±14.5	±23	±36	+5 −24	+13 −33	+22 −50	−8 −37	0 −46	+9 −63
250	315	+49 +17	+69 +17	+32 0	+52 0	+81 0	+130 0	+210 0	+320 0	+520 0	±16	±26	±40	+5 −27	+16 −36	+25 −56	−9 −41	0 −52	+9 −72
315	400	+54 +18	+75 +18	+36 0	+57 0	+89 0	+140 0	+230 0	+360 0	+570 0	±18	±28	±44	+7 −29	+17 −40	+28 −61	−10 −46	0 −57	+11 −78
400	500	+60 +20	+83 +20	+40 0	+63 0	+97 0	+155 0	+250 0	+400 0	+630 0	±20	±31	±48	+8 −32	+18 −45	+29 −68	−10 −50	0 −63	+11 −86

表 C1.3 孔公差带的极限偏差（N、P、S、T、U）

公称尺寸 /mm		基本偏差/μm										
		N			P		R		S		T		U
大于	至	6	7	8	6	7	6	7	6	7	6	7	7
—	3	−4 −10	−4 −14	−4 −18	−6 −12	−6 −16	−10 −16	−10 −20	−14 −20	−14 −24	—	—	−18 −28
3	6	−5 −13	−4 −16	−2 −20	−9 −17	−8 −20	−12 −20	−11 −23	−16 −24	−15 −27	—	—	−19 −31
6	10	−7 −16	−4 −19	−3 −25	−12 −21	−9 −24	−16 −25	13 −28	−20 −29	−17 −32	—	—	−22 −37
10	18	−9 −20	−5 −23	−3 −30	−15 −26	−11 −29	−20 −31	−16 −34	−25 −36	−21 −39	—	—	−26 −44
18	24	−11 −24	−7 −28	−3 −36	−18 −31	−14 −35	−24 −37	−20 −41	−31 −44	−27 −48	—	—	−33 −54
24	30										−37 −50	−33 −54	−40 −61
30	40	−12 −28	−8 −33	−3 −42	−21 −37	−17 −42	−29 −45	−25 −50	−38 −54	−34 −59	−43 −59	−39 −64	−51 −76
40	50										−49 −65	−45 −70	−61 −86
50	65	−14 −33	−9 −39	−4 −50	−26 −45	−21 −51	−35 −54	−30 −60	−47 −66	−42 −72	−60 −79	−55 −85	−76 −106
65	80						−37 −56	−32 −62	−53 −72	−48 −78	−69 −88	−64 −94	−91 −121
80	100	−16 −38	−10 −45	−4 −58	−30 −52	−24 −59	−44 −66	−38 −73	−64 −86	−58 −93	−84 −106	−78 −113	−111 −146
100	120						−47 −69	−41 −76	−72 −94	−66 −101	−97 −119	−91 −126	−131 −166
120	140	−20 −45	−12 −52	−4 −67	−36 −61	−28 −68	−56 −81	−48 −88	−85 −110	−77 −117	−115 −140	−107 −147	−155 −195
140	160						−58 −83	−50 −90	−93 −118	−85 −125	−127 −152	−119 −159	−175 −215
160	180						−61 −86	−53 −93	−101 −126	−93 −133	−139 −164	−131 −171	−195 −235
180	200	−22 −51	−14 −60	−5 −77	−41 −70	−33 −79	−68 −97	−60 −106	−113 −142	−105 −151	−157 −186	−149 −195	−219 −265
200	225						−71 −100	−63 −109	−121 −150	−113 −159	−171 −200	−163 −209	−241 −287
225	250						−75 −104	−67 −113	−131 −160	−123 −169	−187 −216	−179 −225	−267 −313
250	280	−25 −57	−14 −66	−5 −86	−47 −79	−36 −88	−85 −117	−74 −126	−149 −181	−138 −190	−209 −241	−198 −250	−295 −347
280	315						−89 −121	−78 −130	−161 −193	−150 −202	−231 −263	−220 −272	−330 −382

续表

公称尺寸/mm		基本偏差/μm										
		N			P		R		S		T		U
大于	至	6	7	8	6	7	6	7	6	7	6	7	7
315	355	−26 −62	−16 −73	−5 −94	−51 −87	−41 −98	−97 −133	−87 −144	−179 −215	−169 −226	−257 −293	−247 −304	−369 −426
355	400						−103 −139	−93 −150	−197 −233	−187 −244	−283 −319	−273 −330	−414 −471
400	450	−27 −67	−17 −80	−6 −103	−55 −95	−45 −108	−113 −153	−103 −166	−219 −259	−209 −272	−317 −357	−307 −370	−467 −530
450	500						−119 −159	−109 −172	−239 −279	−229 −292	−347 −387	−337 −400	−517 −580

表 C2 基孔制配合的优先配合（摘自 GB/T 1800.1—2020）

基准孔	轴																		
	a	b	c	d	e	f	g	h	js	k	m	n	p	r	s	t	u	v	x	y	z
	间隙配合								过渡配合				过盈配合							
H6						$\frac{H6}{g5}$		$\frac{H6}{h5}$	$\frac{H6}{js5}$	$\frac{H6}{k5}$	$\frac{H6}{m5}$	$\frac{H6}{n5}$	$\frac{H6}{p5}$							
H7						$\frac{H7}{f6}$	$\frac{H7}{g6}$	$\frac{H7}{h6}$	$\frac{H7}{js6}$	$\frac{H7}{k6}$	$\frac{H7}{m6}$	$\frac{H7}{n6}$	$\frac{H7}{p6}$	$\frac{H7}{r6}$	$\frac{H8}{s6}$	$\frac{H7}{t6}$	$\frac{H7}{u6}$		$\frac{H7}{x6}$		
H8					$\frac{H8}{e7}$	$\frac{H8}{f7}$		$\frac{H8}{h7}$	$\frac{H8}{js7}$	$\frac{H8}{k7}$	$\frac{H8}{m7}$				$\frac{H8}{s7}$		$\frac{H8}{u7}$			
				$\frac{H8}{d8}$	$\frac{H8}{e8}$	$\frac{H8}{f8}$		$\frac{H8}{h8}$												
H9				$\frac{H9}{d8}$	$\frac{H9}{e8}$	$\frac{H9}{f8}$		$\frac{H9}{h8}$												
H10		$\frac{H10}{b9}$	$\frac{H10}{c9}$	$\frac{H10}{d9}$	$\frac{H10}{e9}$			$\frac{H10}{h9}$												
H11		$\frac{H11}{b11}$	$\frac{H11}{c11}$	$\frac{H11}{d10}$				$\frac{H11}{h10}$												

注：$\frac{H6}{n5}$、$\frac{H7}{p6}$ 在公称尺寸大于或等于 3mm 和 $\frac{H8}{r7}$ 在小于或等于 100mm 时为过渡配合。

表 C3　基轴制配合的优先配合（摘自 GB/T 1800.1—2020）

基准轴	孔																		
	A	B	C	D	E	F	G	H	JS	K	M	N	P	R	S	T	U	V	X	Y	Z
	间隙配合								过渡配合				过盈配合							
h5							$\frac{G6}{h5}$	$\frac{H6}{h5}$	$\frac{JS6}{h5}$	$\frac{K6}{h5}$	$\frac{M6}{h5}$	$\frac{N6}{h5}$	$\frac{P6}{h5}$								
h6						$\frac{F7}{h6}$	$\frac{G7}{h6}$	$\frac{H7}{h6}$	$\frac{JS7}{h6}$	$\frac{K7}{h6}$	$\frac{M7}{h6}$	$\frac{N7}{h6}$	$\frac{P7}{h6}$	$\frac{R7}{h6}$	$\frac{S7}{h6}$	$\frac{T7}{h6}$	$\frac{U7}{h6}$		$\frac{X7}{h6}$		
h7					$\frac{E8}{h7}$	$\frac{F8}{h7}$		$\frac{H8}{h7}$													
h8				$\frac{D9}{h8}$	$\frac{E9}{h8}$	$\frac{F9}{h8}$		$\frac{H9}{h8}$													
					$\frac{E8}{h9}$	$\frac{F8}{h9}$		$\frac{H8}{h9}$													
h9				$\frac{D9}{h9}$	$\frac{E9}{h9}$	$\frac{F9}{h9}$		$\frac{H9}{h9}$													
		$\frac{B11}{h9}$	$\frac{C10}{h9}$	$\frac{D10}{h9}$				$\frac{H10}{h9}$													

表 C4　优先配合特性及应用举例

基孔制	基轴制	优先配合特性及应用举例
$\frac{H11}{c11}$	$\frac{C11}{h11}$	间隙非常大，用于很松的、转动很慢的转动配合，要求大公差与大间隙的外露组件或要求装配方便且很松的配合
$\frac{H9}{d9}$	$\frac{D9}{h9}$	间隙很大的自由转动配合，用于精度非主要要求或有大的温度变动、高转速或大的轴颈压力时
$\frac{H8}{f7}$	$\frac{F8}{h7}$	间隙不大的转动配合，用于中等转速与中等轴颈压力的精确转动或装配较易的中等定位配合
$\frac{H7}{g6}$	$\frac{G7}{h6}$	间隙很小的滑动配合，用于不希望自由转动但可自由移动和滑动并精密定位，或要求明确的定位配合
$\frac{H7}{h6}\ \frac{H8}{f7}$ $\frac{H9}{h9}\ \frac{H11}{h11}$	$\frac{H7}{h6}\ \frac{H8}{f7}$ $\frac{H9}{h9}\ \frac{H11}{h11}$	均为间隙定位配合，零件可自由装拆，而工作时一般相对静止不动。在最大实体条件下的间隙为零，在最小实体条件下的间隙由公差等级决定
$\frac{H7}{k6}$	$\frac{K7}{h6}$	过渡配合，用于精密定位
$\frac{H7}{n6}$	$\frac{N7}{h6}$	过渡配合，允许有较大过盈的更精密定位

续表

基孔制	基轴制	优先配合特性及应用举例
$\dfrac{H7}{p6}$	$\dfrac{P7}{h6}$	过盈定位配合，过盈配合，用于定位精度特别重要时，能以最好的定位精度达到部件的刚性及对中性要求，而对内孔承受压力无特殊要求，不依靠配合的紧固性传递摩擦负荷
$\dfrac{H7}{s6}$	$\dfrac{S7}{h6}$	中等压入配合，适用于一般钢件或用于薄壁件的冷缩配合，用于铸铁件时可得到最紧的配合
$\dfrac{H7}{u6}$	$\dfrac{U7}{h6}$	压入配合，适用于可以承受大压入力的零件或不宜承受大压入力的冷缩配合

表 C5　公差等级与与加工方法的关系

加工方法	公差等级（IT）																
	01	0	1	2	3	4	5	6	7	8	9	10	11	12	13	14	15	16
研磨	─	─	─	─	─	─	─										
圆磨、平磨							─	─	─	─							
金刚石车							─	─	─								
金刚石镗							─	─	─								
铰孔								─	─	─	─						
车、镗									─	─	─	─	─				
铣										─	─	─	─				
刨、插											─	─	─				
钻孔												─	─	─			
冲压												─	─	─	─		
压铸													─	─	─		
锻造															─	─	─

表 C6.1　轴的极限偏差（基本偏差 a、b、c、d、e）

基本尺寸 /mm		基本偏差/μm												
		a	b		c			d				e		
大于	至	11	11	12	9	10	11	8	9	10	11	7	8	9
—	3	−270 −330	−140 −200	−140 −240	−60 −85	−60 −100	−60 −120	−20 −34	−20 −45	−20 −60	−20 −80	−14 −24	−14 −28	−14 −39
3	6	−270 −345	−140 −215	−140 −260	−70 −100	−70 −118	−70 −145	−30 −48	−30 −60	−30 −78	−30 −105	−20 −32	−20 −38	−20 −50
6	10	−280 −370	−150 −240	−150 −300	−80 −116	−80 −138	−80 −170	−40 −62	−40 −76	−40 −98	−40 −130	−25 −40	−25 −47	−25 −61
10	14	−200 −400	−150 −260	−150 −330	−195 −138	−95 −165	−95 −205	−50 −77	−50 −93	−50 −120	−50 −160	−32 −50	−32 −59	−32 −75
14	18													

续表

基本尺寸/mm		基本偏差/μm											
		a	b		c			d				e		
大于	至	11	11	12	9	10	11	8	9	10	11	7	8	9
18	24	−300 −430	−166 −290	−160 −2370	−110 −162	−110 −194	−110 −240	−65 −98	−65 −117	−65 −149	−65 −195	−40 −61	−40 −73	−40 −92
24	30													
30	40	−310 −470	−170 −330	−170 −420	−120 −182	−120 −220	−120 −280	−80 −119	−80 −142	−80 −180	−80 −240	−50 −75	−50 −89	−50 −112
40	50	−320 −480	−180 −340	−180 −430	−130 −192	−130 −230	−130 −290							
50	65	−340 −530	−190 −380	−190 −490	−140 −214	−140 −260	−140 −330	−100 −146	−100 −174	−100 −220	−100 −290	−60 −90	−60 −106	−60 −134
65	80	−360 −550	−200 −390	−200 −500	−150 −224	−150 −270	−150 −340							
80	100	−380 −600	−220 −440	−220 −570	−170 −257	−170 −310	−170 −390	−120 −174	−120 −207	−120 −260	−120 −340	−72 −107	−72 −126	−72 −159
100	120	−410 −630	−240 −460	−240 −590	−180 −267	−180 −320	−180 −400							
120	140	−460 −710	−260 −510	−260 −660	−200 −300	−200 −360	−200 −450	−145 −208	−145 −245	−145 −305	−145 −395	−85 −125	−85 −148	−85 −185
140	160	−520 −770	−280 −530	−280 −680	−210 −310	−210 −370	−210 −460							
160	180	−580 −830	−310 −560	−310 −710	−230 −330	−230 −390	−230 −480							
180	200	−660 −950	−340 −630	−340 −800	−240 −355	−240 −425	−240 −530	−170 −242	−170 −285	−170 −355	−170 −460	−100 −146	−100 −172	−100 −215
200	225	−740 −030	−380 −670	−380 −840	−260 −375	−260 −445	−260 −550							
225	250	−820 −1110	−420 −710	−420 −880	−280 −395	−280 −465	−280 −570							
250	280	−920 −1240	−480 −800	−480 −1000	−300 −430	−300 −510	−300 −620	−190 −271	−190 −320	−190 −400	−190 −510	−110 −162	−110 −191	−110 −240
280	315	−1050 −1370	−540 −860	−540 −1060	−330 −460	−330 −540	−330 −650							
315	355	−1200 −1560	−600 −960	−600 −1170	−360 −500	−360 −590	−360 −720	−210 −299	−210 −350	−210 −440	−210 −570	−125 −182	−125 −214	−125 −265
355	400	−1350 −1710	−680 −1040	−680 −1250	−400 −540	−400 −630	−400 −760							
400	450	−1500 −1900	−760 −1160	−760 −1390	−440 −595	−440 −690	−440 −840	−230 −327	−230 −385	−230 −480	−230 −630	−135 −198	−135 −232	−135 −290
450	500	−1650 −2050	−840 −1240	−840 −1470	−480 −635	−480 −730	−480 −880							

注：公称尺寸小于1mm时，基本偏差 a 和 b 均不采用。

表 C6.2 轴公差带的极限偏差（基本偏差 f、g、h）

公称尺寸/mm		基本偏差/μm												
		f					g			h					
大于	至	5	6	7	8	9	5	6	7	5	6	7	8	9	10	11
—	3	−6 −10	−6 −12	−6 −16	−6 −20	−6 −31	−2 −6	−2 −8	−2 −12	0 −4	0 −6	0 −10	0 −14	0 −25	0 −40	0 −60
3	6	−10 −15	−10 −18	−10 −22	−10 −28	−10 −40	−4 −9	−4 −12	−4 −16	0 −5	0 −8	0 −12	0 −18	0 −30	0 −48	0 −75
6	10	−13 −19	−13 −22	−13 −28	−13 −35	−13 −49	−5 −11	−5 −14	−5 −20	0 −6	0 −9	0 −15	0 −22	0 −36	0 −58	0 −90
10	14	−16 −24	−16 −27	−16 −34	−16 −43	−16 −59	−6 −14	−6 −17	−6 −24	0 −8	0 −11	0 −18	0 −27	0 −43	0 −70	0 −110
14	18															
18	24	−20 −29	−20 −33	−20 −41	−20 −53	−20 −72	−7 −16	−7 −20	−7 −28	0 −9	0 −13	0 −21	0 −33	0 −52	0 −84	0 −130
24	30															
30	40	−25 −36	−25 −41	−25 −50	−25 −64	−25 −87	−9 −20	−9 −25	−9 −34	0 −11	0 −16	0 −25	0 −39	0 −62	0 −100	0 −160
40	50															
50	65	−30 −43	−30 −49	−30 −60	−30 −76	−30 −104	−10 −23	−10 −29	−10 −40	0 −13	0 −19	0 −30	0 −46	0 −74	0 −120	0 −190
65	80															
80	100	−36 −51	−36 −58	−36 −71	−36 −90	−36 −123	−12 −27	−12 −34	−12 −47	0 −15	0 −22	0 −35	0 −54	0 −87	0 −140	0 −220
100	120															
120	140	−43 −61	−43 −68	−43 −83	−43 −106	−43 −143	−14 −32	−14 −39	−14 −54	0 −18	0 −25	0 −40	0 −63	0 −100	0 −160	0 −250
140	160															
160	180															
180	200	−50 −70	−50 −79	−50 −96	−50 −122	−50 −165	−15 −35	−15 −44	−15 −61	0 −20	0 −29	0 −46	0 −72	0 −115	0 −185	0 −290
200	225															
225	250															
250	280	−56 −79	−56 −88	−56 −108	−56 −137	−56 −186	−17 −40	−17 −49	−17 −69	0 −23	0 −32	0 −52	0 −81	0 −130	0 −210	0 −320
280	315															
315	355	−62 −87	−62 −98	−62 −119	−62 −151	−62 −202	−18 −43	−18 −54	−18 −75	0 −25	0 −36	0 −57	0 −87	0 −140	0 −230	0 −360
355	400															
400	450	−68 −95	−68 −108	−68 −131	−68 −165	−68 −223	−20 −47	−20 −60	−20 −83	0 −27	0 −40	0 −63	0 −97	0 −155	0 −250	0 −400
450	500															

表 C6.3 轴公差带的极限偏差（基本偏差 js、k、m、n、p）

公称尺寸/mm		基本偏差/μm													
		js			k			m			n			p		
大于	至	5	6	7	5	6	7	5	6	7	5	6	7	5	6	7
—	3	±2	±3	±5	+4 0	+6 0	+10 0	+6 +2	+8 +2	+12 +2	+8 +4	+10 +4	+14 +4	+10 +6	+12 +6	+16 +6
3	6	±2.5	±4	±6	+6 +1	+9 +1	+13 +1	+9 +4	+12 +4	+16 +4	+13 +8	+16 +8	+20 +8	+17 +12	+20 +12	+24 +12
6	10	±3	±4.5	±7	+7 +1	+10 +1	+16 +1	+12 +6	+15 +6	+21 +6	+1 +10	+19 +10	+25 +10	+21 +15	+24 +15	+30 +15
10	14	±4	±5.5	±9	+9 +1	+12 +1	+19 +1	+15 +7	+18 +7	+25 +7	+20 +12	+23 +12	+30 +12	+26 +18	+29 +18	+36 +18
14	18															
18	24	±4.5	±6.5	±10	+11 +2	+15 +2	+23 +2	+17 +8	+21 +8	+29 +8	+24 +15	+28 +15	+36 +15	+31 +22	+35 +22	+43 +22
24	30															
30	40	±5.5	±8	±12	+13 +2	+18 +2	+27 +2	+20 +9	+25 +9	+34 +9	+28 +17	+33 +17	+42 +17	+37 +26	+42 +26	+51 +26
40	50															
50	65	±6.5	±9.5	±15	+15 +2	+21 +2	+32 +2	+24 +11	+30 +11	+41 +11	+33 +20	+39 +20	+50 +20	+45 +32	+51 +32	+62 +32
65	80															
80	100	±7.5	±11	±17	+18 +3	+25 +3	+38 +3	+28 +13	+35 +13	+48 +13	+38 +23	+45 +23	+58 +23	+52 +37	+59 +37	+72 +37
100	120															
120	140	±9	±12.5	±20	+21 +3	+28 +3	+43 +3	+33 +15	+40 +15	+55 +15	+45 +27	+52 +27	+67 +27	+61 +43	+68 +43	+83 +43
140	160															
160	180															
180	200	±10	±14.5	±23	+24 +4	+33 +4	+50 +4	+37 +17	+46 +17	+63 +17	+54 +31	+60 +31	+77 +31	+70 +50	+79 +50	+96 +50
200	225															
225	250															
250	280	±11.5	±16	±26	+27 +4	+36 +4	+56 +4	+43 +20	+52 +20	+72 +20	+57 +34	+66 +34	+86 +34	+79 +56	+88 +56	+108 +56
280	315															
315	355	±12.5	±18	±28	+29 +4	+40 +4	+61 +4	+46 +21	+57 +21	+78 +21	+62 +37	+73 +37	+94 +37	+87 +62	+98 +62	+119 +62
355	400															
400	450	±13.5	±20	±31	+32 +5	+45 +5	+68 +5	+50 +23	+63 +23	+86 +23	+67 +40	+80 +40	+103 +40	+95 +68	+108 +68	+131 +68
450	500															

表 C6.4 轴公差带的极限偏差（基本偏差 r、s、t、u、v、x、y、z）

公称尺寸/mm		基本偏差/μm													
		r			s			t			u		v	x	y	z
大于	至	5	6	7	5	6	7	5	6	7	6	7	6	6	6	6
—	3	+14 +10	+16 +10	+20 +10	+18 +14	+20 +14	+24 +14	—	—	—	+24 +18	+28 +18	—	+26 +20	—	+32 +26
3	6	+20 +15	+23 +15	+27 +15	+24 +19	+27 +19	+31 +19	—	—	—	+31 +23	+35 +23	—	+36 +28	—	+43 +35
6	10	+25 +19	+28 +19	+34 +19	+29 +23	+32 +23	+38 +23	—	—	—	+37 +28	+43 +28	—	+43 +34	—	+51 +42
10	18	+31 +23	+34 +23	+41 +23	+36 +28	+39 +28	+46 +28	—	—	—	+44 +33	+51 +33	+50 +39	+51 +40 +56 +45	—	+61 +50 +71 +60
18	30	+37 +28	+41 +28	+49 +28	+44 +35	+48 +35	+56 +35	— +50 +41	— +54 +41	— +62 +41	+54 +41 +61 +43	+62 +41 +69 +48	+60 +47 +68 +55	+67 +54 +77 +64	+76 +63 +88 +75	+86 +73 +101 +88
30	50	+45 +34	+50 +34	+59 +34	+54 +43	+59 +43	+68 +43	+59 +48 +65 +54	+64 +48 +70 +54	+73 +48 +79 +54	+76 +60 +86 +70	+85 +60 +95 +70	+84 +68 +97 +81	+96 +80 +113 +97	+110 +94 +130 +114	+128 +112 +152 +136
50	65	+54 +41	+60 +41	+71 +41	+66 +53	+72 +53	+83 +53	+79 +66	+85 +66	+96 +66	+106 +87	+117 +87	+121 +102	+141 +122	+163 +144	+191 +172
65	80	+56 +43	+62 +43	+73 +43	+72 +59	+78 +59	+89 +59	+88 +75	+94 +75	+105 +75	+121 +102	+132 +102	+139 +120	+165 +146	+193 +174	+229 +210
80	100	+66 +51	+73 +51	+86 +51	+86 +71	+93 +71	+106 +71	+106 +91	+113 +91	+126 +91	+146 +124	+159 +124	+168 +146	+200 +178	+236 +214	+280 +258
100	120	+69 +54	+76 +54	+89 +54	+94 +79	+101 +79	+114 +79	+110 +104	+126 +104	+139 +104	+166 +144	+179 +144	+194 +172	+232 +210	+276 +254	+332 +310
120	140	+81 +63	+88 +63	+103 +63	+110 +92	+117 +92	+132 +92	+140 +122	+147 +122	+162 +122	+195 +170	+210 +170	+227 +202	+273 +248	+325 +300	+390 +365
140	160	+83 +65	+90 +65	+105 +65	+118 +100	+125 +100	+140 +100	+152 +134	+159 +134	+174 +134	+215 +190	+230 +190	+253 +228	+305 +280	+365 +340	+440 +415
160	180	+86 +68	+93 +68	+108 +68	+126 +108	+133 +108	+148 +108	+164 +146	+171 +146	+186 +146	+235 +210	+250 +210	+277 +252	+335 +310	+405 +380	+490 +465
180	200	+97 +77	+106 +77	+123 +77	+142 +122	+151 +122	+168 +122	+186 +166	+195 +166	+212 +166	+265 +236	+282 +236	+313 +284	+379 +350	+454 +425	+549 +520
200	225	+100 +80	+109 +80	+126 +80	+150 +130	+159 +130	+176 +130	+200 +180	+209 +180	+226 +180	+287 +258	+304 +258	+339 +310	+414 +385	+499 +470	+604 +575
225	250	+104 +84	+113 +84	+130 +84	+160 +140	+169 +140	+186 +140	+216 +196	+225 +196	+242 +196	+313 +284	+330 +284	+369 +340	+454 +425	+549 +520	+669 +640

续表

公称尺寸/mm		基本偏差/μm												
		r			s			t			u		v	x	y	z
大于	至	5	6	7	5	6	7	5	6	7	6	7	6	6	6	6
250	280	+117 +94	+126 +94	+146 +94	+181 +158	+290 +158	+210 +158	+241 +218	+250 +218	+270 +218	+347 +315	+367 +315	+417 +385	+507 +475	+612 +580	+742 +710
280	315	+121 +98	+130 +98	+150 +98	+193 +170	+202 +170	+222 +170	+263 +240	+272 +240	+292 +240	+382 +350	+402 +350	+457 +425	+557 +525	+682 +650	+322 +790
315	355	+133 +108	+144 +108	+165 +108	+215 +190	+226 +190	+247 +190	+293 +268	+304 +268	+325 +268	+426 +390	+447 +390	+511 +475	+626 +590	+766 +730	+936 +900
355	400	+139 +114	+150 +114	+171 +114	+233 +208	+244 +208	+265 +208	+319 +294	+330 +294	+351 +294	+471 +435	+492 +435	+566 +530	+696 +660	+856 +820	+1036 +1000
400	450	+153 +126	+166 +126	+189 +126	+259 +232	+272 +232	+295 +232	+357 +330	+370 +330	+393 +330	+530 +490	+553 +490	+635 +595	+780 +740	+960 +920	+1140 +1100
450	500	+159 +132	+172 +132	+195 +132	+279 +252	+292 +252	+315 +252	+387 +360	+400 +360	+423 +360	+580 +540	+603 +540	+700 +660	+860 +820	+1040 +1000	+1290 +1250

表 C7 标准公差数值（摘自 GB/T 1800.1—2020）　　　单位：μm

公称尺寸/mm	公差等级								
	IT01	IT0	IT1	IT2	IT3	IT4	IT5	IT6	IT7	IT8
3～6	0.4	0.6	1	1.5	2.5	4	5	8	12	18
6～10	0.4	0.6	1	1.5	2.5	4	6	9	15	22
10～18	0.5	0.8	1.2	2	3	5	8	11	18	27
18～30	0.6	1	1.5	2.5	4	6	9	13	21	33
30～50	0.6	1	1.5	2.5	4	7	11	16	25	39
50～80	0.8	1.2	2	3	5	8	13	19	30	46
80～120	1	1.5	2.5	4	6	10	15	22	35	54

公称尺寸/mm	公差等级								
	IT9	IT10	IT11	IT12	IT13	IT14	IT15	IT16	IT17	IT18
3～6	30	48	75	120	180	300	480	750	1200	1800
6～10	36	58	90	150	220	360	580	900	1500	2200
10～18	43	70	110	180	270	430	700	1100	1800	2700
18～30	52	84	130	210	330	520	840	1300	2100	3300
30～50	62	100	160	250	390	620	1000	1600	2500	3900
50～80	74	120	190	300	460	740	1200	1900	3000	4600
80～120	87	140	220	350	540	870	1400	2200	3500	5400

附录 D AI 伴学内容及提示词

AI 伴学工具：生成式人工智能（AI）工具，如 DeepSeek、Kimi、豆包、通义千问、文心一言、ChatGPT 等。

AI 伴学内容	AI 提示词
第 1 章 机械制图的基本知识和技能	你是一位经验丰富的"机械制图"课程讲师。请清晰讲解国家标准中关于图纸幅面、比例、字体、图线的基本规定，重点说明不同线型（粗实线、细实线、虚线、点画线等）的应用场合和绘制要求。要求
	用表格对比列出常用图线类型、线宽、主要用途
	结合一个简单示例图（如一个带孔矩形轮廓），标注说明图中使用的线型及其作用
	简述使用绘图工具（或 CAD 软件）绘制等分线段、正多边形、圆弧连接等基本几何图形的步骤。给出一个包含圆弧连接的简单平面图形绘制步骤说明
第 2 章 点、直线、平面的投影	你是一位耐心的"机械制图"课程助教。请详细解释正投影法的基本特性（显实性、积聚性、类似性）。重点讲解
	点在 V、H、W 三投影面体系中的投影规律（坐标关系、投影连线规则）
	各种位置直线（投影面平行线、投影面垂直线、一般位置直线）的投影特性及识别方法。请用表格总结
	各种位置平面（投影面平行面、投影面垂直面、一般位置平面）的投影特性及识别方法。请用表格总结
第 3 章 立体的投影	你是一位善于用图形表达的"机械制图"课程导师。请分别讲解棱柱、棱锥、圆柱、圆锥、圆球这五种基本立体的三视图画法。要求
	对每种立体，必须提供其放置位置清晰说明（如轴线垂直于 H 面）和对应的三视图绘制步骤
	重点讲解圆柱、圆锥表面上取点的方法（素线法、纬圆法）。为每种方法提供一个具体的示例，包括点在曲面上的位置描述、作图步骤图示（或详细文字描述）和最终投影结果
	用表格列出总结五种基本立体的投影特征（如视图数量、轮廓线特点、对称性）
第 4 章 组合体	你是一位专注于解决复杂投影问题的机械制图专家，请详细讲解
	截交线：平面截切平面立体（棱柱、棱锥）的截交线画法（求棱线交点、连接）
	截交线：平面截切曲面立体（圆柱、圆锥、球）的截交线形状（圆、椭圆、抛物线、双曲线）及其投影特性。重点分析截平面位置与截交线形状的关系
	截交线：使用辅助平面法求作圆柱、圆锥截交线的详细步骤，并配一个典型示例（如正垂面截切圆柱产生椭圆）
	相贯线：两曲面立体（圆柱、圆锥、球）相交时相贯线的基本性质（空间封闭曲线、共有性）

续表

AI 伴学内容	AI 提示词
第 5 章 轴测图	你是一位强调结构与空间思维的机械制图教练，请系统讲解
	组合体的组合形式（叠加、切割、综合）及其投影特点
	读图基本方法（形体分析法、线面分析法）
	给出两个视图（如主视图和俯视图），补画第三视图（左视图）。要求所有示例图应清晰体现形体分析过程和尺寸标注布局
第 6 章 机件图样的表达方法	你是一位精通图样表达技巧的机械制图顾问，请系统讲解国家标准规定的各种机件表达方法
	视图：基本视图、向视图、局部视图、斜视图的定义、配置、标注及应用场合。比较其异同
	剖视概念（剖切面、剖面区域）
	剖视图种类（全剖、半剖、局部剖）及适用对象和画法要点（重点：半剖的对称线画法、局部剖的分界线波浪线画法）
	剖切面的种类（单一剖切面、几个平行剖切面、几个相交剖切面）及应用（阶梯剖、旋转剖）
第 7 章 标准件与常用件	你是一位熟悉国家标准的机械制图资料员，请重点讲解
	螺纹五要素（牙型、公称直径、线数、导程/螺距、旋向）
	螺纹的规定画法（外螺纹、内螺纹、内外螺纹连接）
	螺纹紧固件：螺栓、螺柱、螺钉、螺母、垫圈的规定画法、简化画法及其连接画法。剖视图中紧固件不剖
	键与销：普通平键、半圆键、钩头楔键、圆柱销、圆锥销的连接画法及标记
第 8 章 零件图	你是一位面向工程实践的机械制图工程师，请全面讲解零件图
	零件图的内容（一组视图、完整尺寸、技术要求、标题栏）
	零件图主视图选择（加工位置、工作位置、形状特征），其他视图选择（在表达清楚前提下力求简洁）
	分析轴套类、盘盖类、叉架类、箱体类零件的典型表达方案
	零件图尺寸标注：工艺基准与设计基准
	典型结构（倒角、退刀槽、键槽、孔、沉孔、中心孔）的尺寸注法
	零件图的技术要求：符号、代号含义、标注方法
	典型零件图读图举例：轴套类、轮盘类、叉架类、箱体类

续表

AI 伴学内容	AI 提示词
第 9 章 装配图	你是一位关注整体结构的机械制图设计师，请讲解装配图
	装配图的作用和内容（一组视图、必要尺寸、技术要求、零部件序号及明细栏、标题栏）
	装配图的特殊表达方法：规定画法（接触面、配合面画一条线，相邻零件剖面线方向、间隔不同，紧固件、实心轴不剖）
	特殊画法（拆卸画法、沿结合面剖切、假想画法、夸大画法、简化画法）
	装配图的尺寸标注（性能尺寸、装配尺寸、安装尺寸、外形尺寸、其他重要尺寸）
	零部件序号编写规则（指引线、序号排列）和明细栏填写要求
	装配图的识读方法和步骤
	由零件图画装配图及由装配图拆画零件图的方法和步骤
第 10 章 AutoCAD 二维绘图基础	你是一位精通计算机绘图软件（如 AutoCAD）的机械制图实训导师，请针对使用该软件绘制机械工程图，讲解
	基础操作速成：界面介绍、基本绘图命令（Line，Circle，Arc，Rectangle，Polygon）、基本修改命令（Erase，Copy，Move，Rotate，Mirror，Offset，Trim，Extend，Fillet，Chamfer）、精确绘图工具（坐标输入、对象捕捉、极轴追踪、对象追踪）
	图层管理：创建图层、设置图层属性（颜色、线型、线宽）、控制图层状态（开/关、冻结/解冻、锁定/解锁）
	文本与标注：创建文字样式、书写单行/多行文字
	创建标注样式（重点：设置箭头、文字、尺寸线、公差等）
	常用标注命令（线性、对齐、半径、直径、角度、基线、连续）
	图块与属性：创建块、插入块、定义属性（用于标题栏、表面粗糙度符号等）
第 11 章 SolidWorks 三维软件入门	清晰告诉 AI 它需要扮演什么角色（讲师、助教、专家、导师、软件教练等）讲解概念、生成示例、设计练习、分析案例、提供步骤
	使用数字列表、项目符号明确列出你对 AI 输出的具体要求（如 1. ……2. ……3. ……4. ……）
	指定你希望的回答格式（如"用表格对比……""提供分步骤示例……""结合图示说明……""设计一个 5 分钟小练习……"）。